网络工程 CAD
(第 2 版)(微课版)

张赵管　马亚斌　主　编
赵润林　李月霞　副主编

清华大学出版社
北京

内 容 简 介

本书专为计算机网络工程、智能楼宇及相关专业编写。本书主要包含三个部分：第一部分是绘图基础知识(包括项目 1～项目 6)，主要讲述 AutoCAD 中各种绘图工具和编辑工具的使用方法，以及图形标注、图块操作等内容；第二部分是绘制建筑图形(包括项目 7～项目 9)，主要是识读并绘制建筑平面图、立面图、剖面图，这部分内容也是绘制网络工程图形的基础内容；第三部分是绘制各种网络图形(包括项目 10～项目 12)，主要是绘制网络拓扑图和综合布线工程图。另外，附录部分还介绍了另一种常用的绘制网络拓扑图和网络工程图的软件 Microsoft Visio 2021。

本书结构清晰、案例典型、步骤详细、微课生动，适合作为职业院校计算机网络工程、智能楼宇及相关专业的教材，也可作为计算机网络培训班的教材或计算机网络爱好者的自学用书。

本书封面贴有清华大学出版社防伪标签，无标签者不得销售。
版权所有，侵权必究。举报：010-62782989，beiqinquan@tup.tsinghua.edu.cn。

图书在版编目(CIP)数据

网络工程 CAD：微课版/张赵管，马亚斌主编. —2 版. —北京：清华大学出版社，2024.1(2024.8 重印)
ISBN 978-7-302-65041-6

Ⅰ．①网… Ⅱ．①张… ②马… Ⅲ．①网络工程—高等职业教育—教材 ②建筑设计—计算机辅助设计—AutoCAD 软件—高等职业教育—教材 Ⅳ．①TP393 ②TU201.4

中国国家版本馆 CIP 数据核字(2023)第 252991 号

责任编辑：孙晓红
封面设计：李　坤
责任校对：周剑云
责任印制：宋　林

出版发行：清华大学出版社
网　　址：https://www.tup.com.cn, https://www.wqxuetang.com
地　　址：北京清华大学学研大厦 A 座　　邮　编：100084
社 总 机：010-83470000　　邮　购：010-62786544
投稿与读者服务：010-62776969, c-service@tup.tsinghua.edu.cn
质量反馈：010-62772015, zhiliang@tup.tsinghua.edu.cn
课件下载：https://www.tup.com.cn, 010-62791865

印 装 者：三河市铭诚印务有限公司
经　　销：全国新华书店
开　　本：185mm×260mm　　印　张：17.25　　字　数：418 千字
版　　次：2019 年 2 月第 1 版　2024 年 1 月第 2 版　印　次：2024 年 8 月第 2 次印刷
定　　价：49.80 元

产品编号：104642-01

前 言

目前大多数职业院校有计算机网络技术专业或网络工程专业，该专业大多开设"计算机辅助设计"课程。学习绘制网络工程布线等各种工程图的方法，是该专业学生必须掌握的一项技能。目前这个专业选用的教材基本上是机械 CAD 或建筑 CAD，这些教材不完全适合绘制网络工程图形，所以很有必要开发一本针对计算机网络技术专业的、专门介绍绘制网络工程图形的教材。

本书特色

(1) 针对计算机网络工程及相关专业而编写。本书针对性强，在介绍绘图基础知识后，详细介绍了各种网络拓扑图和综合布线工程图的绘制方法，以及计算机网络系统防雷与接地平面图的绘制方法。

(2) 校企合作的编写团队。本次修订邀请了企业高管参编，使教材中的教学案例更加贴近工作实际，准确把握职业教材特色，基于工作过程需要确定学习内容，突出职业能力培养主线，实现理论与实践的高效对接。

(3) 教学案例驱动。本书的指导思想是在有限的时间内精讲多练，着重培养学生独立操作的能力。每个命令后均配有一个综合性和实用性较强的教学案例，案例难度由浅入深。

(4) 每个教学案例都配有微课视频。本书所有教学案例的操作过程均被录制成微课视频，学生通过扫描书中的二维码，便可以随扫随学，轻松掌握相关知识，方便学生自学或课后学习。

(5) 注重培养学生的职业素养和工匠精神。在本次教材修订过程中，积极推进党的二十大精神进教材、进课堂、进头脑，使教材内容更好地体现时代性、把握规律性、富于创造性，为建设社会主义文化强国添砖加瓦。

本书作者

本书由运城职业技术大学和西安百弘信息科技有限公司共同策划编写，由张赵管、马亚斌担任主编，由赵润林、李月霞担任副主编，全书由张赵管统稿，其中项目 1~项目 4 及项目 10 由张赵管编写，项目 5 和项目 6 由赵润林编写，项目 7~项目 9 由李月霞编写，项目 11 和项目 12 及附录由马亚斌编写。刘海霞、冯秀玲参与了部分微课的录制工作，在此表示感谢。

由于编者水平有限，书中难免存在疏漏和不足之处，敬请广大读者批评指正。

编 者

目　　录

项目 1　AutoCAD 的基础知识 1
任务 1.1　AutoCAD 2021 的工作界面 2
任务 1.2　设置绘图环境 4
　　1.2.1　设置状态栏 4
　　1.2.2　自定义工具栏 4
　　1.2.3　设置图形单位 5
　　1.2.4　设置全局比例因子 6
任务 1.3　AutoCAD 的绘图方法 6
　　1.3.1　工具按钮方式 6
　　1.3.2　菜单命令方式 6
　　1.3.3　快捷命令方式 7
　　1.3.4　快捷菜单方式 7
任务 1.4　图形显示控制 7
　　1.4.1　缩放视图 7
　　1.4.2　平移视图 7
　　1.4.3　重画与重生成视图 8
任务 1.5　创建和管理图层 8
　　1.5.1　图层的特点 8
　　1.5.2　创建新图层 9
　　1.5.3　管理图层 11
项目自测 14

项目 2　绘制二维图形 15
任务 2.1　绘制直线 16
　　2.1.1　利用坐标绘制直线 16
　　2.1.2　利用状态栏辅助工具绘制直线 19
　　2.1.3　利用临时追踪点绘制直线 29
任务 2.2　绘制构造线 30
任务 2.3　绘制圆和圆弧 32
　　2.3.1　绘制圆 32
　　2.3.2　绘制圆弧 35
任务 2.4　绘制椭圆和椭圆弧 38
　　2.4.1　绘制椭圆 38
　　2.4.2　绘制椭圆弧 41
任务 2.5　绘制矩形和正多边形 42
　　2.5.1　绘制矩形 43
　　2.5.2　绘制正多边形 44
任务 2.6　绘制多段线和样条曲线 46
　　2.6.1　绘制多段线 46
　　2.6.2　绘制样条曲线 47
任务 2.7　绘制点 48
　　2.7.1　设置点的样式和大小 48
　　2.7.2　绘制单点和多点 48
　　2.7.3　定数等分和定距等分 49
任务 2.8　绘制和编辑多线 50
　　2.8.1　创建多线样式 50
　　2.8.2　绘制多线 51
　　2.8.3　编辑多线 52
任务 2.9　图案填充和渐变色 56
　　2.9.1　图案填充 56
　　2.9.2　渐变色 57
任务 2.10　参数化绘图 59
　　2.10.1　几何约束 59
　　2.10.2　标注约束 60
　　2.10.3　参数化绘图的步骤 60
项目自测 63

项目 3　编辑图形对象 65
任务 3.1　选择图形对象 66
　　3.1.1　直接点选方式 66
　　3.1.2　窗口选择方式 66
　　3.1.3　窗交选择方式 67
　　3.1.4　快速选择方式 67
任务 3.2　使用夹点编辑图形对象 69
　　3.2.1　常规的夹点编辑 69
　　3.2.2　夹点快捷菜单 70
任务 3.3　复制图形操作 71
　　3.3.1　复制 71

3.3.2　镜像 72
3.3.3　偏移 74
3.3.4　阵列 75
任务 3.4　调整方位操作 80
3.4.1　移动 80
3.4.2　对齐 80
3.4.3　旋转 82
任务 3.5　调整形状操作 84
3.5.1　修剪 84
3.5.2　延伸 84
3.5.3　拉长 85
3.5.4　拉伸 87
3.5.5　缩放 88
任务 3.6　编辑图形操作 90
3.6.1　圆角 90
3.6.2　倒角 90
3.6.3　打断 92
3.6.4　打断于点 94
项目自测 96

项目 4　标注图形尺寸 97

任务 4.1　尺寸标注的规则和组成 98
4.1.1　尺寸标注的规则 98
4.1.2　尺寸标注的组成 99
4.1.3　尺寸标注的步骤 99
任务 4.2　设置文字样式 100
任务 4.3　设置标注样式 101
4.3.1　设置"线"样式 101
4.3.2　设置"符号和箭头"样式 102
4.3.3　设置"文字"样式 103
任务 4.4　标注尺寸 104
4.4.1　线性标注和对齐标注 104
4.4.2　半径标注和直径标注 105
4.4.3　角度标注和弧长标注 105
4.4.4　基线标注和连续标注 106
4.4.5　折弯半径和折弯线性 106
4.4.6　尺寸公差和形位公差 107
4.4.7　多重引线标注 108
任务 4.5　尺寸标注的编辑 109

4.5.1　等距标注 109
4.5.2　折断标注 110
4.5.3　编辑标注 110
项目自测 116

项目 5　图块和设计中心 119

任务 5.1　创建和使用块 120
5.1.1　创建内部块 121
5.1.2　创建外部块 121
5.1.3　插入块 122
任务 5.2　创建和使用属性块 126
5.2.1　创建属性块 126
5.2.2　插入属性块 127
5.2.3　编辑块属性 128
任务 5.3　设计中心的介绍与使用 131
5.3.1　设计中心窗口的组成 131
5.3.2　设计中心的使用 132
项目自测 133

项目 6　图框和标题栏 135

任务 6.1　图框格式介绍 136
6.1.1　图纸幅面 137
6.1.2　图框格式 137
6.1.3　标题栏 138
6.1.4　明细栏 139
6.1.5　比例 139
任务 6.2　文本注释 139
6.2.1　标注单行文字 140
6.2.2　标注多行文字 140
任务 6.3　制作样板图 141
6.3.1　绘制样板图 142
6.3.2　保存样板图 142
6.3.3　使用样板图 143
项目自测 148

项目 7　建筑平面图 149

任务 7.1　建筑平面图的基础知识 150
7.1.1　建筑平面图的图示内容 151
7.1.2　建筑平面图的识读 151

7.1.3 建筑平面图的绘制要求 152
7.1.4 建筑平面图的绘制步骤 153

任务 7.2 绘制建筑平面图 153
　7.2.1 打开样板图 155
　7.2.2 设置图层 155
　7.2.3 绘制定位轴线 155
　7.2.4 添加轴线编号 155
　7.2.5 绘制墙线 156
　7.2.6 确定门窗洞口位置 157
　7.2.7 绘制和插入门窗 157
　7.2.8 绘制楼梯 159

任务 7.3 添加尺寸标注和文字注释 160
　7.3.1 尺寸标注 160
　7.3.2 文字注释 160
　7.3.3 绘制指北针 161

项目自测 162

项目 8　建筑立面图 163

任务 8.1 建筑立面图的基础知识 164
　8.1.1 建筑立面图的图示内容 165
　8.1.2 建筑立面图的识读 165
　8.1.3 建筑立面图的绘制要求 166
　8.1.4 建筑立面图的绘制步骤 166

任务 8.2 绘制建筑立面图 166
　8.2.1 打开样板图 168
　8.2.2 设置图层 168
　8.2.3 绘制定位轴线 168
　8.2.4 添加标高符号和轴线编号 169
　8.2.5 绘制室外地坪线和外墙
　　　　轮廓线 170
　8.2.6 确定立面门窗位置 171
　8.2.7 绘制立面门窗 172
　8.2.8 绘制檐口 174
　8.2.9 绘制墙面细部 175

任务 8.3 添加尺寸标注和文字注释 176
　8.3.1 尺寸标注 176
　8.3.2 文字注释 177

项目自测 178

项目 9　建筑剖面图 179

任务 9.1 建筑剖面图的基础知识 180
　9.1.1 建筑剖面图的图示内容 181
　9.1.2 建筑剖面图的识读 181
　9.1.3 建筑剖面图的绘制要求 182
　9.1.4 建筑剖面图的绘制步骤 182

任务 9.2 绘制建筑剖面图 182
　9.2.1 打开样板图 184
　9.2.2 设置图层 184
　9.2.3 绘制定位轴线 184
　9.2.4 添加轴线编号和标高符号 184
　9.2.5 绘制墙线和楼面线 186
　9.2.6 绘制阳台 188
　9.2.7 绘制檐口 188
　9.2.8 绘制窗户 189

任务 9.3 添加尺寸标注和文字注释 190
　9.3.1 尺寸标注 190
　9.3.2 文字注释 191

项目自测 191

项目 10　网络拓扑图 193

任务 10.1 网络拓扑图的基础知识 194
　10.1.1 网络拓扑图的组成结构 195
　10.1.2 网络拓扑图的设计要点 195

任务 10.2 制作网络拓扑样板图 196
　10.2.1 设置绘图环境 197
　10.2.2 绘制图框和标题栏 197
　10.2.3 保存样板图 197

任务 10.3 工作组级网络拓扑图 197
　10.3.1 打开 A4 网络拓扑样板图 198
　10.3.2 绘制网络设备 198
　10.3.3 绘制工作组级网络拓扑图 200

任务 10.4 部门级网络拓扑图 201
　10.4.1 打开 A4 网络拓扑样板图 202
　10.4.2 绘制网络设备 202
　10.4.3 绘制部门级网络拓扑图 203

任务 10.5 园区级网络拓扑图 204
　10.5.1 打开 A4 网络拓扑样板图 205

10.5.2　绘制网络设备.....................205
　　　10.5.3　绘制园区级网络拓扑图.....205
　任务 10.6　企业级网络拓扑图.......................208
　　　10.6.1　打开 A4 网络拓扑样板图.....209
　　　10.6.2　绘制网络设备.....................209
　　　10.6.3　绘制企业级网络拓扑图.....209
　项目自测...212

项目 11　综合布线工程图.................................213
　任务 11.1　综合布线工程图基础知识........214
　　　11.1.1　综合布线工程图的种类........214
　　　11.1.2　设计参考图集.....................215
　　　11.1.3　综合布线工程图绘制要求.....215
　　　11.1.4　综合布线工程图的识读.....219
　　　11.1.5　绘制综合布线工程图的
　　　　　　　常用软件.............................221
　　　11.1.6　综合布线工程图绘制步骤.....221
　任务 11.2　综合布线系统拓扑图................221
　　　11.2.1　设置绘图环境.....................223
　　　11.2.2　绘制图框和标题栏.............223
　　　11.2.3　绘制配线间和信息点.........224
　　　11.2.4　绘制并连接核心区配线间
　　　　　　　和信息点.............................224
　　　11.2.5　绘制并连接图书馆配线间
　　　　　　　和信息点.............................227
　　　11.2.6　绘制并连接其他区域配线间
　　　　　　　和信息点.............................229
　　　11.2.7　绘制分区线.........................229
　　　11.2.8　添加文字说明.....................229
　任务 11.3　综合布线系统管线路由图........229
　　　11.3.1　设置绘图环境.....................231
　　　11.3.2　绘制图框和标题栏.............231
　　　11.3.3　绘制设备间.........................232
　　　11.3.4　设置多线样式并绘制
　　　　　　　多线.....................................232
　　　11.3.5　绘制连接线并连接
　　　　　　　设备间.................................233

　　　11.3.6　添加分区线.........................234
　　　11.3.7　添加文字标注.....................234
　　　11.3.8　添加尺寸标注.....................234
　任务 11.4　楼层信息点分布和管线
　　　　　　　路由图.................................234
　　　11.4.1　设置绘图环境.....................236
　　　11.4.2　绘制图框和标题栏.............236
　　　11.4.3　绘制宿舍平面图.................237
　　　11.4.4　绘制镀锌线槽.....................238
　　　11.4.5　绘制楼梯和垂井口.............239
　　　11.4.6　信息点和 PVC 线槽的
　　　　　　　分布.....................................239
　　　11.4.7　房间标号和镀锌线槽的
　　　　　　　标注.....................................240
　　　11.4.8　添加图例和文字说明.........241
　项目自测...241

项目 12　图形打印与输出.................................243
　任务 12.1　模型空间与图纸空间................244
　　　12.1.1　在模型空间创建平铺
　　　　　　　视口.....................................245
　　　12.1.2　在图纸空间创建浮动
　　　　　　　视口.....................................247
　任务 12.2　创建和管理布局........................248
　任务 12.3　打印图形....................................248
　　　12.3.1　模型空间出图.....................249
　　　12.3.2　图纸空间出图.....................251
　任务 12.4　输出 PDF 与 DWF 文件...........252
　　　12.4.1　输出为 PDF 格式.................252
　　　12.4.2　输出为 DWF 格式...............253
　项目自测...254

**附录 A　AutoCAD 的常用命令
　　　　及快捷键**...256
附录 B　Microsoft Visio 绘图简介...........259
参考文献...267

项目 1

AutoCAD 的基础知识

在计算机辅助设计(Computer Aided Design，CAD)软件 AutoCAD 还没有普及的时候，工程图纸都是靠手工绘制的。

那时候不管走到哪家大型工程设计院，无一例外都有宽敞的设计室，满目的零号大图板，像车间的机床一样整整齐齐一字排开，设计人员就趴在这些图板上用丁字尺、三角板、圆规、铅笔和橡皮在图纸上写写画画，场面颇为壮观。

可是你不会想到，他们的大部分时间是用于绘制一排排相同的门窗或一列列相同的螺钉螺母。他们的大部分精力都消耗在重复的手工作业上面，很少有时间进行创新设计，因为没有人能帮助他们及时完成这些海量的简单复制作业，可谓辛苦至极。

1991 年，当时的国务委员宋健提出"甩掉绘图板"(后被称为"甩图板运动")的号召，并促成了一场在工业各领域轰轰烈烈的 CAD 企业革新。相比手工绘图，CAD 绘图具有速度快、更准确、易操作、易修改等优点。CAD 的推广不仅提高了设计质量并加快了绘图进度，而且通过多方案的比选优化，可节约基建投资 3%~5%。

CAD 技术使产品的设计制造和组织生产的传统模式产生了深刻的变革，成为产品更新换代的关键，被人们称为产业革命的发动机。CAD 最早应用在汽车制造、航空航天以及电子工业的大公司中，如今已广泛应用于机械、建筑、船舶、轻工、纺织、石化、冶金等行业。

中国是国际公认的制造业大国，拥有全世界最全的工业门类。但需要看到的是，我国制造业还存在部分关键技术受制于人、工业设计能力有待提高等问题，CAD 技术可以帮助我们加快追赶步伐。

党的二十大报告指出，要积极推进新型工业化，加快建设制造强国、质量强国。对于我们青年学子，应该培养自己更多的家国情怀和使命担当，努力学习，使自己尽快成长为优秀的工程师和高技能人才。

【本项目学习目标】

熟悉 AutoCAD 的工作界面，正确设置 AutoCAD 的绘图环境，了解绘制 AutoCAD 图形的 4 种方式，掌握 AutoCAD 图形的显示控制方法，掌握创建和管理 AutoCAD 图层的方法，熟悉 AutoCAD 的绘图流程。

AutoCAD 是由美国 Autodesk 公司开发的通用计算机辅助设计与绘图软件，具有强大的图形绘制和编辑功能，可以方便、快捷地绘制各种二维图形和三维图形，还可以用它来管理、打印、共享及准确复用富含信息的设计图形，广泛应用于机械设计、土木建筑、装饰装潢、电子电路等领域。AutoCAD 是目前使用最为广泛的计算机辅助设计软件。

我们可以利用 AutoCAD 绘制如图 1-1 所示的某校园网络拓扑结构图。

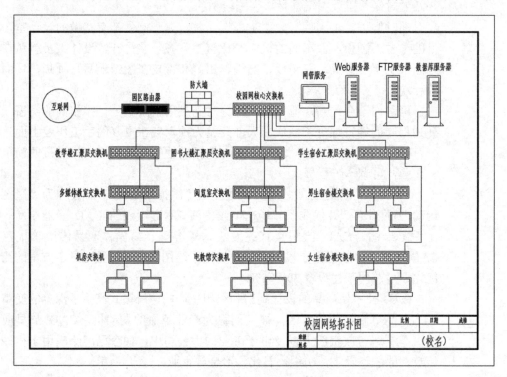

图 1-1 某校园网络拓扑结构图

要利用 AutoCAD 绘制图形，首先需要熟悉 AutoCAD 的工作界面、绘图方法、显示控制和图层管理等内容。

任务 1.1 AutoCAD 2021 的工作界面

安装好 AutoCAD 2021 中文版软件后，默认情况下在桌面上会生成一个快捷图标，双击 AutoCAD 2021 图标，即可启动 AutoCAD 2021。启动完成便进入"开始"窗口，单击

"快速入门"列表中的"开始绘制"按钮,进入 AutoCAD 2021 的工作界面,即可开始绘制图形。

AutoCAD 2021 提供了"草图与注释""三维基础""三维建模"以及"经典界面"4 种工作空间,默认状态下显示"草图与注释"工作空间的界面。对于新用户来说,可以直接从这个界面学习 AutoCAD;对于老用户来说,如果习惯以往版本的工作界面,可以定制到 AutoCAD 经典界面。由于经典界面的简洁性,本教材以 AutoCAD 2021 经典界面来讲述。

启动 AutoCAD 2021 后,单击快速访问工具栏中的 ▼ 按钮,在打开的下拉列表中选择"显示菜单栏"选项,将显示该软件的菜单栏。在菜单栏中选择"工具"→"选项板"命令,在弹出的界面中选择"功能区"选项,可关闭功能区;在菜单栏中选择"工具"→"工具栏"命令,依次选中"标准""图层""特性""标注""绘图""修改"等常用工具栏,在工作界面将显示这些常用的工具栏。

图 1-2 所示即为自定义的 AutoCAD 经典工作空间界面,主要由标题栏、工作空间、菜单栏、工具栏、坐标系、绘图区、命令行、状态栏等元素组成。

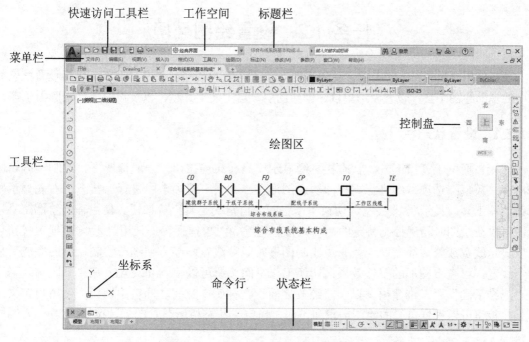

图 1-2 AutoCAD 经典工作空间界面

(1) 标题栏。标题栏位于程序窗口的最上方,中部显示软件名称和正在编辑的图形文件的名称,左边显示快速访问工具栏,右边显示控制窗口大小及关闭窗口的按钮。

(2) 工作空间。单击"工作空间"下拉按钮,可以在"草图与注释""三维基础""三维建模""经典界面"4 种工作空间之间进行切换,也可以自定义工作空间。

(3) 快速访问工具栏。该工具栏包含一些常用的命令,如"新建""打开""保存""另存为""打印""放弃"和"重做"等,方便用户进行一些基本操作。

(4) 菜单栏。菜单栏由"文件""编辑""视图""格式""绘图""标注""修改"等菜单项组成,它们几乎包括了 AutoCAD 2021 中全部的功能和命令。

(5) 工具栏。AutoCAD 2021 提供了 50 多个已命名的工具栏,它提供执行 AutoCAD 命令的快捷方式。右击任一工具按钮,在弹出的快捷菜单中可以打开或关闭某个工具栏。

(6) 绘图区。绘图区是用户绘图的工作区域,相当于工程制图中绘图板上的图纸,所有的绘图工作都在该区域进行。

(7) 坐标系。绘图区的左下方显示了当前使用的坐标系类型以及坐标系原点和各坐标轴的方向。默认情况下,坐标系为世界坐标系(WCS)。

(8) 控制盘。控制盘分为若干个按钮,每个按钮包含一个导航工具。通过单击或单击并拖动悬停在按钮上的光标,可以对当前视图中的模型进行平移、缩放等操作。

(9) 命令行。命令行是用户与 AutoCAD 进行交互对话的窗口,用于接收用户从键盘输入的命令,并显示 AutoCAD 的提示信息。

(10) 状态栏。用于显示和控制 AutoCAD 当前的工作状态。状态栏中的按钮主要用于绘图时精确控制特定的点。当按钮处于高亮状态时,表示打开了相应功能的开关,启用了该功能。用户可利用状态栏最右端的 ≡ 按钮自定义状态栏中显示的内容。

任务 1.2　设置绘图环境

在使用 AutoCAD 绘图前,首先需要对绘图环境的某些参数进行设置,包括设置状态栏中的辅助绘图工具、设置图形单位、创建图层、自定义工具栏,以及设置全局比例因子等。

1.2.1　设置状态栏

状态栏位于窗口下方。状态栏左侧显示模型和布局按钮,一般情况下,绘制和编辑图形在"模型"选项卡中进行,打印输出图形在"布局"选项卡中进行。状态栏右侧显示辅助绘图工具、显示/隐藏线宽、切换工作空间、自定义工具栏等按钮。使用辅助绘图工具按钮可以在绘图时精确控制特定的点,如极轴追踪、对象捕捉等;使用显示/隐藏线宽按钮可以显示线宽或隐藏线宽,一般来说绘制图形时隐藏线宽,能方便细节绘制,绘图完成后显示线宽,可查看图形的整体效果;切换工作空间按钮可以使 AutoCAD 在"草图与注释""三维基础""三维建模"以及"经典界面"4 种工作空间之间自由切换;使用自定义工具栏按钮可以根据自己的绘图需求和习惯,自定义状态栏所显示的工具按钮。

1.2.2　自定义工具栏

使用工具栏可以极大地方便图形的绘制与编辑。AutoCAD 2021 提供了 50 多个工具栏,每个工具栏都由多个图标按钮组成。对于初学者来说,在绘图时可以只打开一些常用的工具栏,如"标准""绘图""修改""标注"等,这样既可减少绘图命令的记忆,又可增大绘图空间。

1. 调用工具栏

在任一工具按钮上按下鼠标右键(以下简称"右击"),可以弹出快捷菜单;选择菜单命令"工具"→"工具栏"→AutoCAD，也可以弹出该菜单。有"√"标记的命令表示该工具栏已经打开。在打开的快捷菜单中单击需要调用的工具栏名称，该工具栏将被显示在屏幕上。如图 1-3 所示为几何约束工具栏。

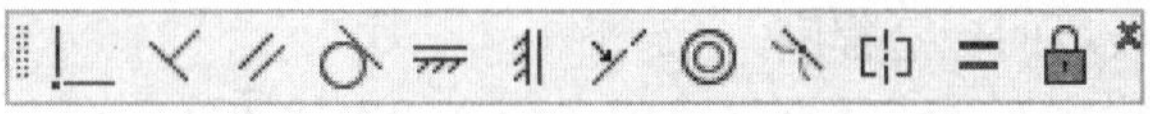

图 1-3 几何约束工具栏

单击工具栏右上方的"关闭"按钮，可以关闭该工具栏。

2．定位工具栏

AutoCAD 的所有工具栏都是浮动的，可以放置在屏幕上的任何位置，并且可以改变其形状。对于任何工具栏，把鼠标指针放置在其标题栏或者其他非图标按钮的地方，可以将其拖动到需要的地方。将鼠标指针放置在工具栏的边界上，当鼠标指针变为双向箭头形状时，可以拖动以改变工具栏的形状。

1.2.3 设置图形单位

在 AutoCAD 中，可以采用 1∶1 的比例因子绘图，因此，所有的图形对象都可以以真实大小来绘制，在需要打印时，再将图形按图纸大小进行缩放。

在 AutoCAD 中，选择"格式"→"单位"菜单命令，在打开的"图形单位"对话框中可以设置绘图时使用的长度单位和角度单位，以及单位的显示格式和精度等参数，如图 1-4 所示。

在"长度"选项组中，可以设置长度单位的类型和精度；在"角度"选项组中，可以设置角度单位的类型、精度及方向；在"插入时的缩放单位"选项组中，可以设置缩放插入内容的单位。在学习阶段，一般采用默认设置。

在"图形单位"对话框中单击"方向"按钮，打开"方向控制"对话框，如图 1-5 所示。默认情况下，角度的 0°方向指向水平向右的方向。

图 1-4 "图形单位"对话框

图 1-5 "方向控制"对话框

1.2.4　设置全局比例因子

全局比例因子主要指整个图形中不连续线型的比例因子，例如点画线、虚线等，用于改变组成线型的点和线段的疏密程度。

执行菜单命令"格式"→"线型"，或在命令行中输入线型命令 LT 并按空格键，打开"线型管理器"对话框，在该对话框中单击"显示细节"按钮，然后在显示的"全局比例因子"文本框中输入所需的比例因子，如图 1-6 所示。

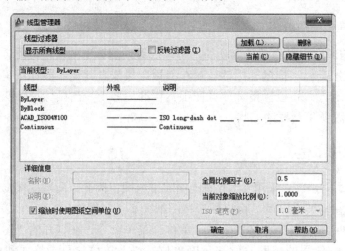

图 1-6　"线型管理器"对话框

通常默认全局比例因子设置为 1，机械图形的比例因子可能设置得更小，如 0.3 或 0.5，建筑图形的比例因子可能设置得更大，如 25 或 50，需要根据实际情况来定。

任务 1.3　AutoCAD 的绘图方法

AutoCAD 属于人机交互软件，命令是绘制和编辑图形的核心，用户执行的每一步操作都需要启用相应的命令。因此，用户必须熟练掌握启用命令的方法。

通常，在 AutoCAD 中启用命令的方法有以下 4 种。

1.3.1　工具按钮方式

AutoCAD 2021 提供了 50 多个工具栏，若要调用所需的工具栏，直接单击工具栏中的按钮，即可执行相应的命令。例如，已知圆心和半径绘制圆，可在"绘图"工具栏中单击"圆"按钮 ⊙，然后按窗口下方命令行中的提示输入合适的参数即可绘制圆。

1.3.2　菜单命令方式

AutoCAD 2021 在菜单栏中提供了 12 个命令菜单，包含了几乎所有常用的 AutoCAD 命令。在命令菜单中选择要执行的命令，启用相应的命令。例如，已知圆心和半径绘制圆,则可选择菜单命令"绘图"→"圆"→"圆心、半径"。

1.3.3 快捷命令方式

在命令行中输入绘制或编辑图形的快捷命令,按空格键或 Enter 键即可执行该命令。例如,在命令行输入绘制圆命令的快捷命令"C"后,按空格键即可开始绘制圆。常用命令的快捷键参见附录 A,熟练使用快捷键可以大幅提高绘图效率。

1.3.4 快捷菜单方式

右键快捷菜单中提供了一些常用的命令,快捷菜单根据所选对象的不同而不同。使用快捷菜单方式可以使操作更加方便灵活,提高绘图效率。

无论以哪种方式启用命令,命令行中都会显示与该命令相关的信息。其中可能会包含一些选项,这些选项显示在方括号"[ ]"中。如果要选择方括号中的某个选项,可在命令行输入该选项后的字母(大、小写均可),或在命令行中单击该选项。

初学者可以使用工具按钮方式或菜单命令方式绘图。在学习过程中,需要逐渐习惯并熟悉快捷命令方式,以提高绘图效率。

任务 1.4 图形显示控制

绘图时,因受到绘图区域大小的限制,需要频繁地移动、缩放绘图区域。AutoCAD 提供了强大的图形显示控制功能。显示控制功能用于控制图形在屏幕上的显示方式,但显示方式的改变只改变了图形的显示效果,并不改变图形的实际效果。下面介绍几种基本的显示控制功能。

1.4.1 缩放视图

缩放视图用于控制图形的缩放显示,主要是指缩小或放大图形在屏幕上的可见尺寸,这只是视觉上的放大或缩小,图形的实际尺寸大小是不变的。

在绘图中最常用的缩放视图的方法是通过滚动鼠标中键滚轮来缩放视图,且缩放图形是以鼠标指针所在位置为中心进行的。

双击鼠标中键滚轮可全屏显示图形,即不管图形移到什么位置,只要双击鼠标中键滚轮,都可将绘制的图形全屏显示在当前窗口中。

选择菜单命令"视图"→"缩放"中的子命令,或在标准工具栏中单击"缩放"按钮,或在命令行中输入"zoom"命令,都可进行视图缩放。

1.4.2 平移视图

平移视图用于在不改变图形缩放显示的条件下平移图形,使图形中的特定部分位于当前的视图中,以便查看图形的不同部分。如果所编辑的图形大小超出了显示区域,为了查看图形中的特定细节,通常需要用平移命令来移动图形。这种平移只相当于移动了图纸的位置，而图形在图纸中的位置并没有移动。

按住鼠标中键滚轮并拖动鼠标可平移视图，也可在标准工具栏中单击"实时平移"按钮 平移视图。

1.4.3 重画与重生成视图

当用户对一个图形进行较长时间的编辑后，可能会在屏幕上留下一些"残迹"。要清除这些残迹，可以用刷新屏幕显示的方法。刷新屏幕显示的方法有"重画"和"重生成"两种。

选择菜单命令"视图"→"重画"，则可重画当前窗口中的图形。

选择菜单命令"视图"→"重生成"，则可重生成当前窗口中的图形。

选择菜单命令"视图"→"全部重生成"，则可重生成所有已打开窗口的图形。

由于使用"重生成"命令重新生成当前视图中的图形时，需要进行数据转换，因此它要比使用"重画"命令耗费更多的时间，特别是对于一个比较复杂和庞大的图形更是如此。

对于"重生成"命令可以用一个简单的例子来说明。当一个较小的圆形经过放大显示后，看起来像是一个多边形，如图 1-7(a)所示。使用"重画"命令图形没有变化，而使用"重生成"命令后，便会显示为一个标准的圆形，如图 1-7(b)所示。由此可见，使用"重生成"命令可以重新创建图形数据库索引，从而优化显示和对象选择的性能。

(a) 重生成前　　　　　　(b) 重生成后

图 1-7　重生成图形

任务 1.5　创建和管理图层

在一个复杂的图形中，有许多不同类型的图形对象，为了方便区分和管理，可以通过创建多个图层，将特性相似的对象绘制在一个图层上，特性不同的对象绘制在不同的图层上。例如，将图形绘制在轮廓线图层上，将尺寸标注绘制在标注图层上。更复杂的图形可能需要创建更多的图层。

图层就好像是一张张透明的图纸，整个图形相当于若干张没有厚度且完全透明的图纸上下叠加的效果。一般情况下，相同的图层上具有相同的线型、颜色、线宽等特性。使用图层可以方便图形的编辑修改，提高工作效率。充分有效地使用图层功能，能够大幅度降低图形绘制工作中编辑操作的难度。

1.5.1 图层的特点

在 AutoCAD 中，图层具有以下特点。

(1) 在一幅图形中可指定任意数量的图层。系统对图层数量没有限制，对每个图层上的对象数量也没有限制。

(2) 每个图层有一个名称，以便进行区别。开始绘制新图时，AutoCAD 会自动创建名为 0 的图层，其余图层需要用户自定义。

(3) 一般情况下，相同图层上的对象应该具有相同的线型和颜色。用户可以自定义各图层的线型、线宽、颜色和状态。

(4) AutoCAD 允许建立多个图层，但只能在当前图层上绘制图形。当前图层可在图层工具栏的图层列表中即时选择。

(5) 各图层具有相同的坐标系、绘图界限及显示时的缩放倍数，可以对位于不同图层的对象同时进行编辑操作。

(6) 可以对各图层分别进行打开或关闭、冻结或解冻、锁定或解锁等操作，以决定各图层的可见性与可操作性。

1.5.2 创建新图层

默认情况下，AutoCAD 会自动创建一个图层名为 0 的图层。图层 0 被定义为 7 号颜色(白色或黑色，由背景色决定)、Continuous 线型、默认线宽及 Normal(普通)打印样式，透明度为 0。在绘图过程中，如果要使用更多的图层来组织图形，就需要首先创建新图层。

单击"图层"工具栏中的"图层特性管理器"按钮，或在命令行中输入图层特性管理器命令 LA 并按空格键，打开"图层特性管理器"面板，如图 1-8 所示。在该面板中单击"新建图层"按钮，在图层列表中将出现一个名称为"图层 1"的新图层。默认情况下，新建图层与当前图层的状态、颜色、线型及线宽等设置相同，用户可以根据需要自定义每个图层的名称、颜色、线型、线宽等属性。

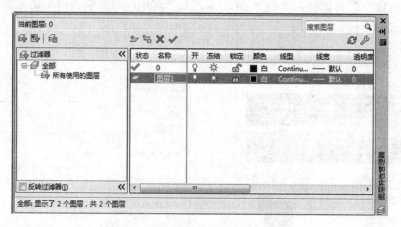

图 1-8 "图层特性管理器"对话框

对于机械图形，通常需要创建中心线、轮廓线、剖面线、虚线、尺寸标注、文字标注等图层；对于建筑图形，通常需要创建定位轴线、墙线、门窗、楼梯、尺寸标注、文字标注等图层。

(1) 状态。双击某个图层，可将选定图层设置为当前图层，当前图层的状态显示为

✓ 。绘制图形时，只能在当前图层上进行。

(2) 名称。即图层的名字。默认情况下，新建图层的名称按图层 1、图层 2…依次递增，用户可以根据需要为图层重命名。单击图层名称，在"名称"文本框中输入一个新的图层名，即可将该图层重命名。

(3) 开关状态。单击某个图层"开"列对应的小灯泡图标 ♀，可以打开或关闭该图层的内容。在"开"状态下，灯泡的颜色为黄色，图层上的图形可以显示，也可以打印输出；在"关"状态下，灯泡的颜色为蓝色，图层上的内容不能显示，也不能打印输出。在关闭当前图层时，系统会弹出一个消息对话框，提醒用户正在关闭当前图层。

(4) 冻结。单击某个图层"冻结"列对应的太阳 ☀ 或雪花 ❄ 图标，可以将该图层冻结或解冻。图层被冻结时显示"雪花"图标 ❄，此时该图层上的图形不能被显示、打印输出或编辑修改；图层解冻后显示"太阳"图标 ☀，此时该图层上的图形可以被显示、打印输出或编辑修改。当前图层不能被冻结，也不能将冻结图层设为当前图层。

(5) 锁定。单击"锁定"列对应的锁定 🔒 或解锁 🔓 图标，可以锁定或解锁图层。图层在锁定状态下不影响图形对象的显示和打印，也可以在该图层上绘制新的图形对象，但不能对该图层上已有图形对象进行编辑。

(6) 颜色。图层的颜色实际上是指图层中图形对象的颜色。每个图层都可以设置不同的颜色，以便于绘制复杂图形时区分图形的各个部分，也方便修改图形对象。单击"颜色"列对应的图标，可以使用打开的"选择颜色"对话框来选择图层的颜色，如图 1-9 所示。一般情况下，应优先从"索引颜色"选项卡中的"标准颜色"栏中选择颜色。

(7) 线型。线型也用于区分图形中的不同元素，如实线、虚线或点画线等。默认情况下，新建图层的线型为 Continuous(实线)线型。若要使用其他线型，单击"线型"列对应的 Continuous 线型，打开"选择线型"对话框，在该对话框中单击"加载"按钮，打开"加载或重载线型"对话框，如图 1-10 所示，从"可用线型"列表框中选择需要加载的线型，单击"确定"按钮。

图 1-9 "选择颜色"对话框

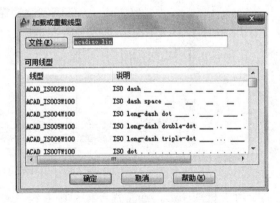

图 1-10 "加载或重载线型"对话框

(8) 线宽。"线宽"设置用来改变图形线条的宽度。使用不同的线宽表现不同的对象，可以提高图形的层次感和可读性。单击"线宽"列显示的线宽值，打开"线宽"对话框,从线宽列表中选择所需要的线宽即可。

(9) 透明度。更改本图层图形的透明度。图层透明度的变化范围为 0~90。

(10) 打印样式。用来确定各图层的打印样式,如果使用的是彩色绘图仪,则不能改变打印样式。

1.5.3 管理图层

在 AutoCAD 中创建好图层之后,需要对其进行管理,包括将选定图层置为当前图层、改变对象所在图层及删除选定的图层等。

1. 将选定图层置为当前图层

在"图层特性管理器"面板的图层列表中,双击某一图层,或选定某一图层后,单击"当前图层"按钮 ✓,即可将选定图层设为当前图层。当前图层的状态显示为 ✓。绘制图形时,只能在当前图层上进行。

2. 改变对象所在图层

如果绘制完某一图形元素后,发现该元素没有绘制在预先设置的图层上,可选中该图形元素,单击"图层"工具栏中的"图层控制"下拉按钮,在弹出的下拉列表中选择该图形元素应在的图层名,即可将图形对象调整到相应的图层。

3. 删除选定的图层

单击"图层"工具栏中的"图层特性管理器"按钮,打开"图层特性管理器"面板,选定某个图层,单击"删除图层"按钮 ✗,即可删除选定的图层。

删除图层操作只能删除未被参照的图层。参照的图层包括 0 图层、包含对象的图层、当前图层以及依赖外部参照的图层,这些图层不能被删除。

下面我们通过一个简单的实例说明利用 AutoCAD 绘图的基本流程。

【例 1-1】利用 AutoCAD 绘制如图 1-11 所示图形并标注尺寸。

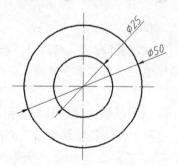

图 1-11　绘制图形并标注尺寸

结合前面所讲内容,可以看出,利用 AutoCAD 2021 绘制二维图形,基本步骤如下。

(1) 启动 AutoCAD 2021。

(2) 设置绘图环境,包括状态栏、工具栏、图层、全局比例因子、图形单位、文字样式、标注样式等的设置。

(3) 绘制及修改图形。

(4) 进行尺寸标注及文字标注。

(5) 保存图形文件。AutoCAD 的图形文件格式应保存为 dwg。

(6) 检查无误后即可出图。

下面介绍利用 AutoCAD 绘制图形并标注尺寸的主要步骤。

步骤 1　设置绘图环境

(1) 依次单击状态栏中的"极轴追踪"按钮、"对象捕捉"按钮和"对象捕捉追踪"按钮，启用这 3 个按钮的功能。

(2) 单击状态栏中"对象捕捉"按钮右侧的下拉按钮，在弹出的下拉菜单中选择"对象捕捉设置"命令，打开"草图设置"对话框。

微课 1-1-1

(3) 在"对象捕捉"选项卡中选中"启用对象捕捉"复选框，在"对象捕捉模式"选项组中选中"交点"复选框，如图 1-12 所示。

图 1-12　"对象捕捉"选项卡

(4) 设置"全局比例因子"。执行菜单命令"格式"→"线型"，或在命令行中输入线型命令 LT 并按空格键，打开"线型管理器"对话框，在该对话框中单击"显示细节"按钮，然后在显示出来的"全局比例因子"文本框中输入点画线的比例因子"0.5"。

步骤 2　创建图层

(1) 单击"图层"工具栏中的"图层特性管理器"按钮，或在命令行中输入图层特性管理器命令 LA 并按空格键，打开"图层特性管理器"面板。

(2) 单击"新建图层"按钮，新建 3 个图层，分别命名为"中心线""轮廓线"和"标注"。

(3) 单击"中心线"图层对应的颜色，打开"选择颜色"对话框，从"索引颜色"选项卡中选择红色。单击"中心线"图层对应的线型，在打开的"选择线型"对话框中加载 ACAD_ISO04W100 线型。

(4) 单击"轮廓线"图层对应的线宽值，在"线宽"列表框中选择 0.30mm。

(5) 单击"标注"图层对应的颜色，打开"选择颜色"对话框，从列表框中选择"索引颜色"中的青色。

(6) 单击"关闭"按钮✖，完成图层设置。

步骤 3　绘制中心线

(1) 设置"中心线"图层为当前图层。

(2) 单击"直线"按钮，或在命令行输入直线命令 L 并按空格键。

(3) 命令行提示"指定第一点："时，在绘图区内单击任一点作为起始点。

(4) 命令行提示"指定下一点或[放弃(U)]："时，十字光标水平向右移动，在命令行输入长度约为 60 的水平中心线(比大圆的直径稍长即可)。

(5) 滚动鼠标滚轮缩放图形到合适大小。

(6) 按空格键重复绘制直线命令，绘制与水平中心线垂直相交的竖直中心线。

步骤 4　绘制图形

(1) 设置"轮廓线"图层为当前图层。

(2) 单击"圆"按钮，或在命令行输入圆命令 C 并按空格键。

(3) 命令行提示"指定圆的圆心或[三点(3P)/两点(2P)/切点、切点、半径(T)]："时，捕捉并单击两条中心线交点标志×作为圆心。

(4) 命令行提示"指定圆的半径或[直径(D)]："时，输入选项 D。

(5) 命令行提示"指定圆的直径："时，输入圆的直径 25。

(6) 按空格键重复绘制圆命令，绘制直径为 50 的同心圆，如图 1-13 所示。

步骤 5　标注尺寸

默认情况下，AutoCAD 绘图窗口不显示标注工具栏。此时，可将鼠标指针指向任一工具按钮并右击，在弹出的快捷菜单中选择"标注"命令，标注工具栏便显示在绘图窗口中。

(1) 设置"标注"图层为当前图层。

(2) 单击"直径"按钮，或在命令行输入标注直径命令 DDI 并按空格键。

(3) 命令行提示"选择圆弧或圆："时，单击直径为 25 的圆。

(4) 命令行提示"指定尺寸位置或[多行文字(M)/文字(T)/角度(A)]："时，移动十字光标到合适位置单击，标注直径为 25 的圆。

(5) 按空格键重复执行"直径"标注命令，标注直径为 50 的圆，标注结果如图 1-14 所示。

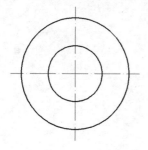

图 1-13　绘制圆形

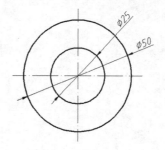

图 1-14　标注尺寸

步骤 6　保存图形

(1) 单击"保存"按钮 ■，或按 Ctrl+S 组合键，弹出"图形另存为"对话框。

(2) 设置保存位置并输入图形文件的名称，单击"保存"按钮。

项 目 自 测

1. 填空题

(1) 中文版 AutoCAD 2021 为用户提供了_____、_____、_____ 和_____ 4 种工作空间，默认状态下显示_____工作空间的界面，用户可以根据自己的习惯自定义工作空间。

(2) 通常，在 AutoCAD 中使用命令有 4 种方法，分别是_____、_____、_____、_____。

(3) 在 AutoCAD 中绘制图形时，每个图形都包含名为_____的图层，该图层不能被删除或重命名。

2. 选择题

(1) 默认情况下，AutoCAD 图形保存的文件格式为(　　)。
　　A. dwg　　　　B. dwt　　　　C. dws　　　　D. dxf

(2) 使用 AutoCAD 绘图的过程中，如果执行了错误命令，可以按(　　)组合键返回上一步。
　　A. Ctrl+Y　　　B. Ctrl+Z　　　C. Ctrl+U　　　D. Ctrl+Q

(3) 下列选项中，不属于图层特性的是(　　)。
　　A. 颜色　　　　B. 线宽　　　　C. 锁定　　　　D. 打印样式

(4) 执行缩放命令时，对象的实际尺寸(　　)。
　　A. 不变　　　　B. 改变　　　　C. 不确定

(5) 要让绘图区的图形全屏显示，应该双击(　　)。
　　A. 左键　　　　B. 右键　　　　C. 滚轮

项目 2

绘制二维图形

新中国成立之初，一穷二白，大批爱国科学家毅然放弃国外优渥的生活和学术条件，回国投入百废待兴的祖国建设中，逐步完善了我国门类齐全的工业基础，为改革开放后的经济腾飞打下了坚实的基础。

改革开放以来，我国制造业从自力更生、白手起家，到制造业得到长足发展，建成门类齐全、独立完整的产业体系，有力推动了我国工业化和现代化进程，显著增强了综合国力，支撑了我国世界大国地位。我国正在从制造业大国向制造业强国迈进。

2015 年，我国遵循产业升级与转型的客观规律，编制了中长期十年规划，颁布了《中国制造 2025》，部署全面推进实施制造强国战略。这是我国实施制造强国战略第一个十年的行动纲领，以推进智能制造为主攻方向，以满足经济社会发展和国防建设对重大技术装备的需求为目标，强化工业基础能力，提高综合集成水平，完善多层次多类型人才培养体系，促进产业转型升级，培育有中国特色的制造文化，实现制造业由大变强的历史跨越。

近年来我国制造业水平得到了极大提高，不断涌现的具有自主知识产权的载人航天、载人深潜、大型飞机、高铁装备、数控机床、工业机器人、超级计算机、"山东号"和"福建号"国产航母、万米深海石油钻探设备等，无不展现着我国制造强国的风采。

然而，我们也不能忽视与发达国家在某些领域的差距。我国在特种加工和精密制造技术方面仍然存在一定的滞后性。例如，在一些高端制造领域，我国正面临核心技术自主创新能力不足的挑战，这在一定程度上制约了我国产业升级的速度和国际竞争力的提升。尽管如此，我们并不满足于现状，正在从多个角度迅速迎头赶上。

我们青年学子要尽快成长起来，学习老一辈科学家勇于探索、勇攀高峰、报国为民、无私奉献的爱国情怀和高尚品格，不负年华，锐意进取，为我国早日成为制造强国贡献自己的一份力量。

📖【本项目学习目标】

掌握利用 4 种坐标表示法绘制图形的方法，掌握利用绘图工具栏中各种工具绘制图形的方法，掌握利用状态栏辅助工具精确绘制图形的方法，掌握利用临时追踪点命令绘制图形的方法，掌握参数化绘图的方法。

绘制二维平面图形是 AutoCAD 绘图的基础功能，也是重点内容之一。本项目主要讲述利用 AutoCAD 坐标系和 AutoCAD 的状态栏绘制二维平面图形(如直线、圆、椭圆、矩形、多边形、多线、多段线及样条曲线等)的方法。它们是整个 AutoCAD 的绘图基础，只有熟练掌握二维平面图形的绘制方法和技巧，才能更好地绘制出复杂的图形。

任务2.1 绘制直线

直线是各种图形中最常用的一种图形对象。AutoCAD 中的直线其实是几何学中的线段。AutoCAD 用一系列直线连接各指定点，它可以将一条直线的终点作为下一条直线的起点，并连续地提示输入下一条直线的终点。

2.1.1 利用坐标绘制直线

在绘图过程中常常需要使用某个坐标系作为参照，拾取点的位置来精确绘制图形。AutoCAD 提供的坐标系可以用来准确地设计并绘制图形。

1. 认识坐标系

在 AutoCAD 中，坐标系分为世界坐标系(WCS)和用户坐标系(UCS)，这两种坐标系都可以精确定位点的坐标。

默认情况下，开始绘制新图形时，当前坐标系为世界坐标系(即 WCS)，它包括 X 轴和 Y 轴(如果在三维空间工作，还有一个 Z 轴)。在绘制和编辑图形的过程中，WCS 的坐标原点和坐标轴方向都不会改变。WCS 的交会处显示"□"形标记，其坐标原点位于图形窗口的左下角，所有的位移都是相对于原点计算的，并且规定沿 X 轴正向和 Y 轴正向的位移为正方向。图 2-1(a)所示为世界坐标系。

在 AutoCAD 中，为了能够更好地辅助绘图，经常需要修改坐标系的原点和方向，这时可将世界坐标系变为用户坐标系(即 UCS)。UCS 的原点及 X 轴、Y 轴、Z 轴的方向都可以移动和旋转，使绘图更加方便和灵活。另外，用户坐标系原点处没有"□"形标记。在绘制三维图形时经常会用到用户坐标系，图 2-1(b)所示为用户坐标系。

(a) 世界坐标系　　　　　　　(b) 用户坐标系

图 2-1　AutoCAD 坐标系

世界坐标系(WCS)与用户坐标系(UCS)可以在绘图区域右上角控制盘下方的坐标系下拉列表中进行切换。

2．坐标的表示方法

在 AutoCAD 中，点的坐标有 4 种表示方法，分别是绝对直角坐标、相对直角坐标、绝对极坐标和相对极坐标，它们的特点如下。

(1) 绝对直角坐标。绝对直角坐标是从坐标原点即(0,0)或(0,0,0)出发的位移，其输入形式是(x,y)或(x,y,z)，如(12,13)或(3,4,5)。

(2) 相对直角坐标。相对直角坐标不是从坐标原点出发，而是相对于某一点的位移，其输入形式是(@x,y)或(@x,y,z)，如(@12,13)或(@3,4,5)。

(3) 绝对极坐标。绝对极坐标是从坐标原点出发的位移，但给定的是距离和角度，且距离和角度之间用"<"分开，规定 X 轴正向为0°，其输入形式是($r<\theta$)，如(12<60)。

(4) 相对极坐标。相对极坐标不是从坐标原点，而是相对于某一点的位移，其输入形式是(@$r<\theta$)，如(@12<60)。

综上所述，坐标的 4 种输入方法如表 2-1 所示。

表 2-1　坐标输入方法

坐标形式	直角坐标	极 坐 标
绝对坐标	x,y	$r<\theta$
相对坐标	@x,y	@$r<\theta$

若要绘制直线图形，可以单击"绘图"工具栏中的"直线"按钮，或在命令行输入直线命令 L 并按空格键，便可以根据命令行的提示，开始绘制直线。

【例2-1】 利用绝对直角坐标绘制图 2-2 所示的图形。

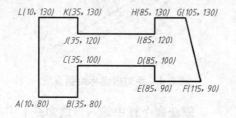

微课 2-1

图 2-2　绝对直角坐标绘制直线

(1) 单击"直线"按钮，或在命令行中输入直线命令 L 并按空格键。

(2) 命令行提示"指定第一点："时，输入 A 点坐标(10,80)。

(3) 命令行提示"指定下一点或[放弃(U)]："时，输入 B 点坐标(35,80)。

(4) 命令行提示"指定下一点或[放弃(U)]："时，输入 C 点坐标(35,100)。

(5) 命令行提示"指定下一点或[闭合(C)/放弃(U)]："时，依次输入 $D(85,100)$、$E(85,90)$、$F(115,90)$、$G(105,130)$、$H(85,130)$、$I(85,120)$、$J(35,120)$、$K(35,130)$、$L(10,130)$ 各点坐标。每输入一个点的坐标后都必须按一次空格键予以确认。

(6) 输入 L 点的坐标后，命令行提示"指定下一点或[闭合(C)/放弃(U)]："时，输入

C，闭合图形，完成图形绘制。

【例2-2】利用相对直角坐标绘制图2-3所示的图形。

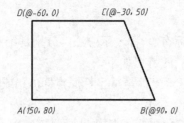

微课2-2

图2-3 相对直角坐标绘制直线

(1) 单击"直线"按钮，或在命令行中输入直线命令L并按空格键。

(2) 命令行提示"指定第一点："时，输入 A 点坐标(150,80)。

(3) 命令行提示"指定下一点或[放弃(U)]："时，输入 B 点的相对坐标(@90,0)。

(4) 命令行提示"指定下一点或[放弃(U)]："时，输入 C 点的相对坐标(@-30,50)。

(5) 命令行提示"指定下一点或[闭合(C)/放弃(U)]："时，输入 D 点的相对坐标(@-60,0)。

(6) 命令行提示"指定下一点或[闭合(C)/放弃(U)]："时，输入 C，闭合图形，完成图形绘制。

【例2-3】利用绝对极坐标绘制如图2-4所示的 OA、OB、OC 和 OD 4条直线。

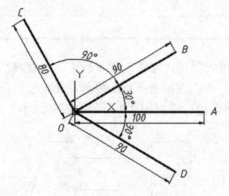

微课2-3

图2-4 绝对极坐标绘制直线

(1) 单击"直线"按钮，或在命令行中输入直线命令L并按空格键。

(2) 命令行提示"指定第一点："时，输入 O 点坐标(0,0)。

(3) 命令行提示"指定下一点或[放弃(U)]："时，输入 A 点的极坐标(100<0)。

(4) 命令行提示"指定下一点或[放弃(U)]："时，按空格键，结束绘制直线命令。

(5) 按空格键，重复绘制直线命令。

(6) 命令行提示"指定第一点："时，输入 O 点坐标(0,0)。

(7) 命令行提示"指定下一点或[放弃(U)]："时，输入 B 点的极坐标(90<30)。

(8) 命令行提示"指定下一点或[放弃(U)]："时，按空格键，结束绘制直线命令。

(9) 按空格键，重复绘制直线命令。

(10) 命令行提示"指定第一点："时，输入 O 点坐标(0,0)。

(11) 命令行提示"指定下一点或[放弃(U)]:"时，输入 C 点的极坐标(80<120)。
(12) 命令行提示"指定下一点或[放弃(U)]:"时，按空格键，结束绘制直线命令。
(13) 按空格键，重复绘制直线命令。
(14) 命令行提示"指定第一点:"时，输入 O 点坐标(0,0)。
(15) 命令行提示"指定下一点或[放弃(U)]:"时，输入 D 点的极坐标(90<-30)。
(16) 命令行提示"指定下一点或[放弃(U)]:"时，按空格键，结束绘制直线命令。

【例 2-4】利用相对极坐标绘制图 2-5 所示的图形。

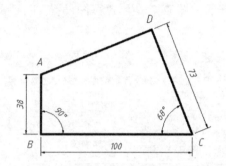

微课 2-4

图 2-5　相对极坐标绘制直线

(1) 单击"直线"按钮，或在命令行输入 L 并按空格键。
(2) 命令行提示"指定第一点:"时，在绘图区单击任一点作为起始点 A。
(3) 命令行提示"指定下一点或[放弃(U)]:"时，输入 B 点相对极坐标(@38<-90)。
(4) 命令行提示"指定下一点或[放弃(U)]:"时，输入 C 点相对极坐标(@100<0)。
(5) 命令行提示"指定下一点或[闭合(C)/放弃(U)]:"时，输入 D 点相对极坐标(@73<112)。
(6) 命令行提示"指定下一点或[闭合(C)/放弃(U)]:"时，输入 C，完成图形绘制。

2.1.2　利用状态栏辅助工具绘制直线

AutoCAD 2021 提供了大量辅助工具，帮助用户快速、精确地绘制图形。利用捕捉功能可以精确控制光标的移动距离，利用栅格可以快速确定对象之间的距离，利用正交功能可以方便绘制水平或垂直的直线，利用极轴追踪功能可以方便绘制指定角度的斜线，利用对象捕捉功能可以快速、准确地捕捉图形中的特征点(如端点、中点、交点和圆心等)，利用对象捕捉追踪功能可以使光标沿指定对象的特征点进行正交和极轴追踪。这些工具全部位于窗口下方的状态栏中，如图 2-6 所示。

图 2-6　状态栏

1．栅格和捕捉

栅格是一些标定位置的方格，起坐标纸的作用，可以提供直观的距离和位置参照。捕捉用于设定光标移动的间距。

单击状态栏中的"栅格显示"按钮，可在绘图区显示或关闭栅格。打开栅格后，绘图窗口显示出规律布置的栅格点，使绘图窗口类似于一张坐标纸，有助于快速绘制图形。打印图形时，这些栅格点不会被打印出来。

单击状态栏中的"捕捉模式"按钮，可以打开或关闭"捕捉"模式。打开"捕捉"模式后执行绘图命令时，光标只能按照系统默认或用户定义的间距移动。

默认情况下，光标沿 X 轴或 Y 轴方向上的捕捉间距为 10，若要改变栅格间距或捕捉间距，可在状态栏中右击"栅格显示"或"捕捉模式"按钮，在弹出的快捷菜单中选择"设置"命令，然后在打开的如图 2-7 所示"草图设置"对话框的"捕捉和栅格"选项卡中进行设置。

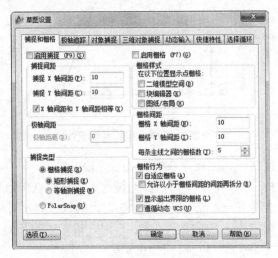

图 2-7 "捕捉和栅格"选项卡

(1) "启用捕捉"复选框。用于打开或关闭捕捉模式。选中该复选框，可以启用捕捉模式。

(2) "捕捉间距"选项组。当"捕捉类型"设为"栅格捕捉"时可以在此选项组中设置 X 轴和 Y 轴间的捕捉间距。

(3) "极轴间距"选项组。当"捕捉类型"设为 PolarSnap 时可以在此选项组中设置极轴间距。

(4) "捕捉类型"选项组。确定是栅格捕捉还是极轴捕捉(PolarSnap)。栅格捕捉时需启用状态栏中的"栅格显示"按钮，极轴捕捉时需启用状态栏中的"极轴追踪"按钮。

(5) "启用栅格"复选框。打开或关闭栅格显示。选中该复选框，可以启用栅格。一般情况下，"启用栅格"复选框与"启用捕捉"复选框同时选中。

(6) "栅格样式"选项组。通常情况下栅格显示为方格，也可以选择指定位置显示点栅格。

(7) "栅格间距"选项组。用于设置栅格间距。

(8) "栅格行为"选项组。用于设置"视觉样式"下栅格的显示样式。

① "自适应栅格"复选框：用于限制缩放时栅格的密度。

② "显示超出界限的栅格"复选框：用于确定是否显示图形界限之外的栅格。

③ "遵循动态 UCS"复选框：选中此复选框时，将跟随动态 UCS 的 XY 平面而改变栅格平面。

【例 2-5】 启用"捕捉模式"和"栅格显示"绘制如图 2-8 所示的楼梯图形。

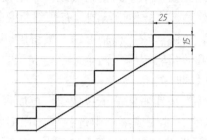

微课 2-5

图 2-8　启用捕捉模式和栅格显示绘制楼梯

步骤 1　设置绘图环境

(1) 单击状态栏中的"捕捉模式"按钮 ⌘ 和"栅格显示"按钮 ⌘，启用"捕捉模式"和"栅格显示"功能。单击"极轴追踪"按钮 ⌀，关闭"极轴追踪"功能。

(2) 单击状态栏中"捕捉模式"右侧的下拉按钮，选择下拉菜单中的"捕捉设置"命令，打开"草图设置"对话框，在"捕捉和栅格"选项卡中进行如图 2-9 所示的设置。

图 2-9　"捕捉和栅格"选项卡

步骤 2　绘制图形

(1) 执行"直线"命令。

(2) 命令行提示"指定第一点："时，在绘图区单击任一栅格点作为起始点。

(3) 命令行提示"指定下一点或[放弃(U)]："时，垂直向上追踪下一个栅格点。

(4) 命令行提示"指定下一点或[放弃(U)]："时，水平向右追踪下一个栅格点。

(5) 命令行提示"指定下一点或[闭合(C)/放弃(U)]："时，按台阶形状连续向上、向右捕捉下一个栅格点，直至绘制完成 8 级台阶。

(6) 继续绘制其他直线，完成楼梯绘制。

2. 正交和极轴追踪

正交和极轴追踪主要用于控制光标移动的方向。利用正交功能可以控制绘图时光标只能沿水平或垂直方向移动，用来绘制水平或垂直直线；利用极轴追踪功能可控制光标沿由极轴增量角定义的极轴方向移动，这样便于绘制具有倾斜角度的直线。

单击状态栏中的"正交"按钮 或"极轴追踪"按钮 ，可分别开启或关闭正交模式和极轴追踪模式。"正交"和"极轴追踪"两个命令是互斥的，打开一个开关时另一个开关会自动关闭。两个开关可以同时关闭。

单击状态栏中"极轴追踪"按钮右侧的下拉按钮，可以直接在弹出的右键快捷菜单中选择增量角，也可以在弹出的右键快捷菜单中选择"正在追踪设置"命令，在打开的如图 2-10 所示"草图设置"对话框的"极轴追踪"选项卡中进行增量角的设置。

图 2-10 "极轴追踪"选项卡

(1) "极轴角设置"选项组。用于设置极轴角度。极轴追踪是按设定好的增量角及其整数倍进行追踪的，因此改变极轴增量角，极轴会随之改变。如果增量角不能满足需要，可选中"附加角"复选框，然后单击"新建"按钮，在"附加角"列表框中增加新的角度。

(2) "对象捕捉追踪设置"选项组。用于设置对象捕捉追踪方式。选中"仅正交追踪"单选按钮，可在启用对象捕捉追踪时，只显示获取的对象捕捉点的正交(水平/垂直)对象捕捉追踪路径；选中"用所有极轴角设置追踪"单选按钮，可以将极轴追踪设置应用到对象捕捉追踪。使用对象捕捉追踪时，光标将从获取的对象捕捉点起沿极轴对齐角度进行追踪。

(3) "极轴角测量"选项组。用于设置极轴追踪对齐角度的测量基准。选中"绝对"单选按钮，可以基于当前用户坐标系(UCS)确定极轴追踪角度；选中"相对上一段"单选按钮，可以基于最后绘制的线段确定极轴的追踪角度。

【例 2-6】启用"正交模式"绘制如图 2-11 所示的图形。

步骤 1 设置绘图环境

单击状态栏中的"正交模式"按钮 ，启用"正交模式"功能。

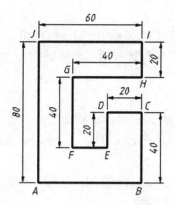

图 2-11 利用正交模式绘制直线

步骤 2　绘制图形

(1) 执行"直线"命令。

(2) 命令行提示"指定第一点："时，在绘图区单击任一点作为起始点 A。

(3) 命令行提示"指定下一点或[放弃(U)]："时，将鼠标指针水平向右移动，输入直线 AB 的长度 60。

(4) 命令行提示"指定下一点或[放弃(U)]："时，将鼠标指针垂直向上移动，输入直线 BC 的长度 40。

(5) 命令行提示"指定下一点或[闭合(C)/放弃(U)]："时，鼠标指针依次水平向左移动 20 绘制直线 CD，垂直向下移动 20 绘制直线 DE，水平向左移动 20 绘制直线 EF，垂直向上移动 40 绘制直线 FG，水平向右移动 40 绘制直线 GH，垂直向上移动 20 绘制直线 HI，水平向左移动 60 绘制直线 IJ。

(6) 绘制直线 IJ 后，命令行提示"指定下一点或[闭合(C)/放弃(U)]："时，输入选项 C，闭合图形，完成图形绘制。

【例 2-7】启用"极轴追踪"模式绘制如图 2-12 所示的图形。

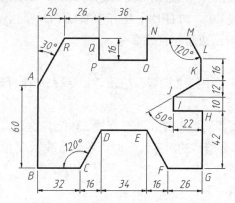

图 2-12 利用极轴追踪模式绘制直线

步骤 1　设置绘图环境

(1) 单击状态栏中的"极轴追踪"按钮 和"对象捕捉"按钮 ，启用"极轴追踪"和"对象捕捉"功能。

(2) 单击状态栏中"极轴追踪"按钮右侧的下拉按钮,选择"增量角"为 30°,单击"对象捕捉"按钮右侧的下拉按钮,选择所需要特征点为"端点"和"交点"。

步骤 2　绘制图形

(1) 执行"直线"命令。

(2) 命令行提示"指定第一点:"时,在绘图区单击任一点作为起始点 *A*。

(3) 命令行提示"指定下一点或[放弃(U)]:"时,垂直向下追踪,输入追踪距离 60,绘制直线 *AB*。

(4) 命令行提示"指定下一点或[放弃(U)]:"时,水平向右追踪,输入追踪距离 32,绘制直线 *BC*。

(5) 命令行提示"指定下一点或[闭合(C)/放弃(U)]:"时,沿 60°角追踪,输入追踪距离 32,绘制直线 *CD*。

(6) 命令行提示"指定下一点或[闭合(C)/放弃(U)]:"时,水平向右追踪,输入追踪距离 34,绘制直线 *DE*。

(7) 命令行提示"指定下一点或[闭合(C)/放弃(U)]:"时,沿 300°角追踪,输入追踪距离 32,绘制直线 *EF*。

(8) 命令行提示"指定下一点或[闭合(C)/放弃(U)]:"时,依次向右追踪 26 绘制直线 *FG*,向上追踪 42 绘制直线 *GH*,向左追踪 22 绘制直线 *HI*,向上追踪 10 绘制直线 *IJ*,沿 30°角追踪 24 绘制直线 *JK*,向上追踪 16 绘制直线 *KL*,沿 120°角追踪稍长距离,按空格键结束绘制直线命令。

(9) 按空格键重复绘制直线命令。

(10) 命令行提示"指定第一点:"时,捕捉并单击 *A* 点。

(11) 命令行提示"指定下一点或[放弃(U)]:"时,沿 60°角追踪,输入追踪距离 40,绘制直线 *AR*。

(12) 命令行提示"指定下一点或[闭合(C)/放弃(U)]:"时,依次向右追踪 26 绘制直线 *RQ*,向下追踪 16 绘制直线 *QP*,向右追踪 36 绘制直线 *PO*,向上追踪 16 绘制直线 *ON*,向右追踪稍长距离,按空格键结束绘制直线命令。

步骤 3　修剪图形

(1) 单击"修改"工具栏中的"修剪"按钮 ,或在命令行输入修剪命令 TR 并按空格键。

(2) 命令行提示"选择剪切边"时,选择直线 *LM* 为修剪边。

(3) 命令行提示"选择要修剪的对象:"时,单击直线 *NM* 中超出 *LM* 的部分,则修剪掉直线 *NM* 中超出 *LM* 的部分。

(4) 按空格键重复修剪命令。

(5) 命令行提示"选择剪切边"时,选择直线 *NM* 为修剪边。

(6) 命令行提示"选择要修剪的对象:"时,单击直线 *LM* 中超出 *MN* 的部分,则修剪掉直线 *LM* 中超出 *MN* 的部分。

3. 对象捕捉和对象捕捉追踪

利用对象捕捉功能可以精确、快捷地捕捉图形对象上的特殊点(即特征点)，如端点、交点、中点、圆心、切点、垂足、象限点等，可以极大地提高绘图效率。打开对象捕捉开关后，将鼠标指针移动到图形对象附近，AutoCAD 会自动捕捉邻近的特征点，并在捕捉点处显示特征点的标记符号和提示。

单击状态栏中"对象捕捉"按钮 右侧的下拉按钮，可以在弹出的下拉菜单中直接选择所需要的特征点，也可以在弹出的右键快捷菜单中选择"对象捕捉设置"命令，然后在打开的"草图设置"对话框的"对象捕捉"选项卡中进行设置，如图 2-13 所示。

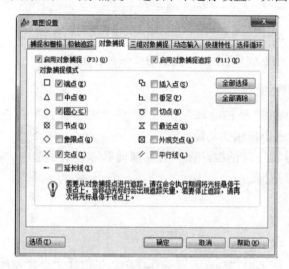

图 2-13 "对象捕捉"选项卡

在"对象捕捉"选项卡中选择需要捕捉的特征点复选框。

特征点并不是选择越多越方便，选择太多特征点可能会影响捕捉的准确度。所以，在绘图时选择绘制本图需要捕捉的特征点即可。

"对象捕捉追踪"功能是对象捕捉与极轴追踪两个命令的综合应用，利用对象捕捉追踪功能可使光标沿指定的特征点进行正交或极轴追踪，即在捕捉到对象上的特征点后，将该特征点作为基点进行正交或极轴追踪，其追踪模式取决于图 2-13 中"启用对象捕捉追踪"的设置。

使用对象捕捉追踪模式时，必须选中"启用对象捕捉"和"启用对象捕捉追踪"复选框。

选中"对象捕捉"和"对象捕捉追踪"两个复选框后，就可以通过捕捉特征点的追踪线绘制图形。当捕捉到一个特征点后，该特征点处显示一个小加号"＋"，同时十字光标中心显示小叉号"×"，移动鼠标指针，绘图窗口将显示通过捕捉点的水平线、竖直线或极轴追踪线。

需要在两个方向进行捕捉追踪时，将鼠标指针捕捉到现有图形中的某个特征点后(此时不要单击)，出现追踪线，接着再捕捉图中的另一个特征点，出现第二条追踪线，两条追踪线交会的位置即为要指定绘图的位置。

【例 2-8】启用"对象捕捉"模式绘制图 2-14 所示的图形。

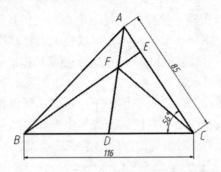

微课 2-8

图 2-14 利用对象捕捉模式绘制直线

说明： 图中 D 为直线 BC 的中点，直线 BE 垂直于直线 AC。

步骤 1　设置绘图环境

(1) 单击状态栏中的"极轴追踪"按钮、"对象捕捉"按钮和"对象捕捉追踪"按钮，启用这三个按钮的功能。

(2) 打开"草图设置"对话框，在"对象捕捉"选项卡中选中"端点""中点""交点"和"垂足"4 个复选框。

步骤 2　绘制图形

1) 绘制△ABC

(1) 执行"直线"命令。

(2) 命令行提示"指定第一点："时，在绘图区单击任一点作为起始点 B。

(3) 命令行提示"指定下一点或[放弃(U)]："时，光标水平向右追踪 116。

(4) 命令行提示"指定下一点或[放弃(U)]："时，输入 A 点相对极坐标(@85<124)。

(5) 命令行提示"指定下一点或[闭合(C)/放弃(U)]："时，输入选项 C。

2) 绘制中线 AD

(1) 按空格键重复绘制直线命令。

(2) 命令行提示"指定第一点："时，捕捉并单击端点 A。

(3) 命令行提示"指定下一点或[放弃(U)]："时，光标在直线 BC 中点附近移动，出现中点符号△时捕捉并单击该符号，绘制中线 AD。

3) 绘制垂线 BE

(1) 按空格键重复绘制直线命令。

(2) 命令行提示"指定第一点："时，捕捉并单击端点 B。

(3) 命令行提示"指定下一点或[放弃(U)]："时，光标沿直线 CA 移动，出现垂足符号┕时捕捉并单击该符号，绘制垂线 BE。

4) 绘制连线 FC

(1) 按空格键重复绘制直线命令。

(2) 命令行提示"指定第一点："时，捕捉并单击交点 F。

(3) 命令行提示"指定下一点或[放弃(U)]"时，捕捉并单击端点 C，绘制连线 FC。

【例 2-9】启用"对象捕捉追踪"模式绘制图 2-15 所示的图形。

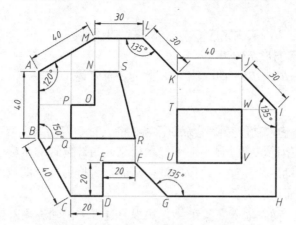

微课 2-9

图 2-15　利用对象捕捉追踪模式绘制直线

说明：图中虚线为所在直线对应的端点或中点。

步骤 1　设置绘图环境

(1) 单击状态栏中的"极轴追踪"按钮 ⊙、"对象捕捉"按钮 □ 和"对象捕捉追踪"按钮 ∠，启用这三个按钮的功能。

(2) 打开"草图设置"对话框，在"对象捕捉"选项卡中选中"端点""中点"和"交点"3 个复选框。

步骤 2　绘制外围图形

(1) 执行"直线"命令，在状态栏中选择追踪角为 30°，在绘图窗口单击任一点作为起点 A，向下追踪 40 绘制直线 AB，沿 300°方向追踪 40 绘制直线 BC，向右追踪 20 绘制直线 CD，向上追踪 20 绘制直线 DE，向右追踪 20 绘制直线 EF。在状态栏中选择追踪角为 45°，光标捕捉端点 D，然后向右追踪到与 315°方向追踪线的交点处单击，绘制直线 FG，向右追踪稍长距离绘制直线 GH 所在直线。

(2) 按空格键重复"直线"命令，在状态栏中选择追踪角为 30°，捕捉 A 点并单击，沿 30°方向追踪 40 绘制直线 AM，向右追踪 30 绘制直线 ML，在状态栏中选择追踪角为 45°，沿 315°方向追踪 30 绘制直线 LK，向右追踪 40 绘制直线 KJ，沿 315°方向追踪 30 绘制直线 JI，向下追踪到与直线 GH 相交。

(3) 单击选中直线 GH，激活右侧夹点向左移动到 H 点。

步骤 3　绘制内部图形 NOPQRS

(1) 从 N 点开始，逆时针方向绘制 NOPQRS。执行"直线"命令，命令行提示"指定第一点："时，光标先捕捉端点 A，再捕捉端点 M，然后光标垂直向下移动到与通过 A 点的水平追踪线的交点时单击，此点即为 N 点。

(2) 命令行提示"指定下一点或[放弃(U)]："时，光标首先捕捉直线 AB 的中点，然后向右到通过直线 AB 的中点的水平追踪线与通过 N 点的垂直追踪线的交点时单击，此点即为 O 点。

(3) 命令行提示"指定下一点或[闭合(C)/放弃(U)]："时，光标首先捕捉端点 C，然后垂直向上移动到通过 C 点的垂直追踪线与通过 O 点的水平追踪线的交点时单击，此点即为 P 点。

(4) 使用同样的方法，依次完成 Q、R、S 各点的绘制。

步骤 4　绘制内部图形 *TUVW*

与绘制内部图形 NOPQRS 的步骤相同，此处不再赘述。

4．动态输入

AutoCAD 的动态输入功能是除了命令行以外的一种友好的人机交互方式。启用动态输入功能，便会在鼠标指针位置处显示命令提示信息、指针位置的坐标值，以及线段的长度和角度等信息，以帮助用户专注于绘图区域，从而极大地提高绘图效率，并且这些信息会随着鼠标指针的移动而动态更新。

单击状态栏中的"动态输入"按钮，可以打开或关闭动态输入功能。

右击状态栏中的"动态输入"按钮，在弹出的快捷菜单中选择"动态输入设置"命令，然后在打开的"草图设置"对话框的"动态输入"选项卡中进行设置，如图 2-16 所示。

图 2-16　"动态输入"选项卡

动态输入有两种模式，分别为"指针输入"与"标注输入"。指针输入用于输入坐标值，标注输入用于输入线段的长度和角度。

单击"指针输入"选项组中的"设置"按钮，在打开的"指针输入设置"对话框中可以进行坐标格式和可见性的设置。默认情况下，动态输入的指针输入被设置为"相对极坐标"形式，因此，虽然未输入"@"符号，但输入的坐标值依然为相对极坐标。

单击"标注输入"选项组中的"设置"按钮，在打开的"标注输入设置"对话框中可以设置标注的"可见性"。启用标注输入后，在绘图时将在十字光标位置显示标注信息。当命令提示输入下一点时，在绘图区将显示当前光标所在点相对于上一点的距离和角度值。

选中"动态提示"选项组中的"在十字光标附近显示命令提示和命令输入"复选框，可以在光标附近显示命令提示。

2.1.3 利用临时追踪点绘制直线

在绘制图形的过程中，常常需要以指定点为基点，确定目标点的位置。通常这些目标点可以根据图形中的几何关系通过绘制辅助线来确定，但绘制辅助线会让图形看起来很杂乱，且这样绘图效率不高。

使用临时追踪点可以省去辅助线的绘制。临时追踪点需要在命令执行过程中在命令行输入快捷命令 tt 来调取。tt 是和绘制直线、圆、多边形等这些绘图命令配合使用的，不是一个独立的命令，并且在使用临时追踪点时需要注意将状态栏中的"极轴追踪""对象捕捉""对象捕捉追踪"功能同时开启，这样才能达到想要的效果。

临时追踪点在绘制图形中的孤岛图形时特别有用。

【例 2-10】启用临时追踪点绘制图 2-17 所示的图形(利用 tt 命令)。

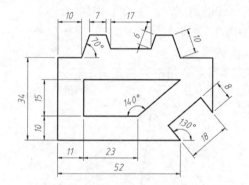

微课 2-10

图 2-17　启用临时追踪点绘制直线

步骤 1　设置绘图环境

(1) 启用"极轴追踪""对象捕捉"和"对象捕捉追踪"功能。

(2) 设置"对象捕捉"的特征点为"端点"和"交点"。

(3) 设置"极轴追踪"的"增量角"为 10°。

步骤 2　绘制外围图形

(1) 执行"直线"命令。

(2) 命令行提示"指定第一点："时，在绘图区单击一点作为起始点，利用极轴追踪绘制直线的方法，绘制图 2-17 中外围图形的轮廓线。

步骤 3　绘制内部图形

(1) 按空格键重复绘制直线命令。

(2) 命令行提示"指定第一点："时，输入临时追踪点命令 tt。

(3) 命令行提示"指定临时对象追踪点："时，捕捉外围图形左下角点(勿单击)，向上移动光标并输入追踪距离 10。

(4) 命令行提示"指定第一点："时，再向右上追踪 11。(勿触碰第一次追踪后出现的"+"标记)

(5) 命令行提示"指定下一点或[放弃(U)]："时，向上追踪 15。

(6) 命令行提示"指定下一点或[闭合(C)/放弃(U)]："时，向右追踪稍长距离，按空格键结束绘制直线命令。

(7) 按空格键重复绘制直线命令。

(8) 命令行提示"指定第一点："时，捕捉并单击内部图形左下角点。

(9) 命令行提示"指定下一点或[放弃(U)]："时，向右追踪 23。

(10) 命令行提示"指定下一点或[闭合(C)/放弃(U)]："时，沿 40°角追踪稍长距离。

(11) 执行"修剪"命令，修剪内部图形右上角的两条直线。

任务 2.2　绘制构造线

直线和构造线都属于直线型对象。直线是有起点和端点的线段，而构造线为两端无限延伸的直线，没有起点和终点，主要用于绘制辅助线，有时对绘制一些复杂图形很有帮助。例如，绘制两条夹角已知的斜线时，通常会用到构造线。

单击"绘图"工具栏中的"构造线"按钮，或在命令行中输入构造线命令 XL 后按空格键，便可以开始绘制构造线。

【例 2-11】绘制图 2-18 所示三角形并将顶角二等分。

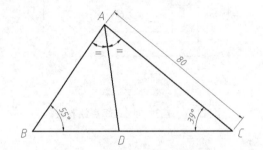

微课 2-11

图 2-18　利用构造线绘制图形(1)

步骤 1　设置绘图环境

(1) 启用"极轴追踪""对象捕捉"和"对象捕捉追踪"功能。

(2) 设置对象捕捉模式为"端点"和"交点"。

步骤 2　绘制图形

1) 绘制△ABC

(1) 执行"直线"命令。

(2) 命令行提示"指定第一点："时，在绘图区单击任一点作为起始点 B。

(3) 命令行提示"指定下一点或[放弃(U)]："时，向右追踪稍长距离绘制直线 BC。

(4) 命令行提示"指定下一点或[放弃(U)]："时，输入 A 点极坐标@80<141，绘制直线 CA。

(5) 单击"构造线"按钮，或在命令行输入构造线命令 XL 并按空格键。

(6) 命令行提示"指定点或[水平(H)/垂直(V)/角度(A)/二等分(B)/偏移(H)/]："时，输入选项 A。

(7) 命令行提示"输入构造线的角度(0)或[参照(R)]："时，输入构造线的角度 55。

(8) 命令行提示"指定通过点："时，捕捉并单击顶点 A。

(9) 单击"修剪"按钮，或在命令行输入修剪命令 TR 并按空格键。

(10) 命令行提示"选择剪切边"时，选择 CA 和 CB 两条直线作为修剪边。

(11) 命令行提示"选择要修剪的对象："时，单击构造线 AB 中超出三角形的部分。

(12) 用同样的方法，选择直线 AB 为剪切边，修剪直线 BC 中超出三角形的多余部分。

2) 二等分∠BAC

(1) 单击"构造线"按钮，或在命令行输入构造线命令 XL 并按空格键。

(2) 命令行提示"指定点或[水平(H)/垂直(V)/角度(A)/二等分(B)/偏移(H)/]:"时，输入选项 B。

(3) 命令行提示"指定角的顶点："时，捕捉并单击顶点 A。

(4) 命令行提示"指定角的起点："时，捕捉并单击端点 B。

(5) 命令行提示"指定角的端点："时，捕捉并单击端点 C。

(6) 执行"修剪"命令，修剪构造线 AD 中超出三角形的部分。

【例 2-12】绘制图 2-19 所示的图形。

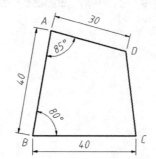

图 2-19　利用构造线绘制图形(2)

步骤 1　设置绘图环境

(1) 启用"极轴追踪""对象捕捉"和"对象捕捉追踪"功能。

(2) 设置对象捕捉模式为"端点"和"交点"。

步骤 2　绘制图形

(1) 执行"直线"命令。

(2) 命令行提示"指定第一点："时，在绘图区单击任一点作为起始点 C。

(3) 命令行提示"指定下一点或[放弃(U)]:"时，向左追踪绘制长为 40 的直线 CB。

(4) 命令行提示"指定下一点或[放弃(U)]:"时，输入 A 点的相对极坐标@40<80，绘制直线 BA。

(5) 单击"构造线"按钮，或在命令行中输入构造线命令 XL 并按空格键。

(6) 命令行提示"指定点或[水平(H)/垂直(V)/角度(A)/二等分(B)/偏移(H)/]:"时，输入选项 A。

(7) 命令行提示"输入构造线的角度(O)或[参照(R)]:"时，输入选项 R。

(8) 命令行提示"选择直线对象："时，单击直线 AB。

(9) 命令行提示"输入构造线的角度："时，输入 85。

(10) 命令行提示"指定通过点："时，捕捉并单击顶点 A，结果如图 2-20 所示。

(11) 单击"圆"按钮 ⊙，或在命令行中输入圆命令 C 并按空格键。

(12) 命令行提示"指定圆的圆心或[三点(3P)/两点(2P)/切点、切点、半径(T)]:"时，单击 A 点作为圆心。

(13) 命令行提示"指定圆的半径或[直径(D)]:"时，输入圆的半径 30，绘制如图 2-21 所示的辅助圆。

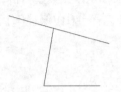

图 2-20　绘制构造线

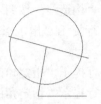

图 2-21　绘制辅助圆

(14) 执行"直线"命令，绘制一条连接端点 C 与 D 的直线，如图 2-22 所示。

(15) 选择辅助圆，按 Delete 键将其删除，如图 2-23 所示。

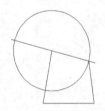

图 2-22　连接直线

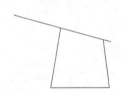

图 2-23　删除辅助圆

(16) 执行"修剪"命令，修剪图形。

任务 2.3　绘制圆和圆弧

圆和圆弧在工程图中随处可见。圆和圆弧属于曲线对象，曲线上各点都围绕一个中心点(即圆心)排列而成。在 AutoCAD 中提供了许多绘制圆和圆弧的方法，使用起来非常灵活，需要根据具体情况选择一种最方便的方法。

2.3.1　绘制圆

圆是最常用的基本图元之一，AutoCAD 提供了 6 种绘制圆的方法，用户可以根据不同的已知条件选择不同的绘制方法。

- 圆心、半径：指定圆心和半径绘制圆。
- 圆心、直径：指定圆心和直径绘制圆。
- 两点：指定圆直径上的两个端点绘制圆。
- 三点：指定不在同一直线上的 3 个点绘制圆。
- 相切、相切、半径：指定半径和两个相切对象绘制圆。
- 相切、相切、相切：指定 3 个相切对象绘制圆。

单击"绘图"工具栏中的"圆"按钮，或在命令行输入圆命令 C 并按空格键，或选择菜单命令"绘图"→"圆"中的子命令，均可绘制圆形。但"相切、相切、相切"命令绘制圆的方法只能通过菜单命令来执行。

使用"相切、相切、半径"或"相切、相切、相切"命令时，系统总是在距拾取点最近的位置绘制相切的圆，因此，拾取相切对象时，拾取的位置不同，得到的结果可能也不同，如图 2-24 所示。

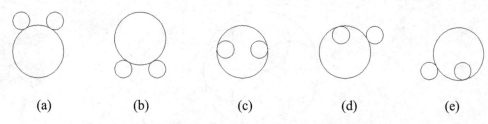

图 2-24　使用"相切、相切、半径"命令时切点不同则结果不同

【例 2-13】绘制如图 2-25 所示的图形。

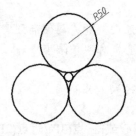

图 2-25　绘制圆形图形(1)

步骤 1　设置绘图环境
(1) 启用"极轴追踪""对象捕捉"和"对象捕捉追踪"功能。
(2) 设置对象捕捉模式为"圆心"。

步骤 2　绘制图形
(1) 单击"圆"按钮，或在命令行输入圆命令 C 并按空格键。
(2) 命令行提示"指定圆的圆心或[三点(3P)/两点(2P)/切点、切点、半径(T)]："时，在绘图区单击任一点作为圆心。
(3) 命令行提示"指定圆的半径或[直径(D)]："时，输入圆的半径 50，绘制第一个圆。
(4) 按空格键，重复绘制圆命令。
(5) 命令行提示"指定圆的圆心或[三点(3P)/两点(2P)/切点、切点、半径(T)]："时，捕捉第一个圆的圆心(勿单击)，光标水平向右追踪，输入追踪距离 100 作为第二个圆的圆心位置。
(6) 命令行提示"指定圆的半径或[直径(D)]："时，输入圆的半径 50。
(7) 按空格键，重复绘制圆的命令。
(8) 命令行提示"指定圆的圆心或[三点(3P)/两点(2P)/切点、切点、半径(T)]："时，输入选项 T。

(9) 命令行提示"指定对象与圆的第一个切点:"时,在左侧圆周的右上方单击。

(10) 命令行提示"指定对象与圆的第二个切点:"时,在右侧圆周的左上方单击。

(11) 命令行提示"指定圆的半径:"时,输入第三个圆的半径 50。

(12) 选择菜单命令"绘图"→"圆"→"相切、相切、相切"。

(13) 依次在 3 个相切大圆内侧圆周上单击作为 3 个递延切点,绘制中心的小圆。

【例 2-14】绘制如图 2-26 所示的图形。

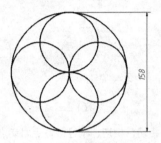

图 2-26　绘制圆形图形(2)

步骤 1　设置绘图环境

(1) 启用"极轴追踪""对象捕捉"和"对象捕捉追踪"功能。

(2) 设置对象捕捉模式为"圆心"和"象限点"。

步骤 2　绘制图形

(1) 执行"圆"命令,绘制直径为 158 的圆。

(2) 按空格键重复绘制圆命令。

(3) 命令行提示"指定圆的圆心或[三点(3P)/两点(2P)/切点、切点、半径(T)]:"时,输入选项 2P。

(4) 命令行提示"指定圆直径的第一个端点:"时,捕捉并单击圆周上 Y 轴正向的象限点。

(5) 命令行提示"指定圆直径的第二个端点:"时,捕捉并单击直径为 158 的圆心。

(6) 用同样的方法,绘制大圆内部其他 3 个小圆。

【例 2-15】绘制如图 2-27 所示的图形。

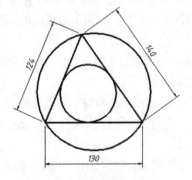

图 2-27　绘制圆形图形(3)

步骤 1　设置绘图环境

(1) 启用"极轴追踪""对象捕捉"和"对象捕捉追踪"功能。

(2) 设置对象捕捉模式为"端点"和"交点"。

步骤 2　绘制图形

1) 绘制三角形

(1) 执行"直线"命令，绘制长度为 130 的水平直线。

(2) 执行"圆"命令，捕捉水平直线左侧端点为圆心，绘制半径为 124 的辅助圆。

(3) 按空格键重复绘制圆的命令，捕捉水平直线右侧端点为圆心，绘制半径为 140 的辅助圆，如图 2-28 所示。

(4) 执行"直线"命令，分别连接两圆上方的交点与水平直线两个端点，如图 2-29 所示。

(5) 选择两个辅助圆，按 Delete 键将其删除。

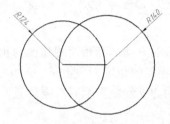 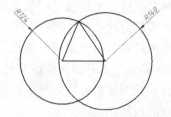

图 2-28　绘制辅助圆　　　　　　　　图 2-29　绘制直线

2) 绘制内切圆

(1) 执行菜单命令"绘图"→"圆"→"相切、相切、相切"。

(2) 将鼠标指针移动到三角形三条边上时均会出现"递延切点"符号 ...，依次在三条边上单击，绘制内切圆。

3) 绘制外接圆

(1) 按空格键重复圆的命令，命令行提示"指定圆的圆心或[三点(3P)/两点(2P)/切点、切点、半径(T)]："时，输入选项 3P。

(2) 命令行依次提示"指定圆上的第一个点：""指定圆上的第二个点"和"指定圆上的第三个点"时，依次单击三角形的三个顶点，完成外接圆的绘制。

2.3.2　绘制圆弧

圆弧是圆的一部分，可以由圆心、起点、端点、包含角、半径、弦长、方向等几个参数来确定。

单击"圆弧"按钮 ，或在命令行中输入圆弧命令 A 并按空格键，或选择"绘图"→"圆弧"菜单命令的子命令，均可绘制圆弧。AutoCAD 提供了 11 种绘制圆弧的方法，用户可以根据不同的已知条件选择不同的绘制方法。

- 三点：通过指定不在同一条直线上的 3 个点绘制一段圆弧。
- 起点、圆心、端点：指定圆弧的起点、圆心和端点绘制圆弧。
- 起点、圆心、角度：指定圆弧的起点、圆心和包含的角度绘制圆弧。
- 起点、圆心、长度：指定圆弧的起点、圆心和对应的弦长绘制圆弧。
- 起点、端点、角度：指定圆弧的起点、端点和所包含的角度绘制圆弧。
- 起点、端点、方向：指定圆弧的起点、端点和切线方向绘制圆弧。

- 起点、端点、半径：指定圆弧的起点、端点和半径绘制圆弧。
- 圆心、起点、端点：指定圆弧的圆心、起点和端点绘制圆弧。
- 圆心、起点、角度：指定圆弧的圆心、起点和包含的角度绘制圆弧。
- 圆心、起点、长度：指定圆弧的圆心、起点和对应的弦长绘制圆弧。
- 继续：以上次结束的图元端点为起点绘制圆弧。上次结束的图元可以是圆弧，也可以是其他图形的端点。使用此命令绘制的圆弧会和之前绘制的图元终点相切，而且此命令只需单击该圆弧的一个终点即可。

上述命令中，"角度"指圆弧所包含的圆心角，即圆弧圆心分别与圆弧的起点和端点连线的夹角；"方向"指圆弧起点的切线方向，命令行提示指定方向时，可以输入起点切向的具体角度值，也可以使用极轴追踪，在切线方向上任意指定一个点；"长度"指圆弧的弦长，即起点和端点之间的直线距离。

圆弧的绘制具有一定的方向性，角度正负决定成弧的方向。当指定的角度为正值时，AutoCAD 将从起点开始按照逆时针方向绘制圆弧；当指定的角度为负值时，AutoCAD 将从起点开始按照顺时针方向绘制圆弧。以起点和端点的方法绘制圆弧时，要注意圆弧的起点和端点的选择。

另外，圆弧又可分为三类：优弧、劣弧和半圆。所对圆心角大于 180°的圆弧为优弧，所对圆心角小于 180°的圆弧为劣弧。半圆是区分优弧和劣弧的界限。利用 AutoCAD 绘制圆弧时，半径的正负决定绘制的圆弧是优弧还是劣弧，劣弧的半径需要输入正值，优弧的半径需要输入负值。

由于绘制圆弧的命令较多，对于初学者来说，执行菜单命令比使用工具栏中的按钮更加直观便捷。

【例 2-16】绘制如图 2-30 所示的图形。

微课 2-16

图 2-30　绘制有圆弧的图形(1)

步骤 1　设置绘图环境
(1) 启用"极轴追踪""对象捕捉"和"对象捕捉追踪"功能。
(2) 设置对象捕捉模式为"圆心"和"象限点"。

步骤 2　绘制图形
(1) 执行"圆"命令，绘制直径为 80 的圆。
(2) 执行菜单命令"绘图"→"圆弧"→"三点"。
(3) 命令行提示"指定圆弧的起点或[圆心(C)]："时，单击 Y 轴正向象限点。
(4) 命令行提示"指定圆弧的第二个点或[圆心(C)/端点(E)]："时，单击圆心。

(5) 命令行提示"指定圆弧的端点："时，单击 X 轴正向象限点，绘制第一段圆弧。

(6) 用同样的方法，绘制其余 3 段圆弧。

【例 2-17】绘制如图 2-31 所示的图形。

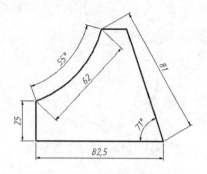

微课 2-17

图 2-31　绘制有圆弧的图形(2)

步骤 1　设置绘图环境

(1) 启用状态栏中的"极轴追踪""对象捕捉"和"对象捕捉追踪"功能。

(2) 设置对象捕捉模式为"端点"和"交点"。

步骤 2　绘制图形

(1) 执行"直线"命令，绘制垂直向下长度为 25 的直线和水平向右长度为 82.5 的直线。

(2) 命令行提示"指定下一点或[闭合(C)/放弃(U)]："时，在命令行中输入极坐标"<109"，绘制与底边夹角为 71°的斜线(由于其长度未知，绘制时应稍长)。

(3) 执行"圆"命令，分别绘制以 71°角的顶点为圆心、半径为 81 的辅助圆，以及以长度为 25 的竖直线的上端点为圆心、半径为 62 的辅助圆，如图 2-32 所示。

(4) 执行"直线"命令，绘制以两辅助圆上方的交点为起点，向右捕捉到与斜线的交点，如图 2-33 所示。

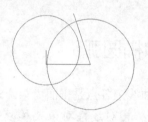

图 2-32　绘制辅助圆

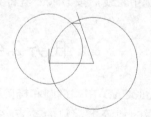

图 2-33　绘制直线

(5) 选择两个辅助圆，按 Delete 键将其删除。

(6) 执行"修剪"命令，修剪第(5)步绘制的水平短直线上方的斜线部分。

(7) 选择菜单命令"绘图"→"圆弧"→"起点、端点、角度"。

(8) 命令行提示"指定圆弧的起点或[圆心(C)]："时，捕捉长度为 25 的直线上的端点。

(9) 命令行提示"指定圆弧的端点："时，捕捉水平短直线的左端点。

(10) 命令行提示"指定包含角："时，输入 55，完成圆弧的绘制。

【例 2-18】绘制如图 2-34 所示的图形。

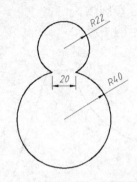

微课 2-18

图 2-34　绘制有圆弧的图形(3)

步骤 1　设置绘图环境

(1) 启用状态栏中的"极轴追踪""对象捕捉"和"对象捕捉追踪"功能,并设置对象捕捉模式为"端点"。

(2) 新建两个图层:轮廓线和标注。"轮廓线"图层线宽设置为 0.3mm;"标注"图层颜色设置为青色。

步骤 2　绘制图形

(1) 设置"轮廓线"图层为当前图层。

(2) 执行"直线"命令,绘制长度为 20 的水平直线。

(3) 执行菜单命令"绘图"→"圆弧"→"起点、端点、半径"。

(4) 命令行提示"指定圆弧的起点或[圆心(C)]:"时,捕捉直线的右端点。

(5) 命令行提示"指定圆弧的端点:"时,捕捉直线的左端点。

(6) 命令行提示"指定圆弧的半径:"时,输入-22,绘制半径为 22 的圆弧。

(7) 用同样的方法,绘制半径为 40 的圆弧。

(8) 选中直线,按 Delete 键将其删除。

任务 2.4　绘制椭圆和椭圆弧

在 AutoCAD 中,椭圆和椭圆弧也属于曲线对象,曲线上各点是平面内与两定点 F_1、F_2 的距离的和等于常数的动点 P 的轨迹,其绘制方法相对线性对象要稍复杂些。在 AutoCAD 中,绘制椭圆弧的命令和绘制椭圆的命令都是 ELLIPSE。绘制椭圆弧需要指定椭圆弧的起点和端点两个参数。

2.4.1　绘制椭圆

椭圆是一种特殊的圆,实际上就是两个轴不等长的圆。较长的轴称为长轴,较短的轴称为短轴。在 AutoCAD 中,绘制椭圆的方法有两种:可以选择菜单命令"绘图"→"椭圆"→"圆心",指定椭圆中心、一个轴的端点以及另一个轴的半轴长度绘制椭圆;也可以选择菜单命令"绘图"→"椭圆"→"轴、端点",指定一个轴的两个端点和另一个轴的半轴长度绘制椭圆。用户可以根据已知条件，选择所需的绘制方法。

单击"绘图"工具栏中的"椭圆"按钮 ⊙，或在命令行中输入椭圆命令 EL 并按空格键，或选择"绘图"→"椭圆"菜单命令的子命令，均可绘制椭圆。

【例 2-19】绘制如图 2-35 所示的图形。

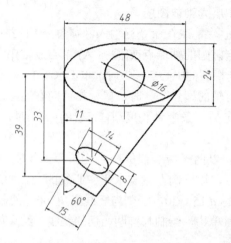

微课 2-19

图 2-35 绘制有椭圆的图形

步骤 1　设置绘图环境

(1) 启用状态栏中的"极轴追踪""对象捕捉"和"对象捕捉追踪"功能。

(2) 设置对象捕捉模式为"端点""圆心""交点"和"切点"。

(3) 单击"图层"工具栏中的"图层特性管理器"按钮 ，或在命令行中输入图层特性管理器命令 LA 并按空格键，打开"图层特性管理器"面板，新建 3 个图层：中心线、轮廓线和标注。将"中心线"图层颜色设置为红色，线型加载为 ACAD_ISO04W100；将"轮廓线"图层线宽设置为 0.3mm；将"标注"图层颜色设置为青色，如图 2-36 所示。

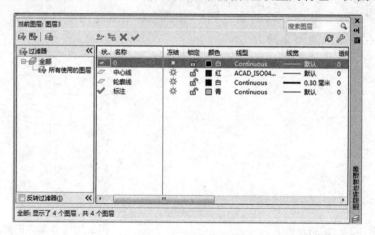

图 2-36 建立新图层

(4) 选择菜单命令"格式"→"线型"，或在命令行中输入线型命令 LT 并按空格键，打开"线型管理器"对话框，在"全局比例因子"文本框中输入点画线比例因子为 0.5。

步骤 2　绘制中心线

(1) 设置"中心线"图层为当前图层。

(2) 执行"直线"命令,绘制两条竖直相交的中心线。

步骤 3　绘制外轮廓

(1) 设置"轮廓线"图层为当前图层。

(2) 单击"椭圆"按钮,或在命令行输入椭圆命令 EL 并按空格键。

(3) 命令行提示"指定椭圆的轴端点或[圆弧(A)/中心点(C)]:"时,输入选项 C。

(4) 命令行提示"指定椭圆的中心点:"时,单击水平中心线和垂直中心线的交点。

(5) 命令行提示"指定轴的端点:"时,鼠标指针向右追踪,输入追踪距离 24。

(6) 命令行提示"指定另一条半轴长度或[旋转(R)]:"时,鼠标指针向上追踪,输入追踪距离 12。

(7) 执行"圆"命令,以两条中心线的交点为圆心,绘制直径为 16 的圆。

(8) 执行"直线"命令,以椭圆左侧与水平中心线的交点为起点,向下追踪 39,绘制椭圆左侧竖线;输入极坐标@15<-30,绘制与竖线夹角 60°的斜线;将光标移动到椭圆右下方,出现切点符号...时单击,绘制与椭圆相切的斜线,结果如图 2-37 所示。

步骤 4　绘制内部椭圆

(1) 单击"椭圆"按钮,或在命令行输入椭圆命令 EL 并按空格键。

(2) 命令行提示"指定椭圆的轴端点或[圆弧(A)/中心点(C)]:"时,输入选项 C。

(3) 命令行提示"指定椭圆的中心点:"时,输入临时追踪点命令 tt。

(4) 命令行提示"指定临时对象追踪点:"时,捕捉水平中心线与椭圆左侧交点(勿单击),并向下追踪 33。

(5) 命令行提示"指定椭圆的中心点:"时,向右追踪 11 确定中心点。

(6) 命令行提示"指定轴的端点:"时,向右追踪 7。

(7) 命令行提示"指定另一条半轴长度或[旋转(R)]:"时,向上追踪 4。

(8) 执行"直线"命令,绘制通过椭圆中心的水平直线与垂直直线,并将其切换到"中心线"图层,结果如图 2-38 所示。

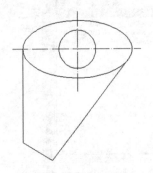

图 2-37　绘制外轮廓

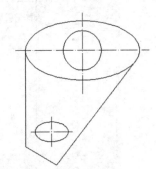

图 2-38　绘制内部椭圆

(9) 单击"修改"工具栏中的"旋转"按钮,或在命令行输入旋转命令 RO 并按空格键。

(10) 命令行提示"选择对象:"时,选择图形下方的椭圆及两条中心线。

(11) 命令行提示"指定基点："时，单击椭圆的中心点。

(12) 命令行提示"指定旋转角度，或[复制(C)/参照(R)]："时，输入-30。

2.4.2 绘制椭圆弧

椭圆弧是椭圆的一部分。执行椭圆弧命令后，会首先绘制一个完整的椭圆，然后按逆时针方向移动鼠标指针从起点到端点保留所需要的一段椭圆弧；或者从起点到端点按顺时针方向删除椭圆的一部分，剩余部分即为所需的椭圆弧。

单击"绘图"工具栏中的"椭圆弧"按钮 ，或选择"绘图"→"椭圆"→"圆弧"菜单命令，便可绘制椭圆弧。

【例2-20】绘制如图2-39所示的图形。

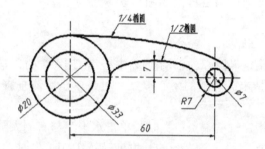

图2-39 绘制有椭圆弧的图形

步骤1 设置绘图环境

(1) 启用状态栏中的"极轴追踪""对象捕捉"和"对象捕捉追踪"功能，并设置对象捕捉模式为"端点"和"交点"。

(2) 新建3个图层：中心线、轮廓线和标注。将"中心线"图层颜色设置为红色，线型加载为ACAD_ISO04W100；将"轮廓线"图层线宽设置为0.3mm；将"标注"图层颜色设置为青色。

(3) 设置"线型"的"全局比例因子"为0.5。

步骤2 绘制中心线

(1) 设置"中心线"图层为当前图层。

(2) 执行"直线"命令，绘制两条竖直相交的中心线。

(3) 单击"修改"工具栏中的"偏移"按钮 ，或在命令行中输入偏移命令O并按空格键。

(4) 命令行提示"指定偏移距离或[通过(T)/删除(E)/图层(L)]："时，输入偏移距离60。

(5) 命令行提示"选择要偏移的对象，或[退出(E)/放弃(U)]："时，单击垂直中心线。

(6) 命令行提示"指定要偏移的那一侧上的点，或[退出(E)/多个(M)/放弃(U)]："时，在垂直中心线右侧任一位置单击。

步骤3 绘制1/2椭圆

(1) 设置"轮廓线"图层为当前图层。

(2) 执行"圆"命令，以左侧垂直中心线和水平中心线的交点为圆心，分别绘制直径为20和33的两个圆。

（3）重复绘制圆命令，以右侧垂直中心线和水平中心线的交点为圆心，分别绘制半径为 7 和直径为 7 的两个圆。

（4）单击"椭圆弧"按钮，或执行菜单命令"绘图"→"椭圆"→"圆弧"。

（5）命令行提示"指定椭圆弧的轴端点或[中心点(C)]："时，单击水平中心线与左侧大圆右侧的交点。

（6）命令行提示"指定轴的另一个端点："时，单击水平中心线与右侧大圆左侧的交点。

（7）命令行提示"指定另一条半轴的长或[旋转(R)]："时，输入半轴长度 7。

（8）命令行提示"指定起点的角度或[参数(P)]："时，单击水平中心线与右侧大圆左侧的交点。

（9）命令行提示"指定端点的角度或[参数(P)/包含角度(I)]："时，单击水平中心线与左侧大圆右侧的交点，绘制的 1/2 椭圆如图 2-40 所示。

步骤 4　绘制 1/4 椭圆

（1）按空格键重复"椭圆弧"命令。

（2）命令行提示"指定椭圆弧的轴端点或[中心点(C)]："时，输入选项 C。

（3）命令行提示"指定椭圆弧的中心点："时，单击左侧垂直中心线和水平中心线的交点。

（4）命令行提示"指定轴的端点："时，单击水平线与右侧大圆右侧的交点。

（5）命令行提示"指定另一条半轴的长度或[旋转(R)]："时，单击水平中心线与左侧大圆上方的交点。

（6）命令行提示"指定起点的角度或[参数(P)]："时，单击水平中心线与右侧大圆右侧的交点。

（7）命令行提示"指定端点的角度或[参数(P)/包含角度(I)]："时，单击水平中心线与左侧大圆上方的交点，绘制的 1/4 椭圆如图 2-41 所示。

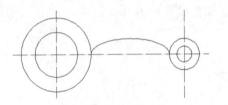
图 2-40　绘制 1/2 椭圆

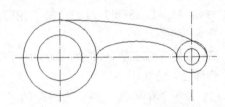
图 2-41　绘制 1/4 椭圆

（8）执行"修剪"命令，修剪图形。

（9）选中右侧竖直中心线，利用两端的夹点调整中心线的长度。

任务 2.5　绘制矩形和正多边形

虽然利用"直线"命令也可以绘制矩形和正多边形，但为了提高工作效率，AutoCAD 专门提供了"矩形"和"多边形"命令。在 AutoCAD 中，矩形和正多边形的各边并非单独对象，各边共同构成一个完整的整体，不能对其中的某一段进行单独编辑，使用分解命令(EXPLODE)将其转换成单独的直线段后才能编辑。

2.5.1 绘制矩形

利用"矩形"命令不仅可以绘制标准矩形，而且利用此命令中的不同参数，还可以绘制倒角矩形、圆角矩形、有厚度的矩形和有宽度的矩形等多种矩形，如图 2-42 所示。其中标高和厚度选项用于绘制三维空间中的矩形。

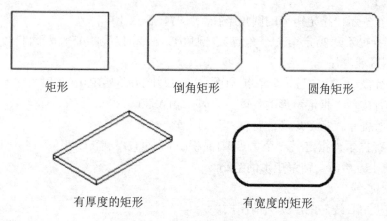

图 2-42 矩形的各种形式

单击"绘图"工具栏中的"矩形"按钮▭，或在命令行输入矩形命令 REC 并按空格键，即可绘制矩形。另外，矩形命令中的参数具有继承性，即绘制矩形时设置的各项参数始终起作用，直到修改该参数或重新启动 AutoCAD。

【例 2-21】绘制如图 2-43 所示的图形。

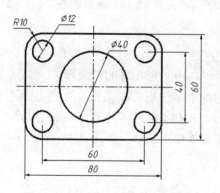

微课 2-21

图 2-43 绘制有圆角矩形的图形

步骤 1 设置绘图环境

(1) 启用状态栏中的"极轴追踪""对象捕捉"和"对象捕捉追踪"功能，并设置对象捕捉模式为"端点""中点""交点"和"圆心"。

(2) 新建 3 个图层：中心线、轮廓线和标注。将"中心线"图层颜色设置为红色，线型加载为 ACAD_ISO04W100；将"轮廓线"图层线宽设置为 0.3mm；将"标注"图层颜色设置为青色。

(3) 设置"线型"的"全局比例因子"为 0.5。

步骤 2　绘制图形

1) 绘制圆角矩形

(1) 设置"轮廓线"图层为当前图层。

(2) 单击"矩形"按钮 ▭，或在命令行输入矩形命令 REC 并按空格键。

(3) 命令行提示"指定第一个角点或[倒角(C)/标高(E)/圆角(F)/厚度(T)/宽度(W)]："时，输入选项 F。

(4) 命令行提示"指定矩形的圆角半径："时，输入 10。

(5) 命令行提示"指定第一个角点或[倒角(C)/标高(E)/圆角(F)/厚度(T)/宽度(W)]："时，单击绘图区域内任一点。

(6) 命令行提示"指定另一个角点或[面积(A)/尺寸(D)/旋转(R)]："时，输入选项 D。

(7) 命令行提示"指定矩形的长度："时，输入 80。

(8) 命令行提示"指定矩形的宽度："时，输入 60。

(9) 命令行提示"指定另一个角点或[面积(A)/尺寸(D)/旋转(R)]："时，在矩形第一个角点位置的右上方单击，结束矩形的绘制。

2) 绘制中心线

(1) 设置"中心线"图层为当前图层。

(2) 执行"直线"命令，捕捉矩形两条垂线的中点绘制水平中心线，捕捉矩形两条水平线的中点绘制垂直中心线。

3) 绘制内部圆形

(1) 设置"轮廓线"图层为当前图层。

(2) 执行"圆"命令，以水平中心线与垂直中心线的交点为圆心，绘制直径为 40 的圆。

(3) 重复"圆"命令，分别捕捉矩形 4 个圆角的圆心，绘制 4 个直径为 12 的小圆。

2.5.2　绘制正多边形

正多边形是指各边相等、各内角也相等的多边形。

单击"绘图"工具栏中的"多边形"按钮 ⬡，或在命令行中输入多边形命令 POL 并按空格键，可以绘制边数为 3～1024 的正多边形。AutoCAD 提供了 3 种绘制正多边形的方法，即定边法、内接于圆法和外切于圆法，如图 2-44 所示。绘制多边形时，应根据已知条件来确定选用的方法。

　　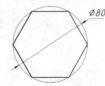　　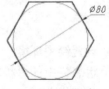

(a) 定边法　　　　　(b) 内接于圆法　　　　　(c) 外切于圆法

图 2-44　绘制正多边形

若已知边长绘制正多边形，在命令行提示下输入一条边的两个端点，将按逆时针方向绘制；若已知正多边形中心与每条边端点之间的距离，则可以按内接于圆法绘制；若已知正多边形中心与每条边中点之间的距离，则可以按外切于圆法绘制。

【例 2-22】绘制如图 2-45 所示的图形。

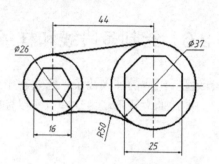

微课 2-22

图 2-45　绘制有正多边形的图形

步骤 1　设置绘图环境

（1）启用状态栏中的"极轴追踪""对象捕捉"和"对象捕捉追踪"功能，并设置对象捕捉模式为"交点"和"切点"。

（2）新建 3 个图层：中心线、轮廓线和标注。将"中心线"图层颜色设置为红色，线型加载为 ACAD_ISO04W100；将"轮廓线"图层线宽设置为 0.3mm；将"标注"图层颜色设置为青色。

（3）设置"线型"的"全局比例因子"为 0.5。

步骤 2　绘制中心线

（1）设置"中心线"图层为当前图层。

（2）执行"直线"命令，绘制一条水平中心线和一条垂直中心线。

（3）执行"偏移"命令，将垂直中心线向右偏移 44。

步骤 3　绘制图形

（1）设置"轮廓线"图层为当前图层。

（2）执行"圆"命令，以左侧垂直中心线和水平中心线的交点为圆心绘制直径为 26 的圆，以右侧垂直中心线和水平中心线的交点为圆心绘制直径为 37 的圆。

（3）单击"多边形"按钮，或在命令行中输入正多边形命令 POL 并按空格键。

（4）命令行提示"输入侧面数："时，输入正多边形的边数 6。

（5）命令行提示"指定正多边形的中心点或[边(E)]："时，单击左侧垂直中心线与水平中心线的交点，作为正多边形的中心点。

（6）命令行提示"输入选项[内接于圆(I)/外切于圆(C)]："时，输入选项 I。

（7）命令行提示"指定圆的半径："时，输入内接圆的半径 8。

（8）按空格键重复正多边形命令。

（9）命令行提示"输入侧面数："时，输入正多边形的边数 8。

（10）命令行提示"指定正多边形的中心点或[边(E)]："时，单击右侧两条中心线交点。

（11）命令行提示"输入选项[内接于圆(I)/外切于圆(C)]："时，输入选项 C。

（12）命令行提示"指定圆的半径："时，输入外切圆的半径 12.5。

（13）执行"直线"命令，用鼠标分别拾取两圆上方"递延切点"标记绘制切线。

(14) 执行"圆"命令,绘制与两圆相切、半径为50的圆。

(15) 执行"修剪"命令,以两个大圆为剪切边,修剪半径为50的圆。

任务 2.6　绘制多段线和样条曲线

多段线是由多段直线段或圆弧组成的连续线条,它是一个组合体;样条曲线是指给定一组控制点而得到一条曲线,曲线的大致形状由这些点予以控制。可以将多段线拟合为样条曲线。

2.6.1　绘制多段线

多段线中各段直线或弧线可以有不同的宽度。

在 AutoCAD 中绘制的多段线,无论有多少段直线或圆弧,均为一个整体,不能对其中的某一段进行单独编辑,使用分解命令(EXPLODE)将其转换成单独的直线段和弧线段后才能编辑。

单击"绘图"工具栏中的"多段线"按钮 ,或在命令行输入多段线命令 PL 并按空格键,即可开始绘制多段线。

【例2-23】绘制如图2-46所示的图形。

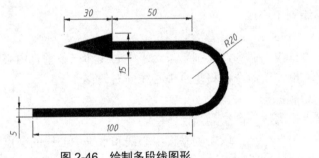

微课 2-23

图 2-46　绘制多段线图形

步骤 1　设置绘图环境

(1) 启用状态栏中的"极轴追踪""对象捕捉"和"对象捕捉追踪"功能,并设置对象捕捉模式为"端点"和"圆心"。

(2) 新建两个图层:轮廓线和标注。"轮廓线"图层采用默认值;将"标注"图层颜色设置为青色。

步骤 2　绘制图形

(1) 设置"轮廓线"图层为当前图层。

(2) 单击"多段线"按钮 ,或在命令行输入多段线命令 PL 并按空格键。

(3) 命令行提示"指定起点:"时,在绘图区域单击一点作为起点。

(4) 命令行提示"指定下一个点或[圆弧(A)/半宽(H)/长度(L)/放弃(U)/宽度(W)]:"时,输入选项 W。

(5) 命令行提示"指定起点宽度:"时,输入起点宽度 5。

(6) 命令行提示"指定端点宽度："时，输入端点宽度 5。

(7) 命令行提示"指定下一个点或[圆弧(A)/半宽(H)/长度(L)/放弃(U)/宽度(W)]："时，向右追踪 100。

(8) 命令行提示"指定下一个点或[圆弧(A)/闭合(C)/半宽(H)/长度(L)/放弃(U)/宽度(W)]："时，输入选项 A。

(9) 命令行提示"指定圆弧的端点或[角度(A)/圆心(CE)/闭合(CL)/方向(D)/半宽(H)/直线(L)/半径(R)/第二个点(S)/放弃(U)/宽度(W)]："时，向上追踪 40。

(10) 命令行提示"指定圆弧的端点或[角度(A)/圆心(CE)/闭合(CL)/方向(D)/半宽(H)/直线(L)/半径(R)/第二个点(S)/放弃(U)/宽度(W)]："时，输入选项 L。

(11) 命令行提示"指定下一个点或[圆弧(A)/闭合(C)/半宽(H)/长度(L)/放弃(U)/宽度(W)]："时，向左追踪 50。

(12) 命令行提示"指定下一个点或[圆弧(A)/半宽(H)/长度(L)/放弃(U)/宽度(W)]："时，输入选项 W。

(13) 命令行提示"指定起点宽度："时，输入起点宽度 15。

(14) 命令行提示"指定端点宽度："时，输入端点宽度 0。

(15) 命令行提示"指定下一个点或[圆弧(A)/半宽(H)/长度(L)/放弃(U)/宽度(W)]："时，向左追踪 30。

2.6.2 绘制样条曲线

样条曲线是经过一系列给定点的光滑曲线，适于表达具有不规则变化曲率的曲线。可以用样条曲线绘制一些地形图中的地形线、盘形凸轮轮廓曲线、局部剖面的分界线等。

单击"绘图"工具栏中的"样条曲线"按钮，或在命令行输入样条曲线命令 SPL 并按空格键，可以绘制样条曲线。

【例 2-24】绘制如图 2-47 所示的图形。

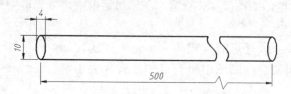

微课 2-24

图 2-47 用样条曲线绘制断面

说明：圆柱的实际长度为 500mm，绘制的长度为 100mm。

步骤 1 设置绘图环境

(1) 启用状态栏中的"极轴追踪""对象捕捉"和"对象捕捉追踪"功能，并设置对象捕捉模式为"交点""圆心"和"象限点"。

(2) 新建两个图层：轮廓线和标注。将"轮廓线"图层线宽设置为 0.3mm；将"标注"图层颜色设置为青色。

步骤 2 绘制圆柱

(1) 设置"轮廓线"图层为当前图层。

(2) 执行"椭圆"命令，绘制一个水平半轴为 2、垂直半轴为 5 的椭圆。

(3) 单击"复制"按钮，或在命令行输入复制命令 CO 并按空格键。

(4) 命令行提示"选择对象："时，单击椭圆。

(5) 命令行提示"指定基点或[位移(D)/模式(O)]："时，单击椭圆的中心点。

(6) 命令行提示"指定第二个点或[阵列(A)]："时，水平向右追踪 100。

(7) 执行"直线"命令，分别连接两个椭圆上方的象限点和下方的象限点。

步骤 3　绘制断面线

(1) 单击"样条曲线"按钮，或在命令行输入样条曲线命令 SPL 并按空格键。

(2) 命令行提示"指定第一个点或[方式(M)/节点(K)/对象(O)]："时，在上方水平线上方合适位置单击(样条曲线形状大致相同即可)。

(3) 命令行提示"输入下一个点或[起点切向(T)/公差(L)]："时，依次在两条直线中间偏上位置、两条直线中间偏下位置、下方水平线下方合适位置单击，绘制样条曲线。

(4) 重复"样条曲线"命令，绘制另一条样条曲线。

(5) 执行"修剪"命令，修剪图形。

任务 2.7　绘　制　点

在 AutoCAD 中，点既可作为参考对象，也可作为绘图对象。通过"单点""多点""定数等分"和"定距等分"4 种方法都可以创建点对象。

2.7.1　设置点的样式和大小

一般情况下，为了便于观察绘制的点，首先需要设置点的样式和大小。执行菜单命令"格式"→"点样式"，弹出"点样式"对话框，如图 2-48 所示。在该对话框中可以设置点的样式和大小。

一个图形文件中，所有点的样式和大小是一致的，如果更改了点的样式和大小，则图中所有点的样式和大小都将发生变化。

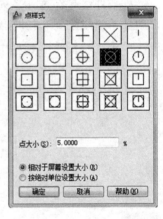

图 2-48　"点样式"对话框

2.7.2　绘制单点和多点

使用"单点"命令一次只能绘制一个点，使用"多点"命令可以一次连续绘制多个点，直到按 Esc 键结束。

执行菜单命令"绘图"→"点"→"单点"，或执行 PO 命令，可在绘图窗口中绘制单点。

执行菜单命令"绘图"→"点"→"多点"，或单击工具栏中的点按钮，可在绘图窗口中绘制多点。

图 2-49 所示为绘制多点以确定木板上钉子的位置。

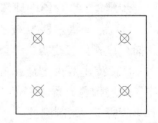

图 2-49　绘制有"点"的图形

2.7.3 定数等分和定距等分

定数等分和定距等分的对象可以是直线、圆、圆弧、多段线、样条曲线等。

定数等分用来对指定的线性对象按给定的数目进行等分，定距等分是用给定距离的方式将指定对象分成距离相等的多个部分。

执行菜单命令"绘图"→"点"→"定数等分"/"定距等分"，即可以在指定对象上绘制定数等分或定距等分的等分点或者在等分点处插入块。

【例 2-25】绘制如图 2-50 所示的图形。

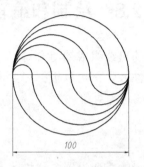

图 2-50　定数等分绘制图形

步骤 1　设置绘图环境

(1) 启用状态栏中的"极轴追踪""对象捕捉"和"对象捕捉追踪"功能，并设置对象捕捉模式为"圆心""端点"和"节点"。

(2) 新建两个图层：轮廓线和标注。"轮廓线"图层线宽设置为 0.3mm；"标注"图层颜色设置为青色。

步骤 2　绘制圆并将水平直径 6 等分

(1) 设置"轮廓线"图层为当前图层。

(2) 执行"圆"命令，在绘图区域单击一点作为圆心，绘制直径为 100 的圆。

(3) 执行"直线"命令，绘制一条通过圆心且两个端点在圆周上的水平直线。

(4) 选择菜单命令"格式"→"点样式"，在弹出的"点样式"对话框中选择第 2 行第 4 列的点样式⊠。

(5) 选择菜单命令"绘图"→"点"→"定数等分"，或在命令行输入定数等分命令 DIV 并按空格键。

(6) 命令行提示"选择要等分的对象："时，单击图形中的水平直线。

(7) 命令行提示"输入线段数目或[块(B)]："时，输入 6，将水平直径 6 等分。

步骤 3　绘制多段线

(1) 执行"多段线"命令。

(2) 命令行提示"指定起点："时，单击直线左侧端点。

(3) 命令行提示"指定下一个点或[圆弧(A)/半宽(H)/长度(L)/放弃(U)/宽度(W)]："时，输入选项 A。

(4) 命令行提示"指定圆弧的端点或[角度(A)/圆心(CE)/方向(D)/半宽(H)/直线(L)/半径

(R)/第二个点(S)/放弃(U)/宽度(W)]："时，输入选项 A。

(5) 命令行提示"指定包含角："时，输入-180。

(6) 命令行提示"指定圆弧的端点或[圆心(CE)/半径(R)]："时，单击左侧第一个点。

(7) 命令行提示"指定圆弧的端点或[角度(A)/圆心(CE)/闭合(CL)/方向(D)/半宽(H)/直线(L)/半径(R)/第二个点(S)/放弃(U)/宽度(W)]："时，单击直线右侧的端点。

(8) 重复绘制多段线命令，绘制其他多段线。

(9) 选择菜单命令"格式"→"点样式"，在弹出的对话框中恢复到原来的小圆点。

任务 2.8　绘制和编辑多线

多线是一种由多条互相平行的直线组成的组合对象。平行线的数目、相邻平行线之间的距离、线条的颜色、线型的属性等，都可以根据需要进行设置。多线常用于绘制建筑图中的墙体、通信线路图中的平行线路等对象。

2.8.1　创建多线样式

在绘制多线前首先应根据自己的需要设置多线样式，即设置多线中平行线的条数、平行线之间的间距、每条线的线型、颜色以及多线的封口情况等。

选择菜单命令"格式"→"多线样式"，或在命令行中输入多线样式命令 MLST 并按空格键，打开"多线样式"对话框，如图 2-51 所示。用户可以根据需要创建新的多线样式或修改原有的多线样式。

图 2-51　"多线样式"对话框

"多线样式"对话框中各选项的功能如下。

(1) "样式"列表框。显示已经创建好的多线样式。

(2) "置为当前"按钮。在"样式"列表框中选择需要使用的多线样式后，单击该按钮，可以将其设置为当前样式。

(3)"新建"按钮。单击该按钮,打开"创建新的多线样式"对话框,输入新的多线样式名称后,单击"继续"按钮,打开"新建多线样式:W240"对话框,如图 2-52 所示,可以创建新的多线样式。

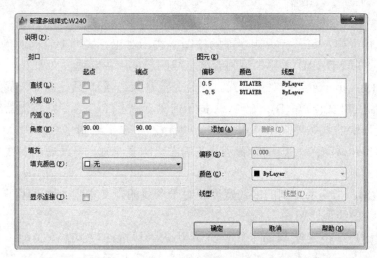

图 2-52 "新建多线样式:W240"对话框

"新建多线样式:W240"对话框中各选项的功能如下。
① "说明"文本框:用于输入该多线样式的说明信息。
② "封口"选项组:用于控制多线起点和端点处的样式。
③ "填充"选项组:用于设置是否为多线填充背景颜色。
④ "显示连接"复选框:用于确定是否显示多线拐角处的连接线。
⑤ "图元"选项组:可以设置多线样式的元素特征,包括多线的线条数目、每条线的颜色和线型等特性。默认情况下多线为两条平行线,单击"添加"按钮,在"图元"列表框中将增加一个偏移量为 0 的新线条元素,通过"偏移"文本框可以修改线条元素的偏移量。另外,还可以设置当前线条的颜色、线型等属性。如果要删除某一线条元素,可以在"图元"列表框中选中该线条,单击"删除"按钮即可。

(4)"修改"按钮。用于修改选定的多线样式。
(5)"重命名"按钮。重命名"样式"列表框中选中的多线样式名称,但不能重命名标准(STANDARD)样式。
(6)"删除"按钮。用于删除"样式"列表框中选中的多线样式。
(7)"加载"按钮。单击该按钮,打开"加载多线样式"对话框,可以从中选取多线样式并将其加载到当前图形中。默认情况下,AutoCAD 提供的多线样式文件为 acad.mln。
(8)"保存"按钮。单击该按钮,打开"保存多线样式"对话框,可以将当前的多线样式保存为一个多线文件(*.mln)。

2.8.2 绘制多线

创建多线样式后,便可以绘制多线了。

执行菜单命令"绘图"→"多线",或在命令行中输入多线命令 ML 并按空格键,命令行显示以下提示信息。

当前设置:对正=上,比例=20.00,样式=STANDARD
指定起点或[对正(J)/比例(S)/样式(ST)]:

在该提示信息中,第一行说明当前的绘图格式,对正方式为上,比例为 20.00,多线样式为标准型(STANDARD)。第二行为绘制多线的选项,各选项含义如下。

- 对正(J):指定多线的对正方式。在命令行输入选项 J 后,命令行显示"输入对正类型[上(T)/无(Z)/下(B)]<上>:"提示信息。"上(T)"表示从左向右绘制多线时,多线顶端的线条随鼠标指针移动;"无(Z)"表示绘制多线时,多线的中心线随鼠标指针移动;"下(B)"表示从左向右绘制多线时,多线底端的线条随鼠标指针移动。
- 比例(S):指定所绘制的多线宽度相对于多线的定义宽度的比例因子,该比例不影响多线的线型比例。
- 样式(ST):指定绘制的多线样式,默认为标准(STANDARD)型。输入选项 ST 后,命令行显示"输入多线样式名或[?]:"提示信息时,可以直接输入已有的多线样式名称,也可以输入"?",显示已定义的多线样式名称。

2.8.3 编辑多线

多线编辑命令是一个专门用于对多线对象进行编辑的命令,主要用于对多线的交叉结合处进行编辑以及对多线进行添加顶点或删除顶点、剪断或结合等操作。

执行菜单命令"修改"→"对象"→"多线",或双击需要编辑的多线,打开"多线编辑工具"对话框,如图 2-53 所示。

图 2-53 "多线编辑工具"对话框

(1) 使用 3 种十字形工具(🬧、🬨、🬩)可以消除各种相交线。当选择十字形中的某种工具后,接着需要选取两条相交的多线,AutoCAD 总是切断所选的第一条多线,并根据所选工具切断第二条多线。在使用"十字合并"工具时可以生成配对元素的直角,如果没有配对元素,则多线不被切断。

(2) 使用 T 形工具(⊤、⊤、⊤)和角点结合工具└也可以消除相交线。此外,使用角点结合工具还可以消除多线一侧的延伸线,从而形成直角。使用该工具时,需要选取两条多线,只需在要保留的多线某部分拾取点,AutoCAD 就会将多线剪裁或延伸到它们的相交点。

(3) 使用添加顶点工具⊪可以为多线增加若干个顶点,使用删除顶点工具⊪可以从包含 3 个或更多顶点的多线上删除顶点,若当前选取的多线只有两个顶点,那么该工具将无效。添加或删除顶点可以改变多线的形状。

(4) "单个剪切"工具⊪用于切断多线中的一条,只需简单地拾取要切断的多线某一元素上的两点,则这两点间的连线即被删除;"全部剪切"工具⊪用于切断整条多线。

(5) 使用"全部连接"工具可以重新显示所选两点间的任何切断部分。

此外,AutoCAD 2021 也可以使用延伸、修剪、拉伸等命令编辑多线。

【例 2-26】绘制如图 2-54 所示的建筑墙体图(本例只要求绘制墙体即可,绘制门窗部分在学习项目 5 的任务 5.1 "创建和使用块"的内容后进行)。

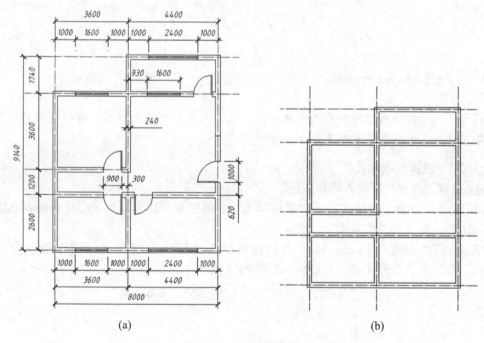

(a)　　　　　　　　　　　　　　(b)

图 2-54　建筑墙体图

步骤 1　设置绘图环境

(1) 启用状态栏中的"极轴追踪""对象捕捉"和"对象捕捉追踪"功能,并设置对象捕捉模式为"端点"和"交点"。

(2) 新建定位轴线、墙线、标注、门和窗户 5 个图层。将"定位轴线"图层颜色设置为红色,线型加载为 ACAD_ISO04W100;将"墙线"图层线

微课 2-26

宽设置为 0.3mm；将"标注"图层颜色设置为青色；"门"和"窗户"两个图层保持默认设置。

（3）设置"线型"的"全局比例因子"为 25。

步骤 2　绘制定位轴线

（1）设置"定位轴线"图层为当前图层。

（2）执行"直线"命令，在绘图区域分别绘制一条长约 10000 的水平线和一条长约 11000 的垂直线，如图 2-55 所示。

（3）执行"偏移"命令，依照如图 2-56 所示尺寸偏移出其他定位轴线。

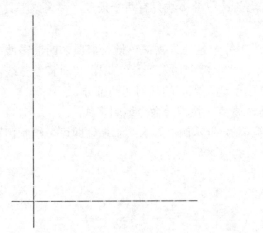
图 2-55　绘制定位轴线

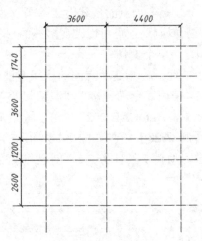
图 2-56　偏移轴线

提示：中心线偏移后可能会由于显示比例太大而看不到其偏移线，可以双击鼠标滚轮以全屏显示，再根据需要滚动滚轮缩放图形。

步骤 3　设置多线样式

（1）设置"墙线"图层为当前图层。

（2）选择菜单命令"格式"→"多线样式"，或在命令行中输入多线样式命令 MLST 并按空格键，弹出"多线样式"对话框。

（3）单击"新建"按钮，弹出"创建新的多线样式"对话框。由于墙体厚度为 240mm，故设置"新样式名"为 Q24，如图 2-57 所示。

图 2-57　命名多线样式

（4）单击"继续"按钮，打开"新建多线样式：Q24"对话框。设置"起点"和"端点"的"封口"方式均为"直线"，将偏移量 0.5 修改为 120、偏移量-0.5 修改为-120，如图 2-58 所示。

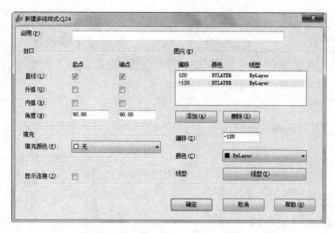

图 2-58 设置多线样式参数

步骤 4　绘制墙线

(1) 选择菜单命令"绘图"→"多线",或在命令行中输入多线命令 ML 并按空格键。

(2) 命令行提示"指定起点或[对正(J)/比例(S)/样式(ST)]:"时,输入选项 ST。

(3) 命令行提示"输入多线样式名或{?}:"时,输入 Q24。

(4) 命令行提示"指定起点或[对正(J)/比例(S)/样式(ST)]:"时,输入选项 S。

(5) 命令行提示"输入多线比例<20>:"时,输入 1。

(6) 命令行提示"指定起点或[对正(J)/比例(S)/样式(ST)]:"时,输入选项 J。

(7) 命令行提示"输入对正类型[上(T)/无(Z)/下(B)]<上>:"时,输入 Z。

(8) 命令行提示"指定起点或[对正(J)/比例(S)/样式(ST)]:"时,捕捉如图 2-59 所示各交点,绘制第一条墙线。

(9) 继续执行"多线"命令,绘制其他墙线,结果如图 2-60 所示。

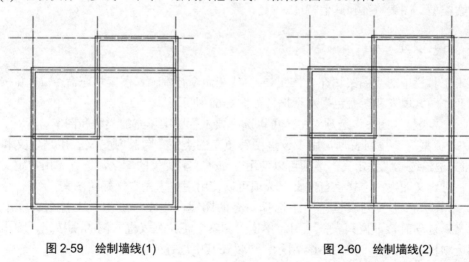

图 2-59　绘制墙线(1)　　　　　图 2-60　绘制墙线(2)

步骤 5　编辑墙线

(1) 选择菜单命令"修改"→"对象"→"多线",或双击多线,弹出"多线编辑工具"工具箱。

(2) 选中"T 形合并"按钮,对绘制的墙体中"T 形相交"的地方进行编辑,结果如图 2-61 所示。(T 形合并时,应先选择 T 字的竖,再选择 T 字的横)

(3) 双击多线,在弹出的"多线编辑工具"工具箱中单击"十字合并"按钮,对墙体中十字相交的地方进行编辑,结果如图 2-62 所示。

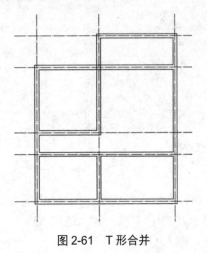 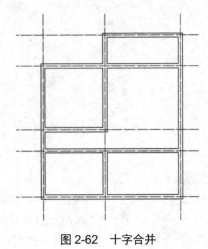

图 2-61　T 形合并　　　　　　　　　　图 2-62　十字合并

任务 2.9　图案填充和渐变色

大量的机械图、建筑图上,为了区分不同的剖面图形,可以采用不同的填充图例来实现。其他设计图上,也经常需要将某一区域填充某种图案或渐变色。图案填充指选择一种图案充满图形中指定的封闭区域。图案填充命令用来定义图案填充或渐变填充对象的边界、图案类型、图案特征和其他特征。

2.9.1　图案填充

单击工具栏中的"图案填充"按钮,或在命令行中输入图案填充命令 H 并按空格键,打开"图案填充和渐变色"对话框,如图 2-63 所示。

(1) 在"类型和图案"选项组中,可以选择要进行图案填充的类型和图案。

① "类型"下拉列表框。用于设置图案填充的类型,包括预定义、用户定义和自定义 3 种类型。选择"预定义"选项可以使用 AutoCAD 提供的图案,选择"用户定义"选项需要临时定义图案,选择"自定义"选项可以使用用户事先定义好的图案。

② "图案"下拉列表框。用于选择填充的图案,当在"类型"下拉列表框中选择"预定义"选项时该下拉列表框可用。单击"图案"下拉列表框右侧的按钮,弹出"填充图案选项板"对话框,如图 2-64 所示,可以在其中选择所需的图案。

③ "颜色"下拉列表框。可以使用从该下拉列表框中选择的颜色进行图案填充。

④ "样例"预览窗口。显示当前选中的图案样例。

⑤ "自定义图案"下拉列表框。在"类型"下拉列表框中选择"自定义"选项时该下拉列表框可用。

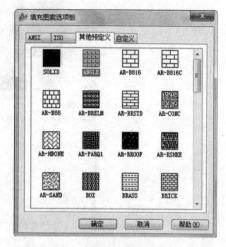

图 2-63 "图案填充和渐变色"对话框　　　图 2-64 "填充图案选项板"对话框

(2) 在"角度和比例"选项组中，可以设置图案填充的角度和比例等参数。

(3) 在"图案填充原点"选项组中，可以设置图案填充原点的位置，因为有些图案填充需要对齐填充边界上的某一指定点。

(4) "边界"选项组，用于指定图案填充的区域。

① "添加:拾取点"按钮。单击该按钮将切换到绘图窗口，可在需要填充的封闭区域内任意指定一点，系统会自动计算出包围该点的封闭边界，同时亮显该边界。

② "添加:选择对象"按钮。单击该按钮将切换到绘图窗口，可以通过选择对象的方式定义填充区域的边界。

③ "删除边界"按钮。单击该按钮将切换到绘图窗口，可以删除所选孤岛的边界。

2.9.2 渐变色

单击工具栏中的"渐变色"按钮 ，或在命令行输入渐变色命令 H 并按空格键，打开"图案填充和渐变色"对话框，切换到"渐变色"选项卡，可以创建单色或双色渐变色，并对图案进行填充，如图 2-65 所示。

(1) "单色"单选按钮。可以使用从深色到浅色平滑过渡的单色填充。

(2) "双色"单选按钮。可以指定两种颜色之间平滑过渡的双色渐变填充。

(3) 渐变图案预览窗口。显示当前设置的 9 种渐变效果，用户可根据需要选择其中一种。

(4) "角度"下拉列表框。用于选择渐变图案的倾斜角度。

图 2-65 "渐变色"选项卡

【例 2-27】绘制如图 2-66 所示的图形并填充图案。

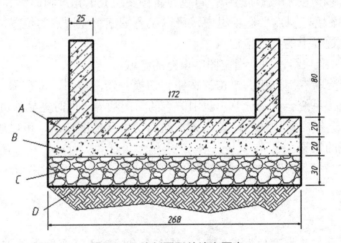

微课 2-27

图 2-66 绘制图形并填充图案

步骤 1 设置绘图环境

(1) 启用状态栏中的"极轴追踪""对象捕捉"和"对象捕捉追踪"功能,并设置对象捕捉模式为"端点"和"交点"。

(2) 新建 4 个图层:轮廓线、分层线、填充和标注。将"轮廓线"图层线宽设置为 0.3mm;"分层线"和"填充"图层采用默认设置;将"标注"图层颜色设置为青色。

步骤 2 绘制图形

(1) 设置"轮廓线"图层为当前图层,使用直线命令绘制轮廓线。

(2) 将轮廓线中最下方的水平线分别向上偏移 30 和 50。选中两条偏移直线,将其转换到"分层线"图层。

(3) 切换到"分层线"图层，使用多段线命令绘制图形下方的折线。

步骤 3　图案填充

(1) 设置"填充"图层为当前图层。

(2) 单击"图案填充"按钮，或在命令行中输入图案填充命令 H 并按空格键，打开"图案填充和渐变色"对话框。

(3) 在"图案填充和渐变色"对话框中单击样例图案，打开"填充图案选项板"对话框，选择 ANSI 选项卡中的 ANSI31 图案；单击"添加:拾取点"按钮，进入绘图窗口，单击区域 A 内的任一点后，按空格键返回"图案填充和渐变色"对话框。

(4) 单击"预览"按钮预览填充效果。

(5) 按空格键返回"图案填充和渐变色"对话框，根据预览效果将"比例"修改为 2。单击"确定"按钮，ANSI31 图案被填充到 A 区域。

(6) 按空格键重复"图案填充"命令，在 A 区域和 B 区域内填充"其他预定义"选项卡中的 AR-CONC 图案，并将填充比例修改为 0.1。

(7) 用同样的方法，在 C 区域内填充 GRAVEL 图案，设置"角度"为 0，填充比例为 1；在 D 区域内填充 EARTH 图案，设置"角度"为 45°，填充比例为 1.2。

任务 2.10　参数化绘图

参数化绘图是目前图形绘制的发展方向，大部分的三维设计软件均实现了在绘制二维草图中的参数化工作。AutoCAD 从 2010 版本开始，也增加了参数化的约束功能，通过约束可以在进行设计、修改图形时保证满足特定要求。

AutoCAD 的参数化分为几何约束和标注约束，一般先进行几何约束，再进行标注约束，并且能通过几何约束进行约束的尽量不用标注约束。

在任一工具按钮上右击，弹出快捷菜单，分别选择"参数化""几何约束"和"标注约束"工具栏名称，使 3 个工具栏显示在屏幕窗口，如图 2-67 所示。显示工具栏可以方便图形的绘制。

(a)　"参数化"工具栏

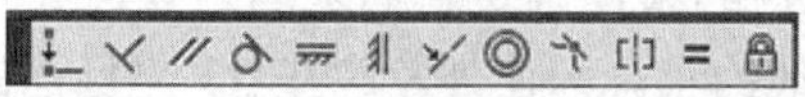

(b)　"几何约束"工具栏 　　　　(c)　"标注约束"工具栏

图 2-67　参数化绘图的工具栏

2.10.1　几何约束

利用几何约束，可以在绘制的图形中保证某些图元的相对关系，如重合、垂直、平

行、相切、水平、竖直、共线、同心、平滑、对称、相等、固定。

(1) 重合。约束两个点重合，或者约束某个点使其位于某对象或其延长线上。
(2) 垂直。约束两条直线或多段线相互垂直。
(3) 平行。约束两条直线平行。
(4) 相切。约束两条曲线或曲线与直线，使其相切或延长线相切。
(5) 水平。约束某直线或两点，与当前的 UCS 的 X 轴平行。
(6) 竖直。约束某直线或两点，与当前的 UCS 的 Y 轴垂直。
(7) 共线。约束两条直线，使第二条直线与第一条直线重合或位于其延长线上。
(8) 同心。约束选定的圆、圆弧或椭圆，使其具有同一个圆心。
(9) 平滑。约束一条样条曲线，使其与其他的样条曲线、直线、圆弧、多段线彼此相连并保持它的连续性。
(10) 对称。约束对象上两点或两曲线，使其相对于选定的直线对称。
(11) 相等。约束两个对象具有相同的大小，如直线的长度、圆弧的半径等。
(12) 固定。约束一个点或一条曲线，使其固定在世界坐标系特定的方向和位置上。

2.10.2 标注约束

通过尺寸约束，可以保证某些图元的尺寸大小或者与其他图元的尺寸对应关系，包括对齐、水平、竖直、角度、半径、直径。
(1) 对齐。约束对象上两点之间的距离，或者约束不同对象上两点之间的距离。
(2) 水平。约束对象上两点之间或不同对象上两点之间 X 方向的距离。
(3) 竖直。约束对象上两点之间或不同对象上两点之间 Y 方向的距离。
(4) 角度。控制两条直线段之间、两条多段线之间或圆弧的角度。
(5) 半径。控制圆、圆弧或多段线圆弧段的半径。
(6) 直径。控制圆、圆弧或多段线圆弧段的直径。

2.10.3 参数化绘图的步骤

利用参数化功能绘图的基本步骤如下。
(1) 将图形分成由外轮廓及多个内轮廓组成，按先外后内的顺序绘制。
(2) 绘制外轮廓的大致形状，创建的图形对象其大小是任意的，相互间的位置关系(如平行、垂直等)是相近的。
(3) 根据设计要求对图形元素添加几何约束，确定它们之间的几何关系。一般先创建自动约束(如重合、水平等)，然后加入其他约束。为使外轮廓在 XY 坐标面的位置固定，应对其中某点施加固定约束。
(4) 添加尺寸约束，确定外轮廓中各图形元素的精确大小及位置。创建的尺寸包括定形尺寸及定位尺寸，标注顺序一般为先大后小，先定形后定位。
(5) 采用相同的方法依次绘制各个内部轮廓。

【例2-28】绘制如图2-68所示的图形。

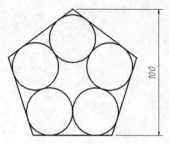

微课 2-28-1

图 2-68 参数化绘图

步骤1 设置绘图环境

(1) 右击任一工具按钮，弹出快捷菜单，分别选择"参数化""几何约束"和"标注约束"工具栏名称，使3个工具栏显示在屏幕窗口。

(2) 新建两个图层：轮廓线和标注。将"轮廓线"图层线宽设置为 0.3mm；将"标注"图层颜色设置为青色。

步骤2 绘制高为100的正五边形

1) 绘制正五边形

(1) 设置"轮廓线"图层为当前图层。

(2) 执行"多边形"命令，绘制内接于圆的正五边形，圆的半径输入任一与图形大小相近的值，如50。

2) 几何约束

(1) 单击"几何约束"工具栏上的"水平"按钮 。

(2) 命令行提示"选择对象或[两点(2P)]："时，单击五边形的底边。

(3) 单击"几何约束"工具栏上的"相等"按钮 。

(4) 命令行提示"选择第一个对象或[多个(M)]："时，选择五边形任意一条边。

(5) 命令行提示"选择第二个对象："时，选择相邻的一条边。

(6) 重复"相等"约束，依次对五边形的5条边进行"相等"约束，如图2-69所示。

3) 标注约束

(1) 单击"标注约束"工具栏上的"角度"按钮 。

(2) 命令行提示"选择第一条直线或圆弧或[三点(3P)]："时，依次单击五边形的底边和右侧的邻边。

(3) 命令行提示"指定尺寸的位置："时，在合适位置单击，显示"角度1=108"。

(4) 按 Enter 键确认。

(5) 用同样的方法，对右上角的夹角进行角度约束。

(6) 单击"标注约束"工具栏上的"竖直"按钮 。

(7) 命令行提示"指定第一个约束点或[对象(O)]："时，单击五边形上顶点。

(8) 命令行提示"指定第二个约束点："时，单击五边形底边右侧端点。

(9) 命令行提示"指定尺寸位置："时，在五边形右侧合适位置单击，在显示的文本框中输入五边形高度100，按空格键确定，结果如图2-70所示。

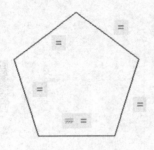
图 2-69　几何约束

图 2-70　标注约束

步骤 3　绘制内部的 5 个相切圆

1) 绘制内部 5 个小圆

(1) 执行"圆"命令。

(2) 在五边形内 5 个角附近绘制 5 个大小相似的圆。

2) 几何约束

(1) 单击"几何约束"工具栏上的"相等"按钮 。

(2) 命令行提示"选择第一个对象或[多个(M)]:"时,选择五边形内侧的任意一个圆。

(3) 命令行提示"选择第二个对象:"时,选择与其相邻的一个圆。

(4) 重复"相等"命令,依次对 5 个圆进行"相等"约束,结果如图 2-71 所示。

(5) 单击"几何约束"工具栏上的"相切"按钮 。

(6) 命令行提示"选择第一个对象:"时,单击右下圆的圆形。

(7) 命令行提示"选择第二个对象:"时,单击五边形的底边,此时圆与底边相切。

(8) 使用同样的方法,使圆与底边的右侧相邻边相切。

(9) 使用同样的方法,使每个夹角处的圆都与该夹角的两条边相切,结果如图 2-72 所示。

(10) 再次单击"相切"按钮 ,使五边形内部的每个圆都与它相邻的两个圆相切。

微课 2-28-2

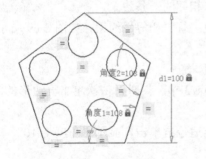
图 2-71　相等约束

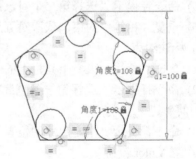
图 2-72　相切约束

步骤 4　图形标注

(1) 单击"参数化"工具栏中的"全部隐藏"按钮 ,隐藏图形中的所有几何约束。

(2) 单击"参数化"工具栏中的"全部隐藏"按钮 ,隐藏图形中的所有标注约束。

(3) 设置"标注"图层为当前图层。

(4) 利用"标注"工具栏中的"线型"标注命令,标注正五边形的高度 100。

项 目 自 测

1. 绘制图 2-73 所示的三角形。

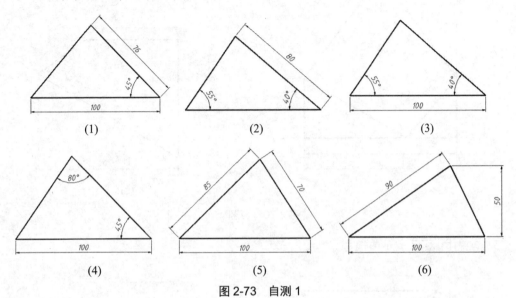

图 2-73　自测 1

2. 绘制图 2-74 所示的图形。

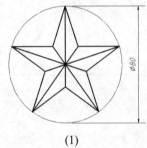 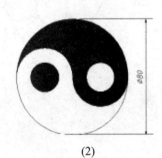

(1)　　　　　　　　　　　　(2)

图 2-74　自测 2

3. 绘制图 2-75 所示的图形。

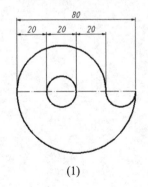 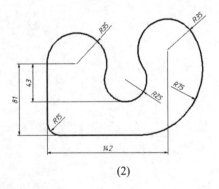

(1)　　　　　　　　　　　　(2)

图 2-75　自测 3

4. 绘制图 2-76 所示的图形。

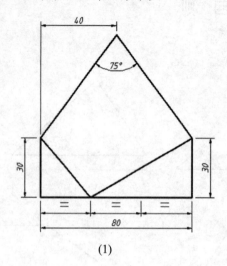 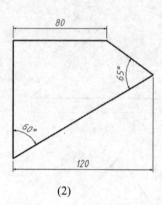

(1)　　　　　　　　　　　　　(2)

图 2-76　自测 4

5. 绘制图 2-77 所示的图形。

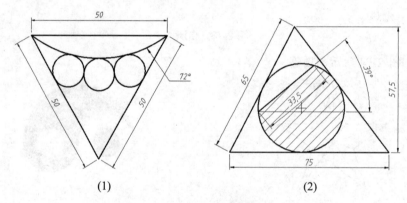

(1)　　　　　　　　　　　　　(2)

图 2-77　自测 5

项目 3

编辑图形对象

根据《中国制造 2025》的时间表和路线图，为了实现从低端制造业向高端制造业的转型，2016 年 3 月，时任国务院总理李克强在《政府工作报告》中提出："鼓励企业开展个性化定制、柔性化生产，培育精益求精的工匠精神，增品种、提品质、创品牌。"这是"工匠精神"首次出现在《政府工作报告》中。

工匠精神是专业态度、职业精神和人文素养的统一。我们提倡的工匠精神，不仅是每个工程人员的职责和使命，更是国家发展、民族振兴、学生成长成才的必然要求。工匠精神的基本内涵包括敬业、精益、专注、创新等方面的内容。

工匠精神对于个人，是干一行、爱一行、专一行、精一行，务实肯干、坚持不懈、精雕细琢的敬业精神；对于企业，是守专长、制精品、创技术、建标准，持之以恒、精益求精、开拓创新的企业文化；对于社会，是讲合作、守契约、重诚信、促和谐，分工合作、协作共赢、完美向上的社会风气。

中国制造，经过改革开放以来多年的发展，现在走到了一个新的历史阶段，即正在不断从低端制造业迈向高端制造业转型升级。但在高端制造业方面，目前我国与西方发达国家还存在一定差距。弘扬"工匠精神"，正是推动中国高端制造业全面发展的重大举措。

2015 年劳动节期间，中央电视台新闻频道连续播出了"大国工匠"系列节目，介绍了 8 位身怀绝技的大国工匠。靠着传承和钻研，凭着专注和坚守，他们成为国宝级的顶级技工，成为一个领域不可或缺的人才。

作为未来的工程师，我们应该以工匠精神严格要求自己，强化匠心思维，逐步实现工程技术人才的匠心养成。一定要苦练基本功，不仅要具有高超的技艺和精湛的技能，而且还要有严谨、细致、专注、负责的工作态度和精雕细琢、精益求精的工作理念，以及对职业的认同感、责任感、荣誉感和使命感。

📖【本项目学习目标】

区分选择图形对象的 4 种方法的适用场合并掌握选择图形对象的方法，掌握使用夹点工具编辑图形对象的方法，掌握利用修改工具栏中各种工具编辑图形对象的方法，掌握利用绘图工具和编辑工具绘制复杂图形的方法。

绘制和编辑二维图形是 AutoCAD 的两大基本功能。如果仅使用绘图命令只能绘制一些比较简单的图形。对于一些复杂的图形，通常还需要借助一些图形编辑命令才能完成。AutoCAD 提供了丰富的图形编辑命令，如复制、阵列、旋转、镜像、对齐、缩放、拉伸等。使用这些命令，可以修改已有图形或通过已有图形构造新的复杂图形。

任务 3.1　选择图形对象

在对图形进行编辑之前，首先需要选择编辑的对象，被选中的图形对象就构成选择集。AutoCAD 用虚线亮显的方式显示所选中的对象。选择集可以包含单个对象，也可以包含多个对象。AutoCAD 选择图形对象的方法很多，常用的有直接点选方式、窗口选择方式、窗交选择方式和快速选择方式。选择图形对象时，需要根据具体情况确定选择方式。正确的选择方式可以极大地提高绘图效率。

3.1.1　直接点选方式

通过单击直接点选图形对象，选中的对象呈虚线状态、高亮显示。可以一次点选一个图形对象，也可以一次连续点选多个图形对象。图 3-1 所示为原图，可以使用连续点选多个图形对象的方式得到图 3-2 所示原图右下方的选择集。

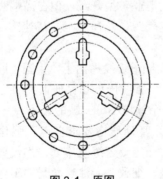
图 3-1　原图

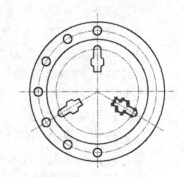
图 3-2　直接点选

3.1.2　窗口选择方式

用鼠标从左向右拖动形成一个矩形区域来选择图形对象，则只有完全位于这个矩形区域内的对象才能被选中，不在该区域或只有部分在该区域内的对象不被选中。采用图 3-3

所示使用窗口选择方式从左向右拖动来选择原图右下方的图形对象，比用直接点选方式选择快捷得多。

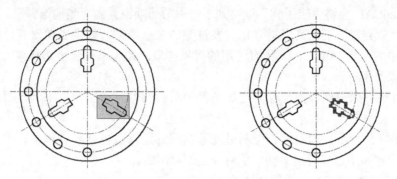

图 3-3 "窗口选择"方式的选择结果

3.1.3 窗交选择方式

用鼠标从右向左拖动形成一个矩形区域来选择图形对象，则全部位于矩形区域之内或与矩形选区边界相交的对象都将被选中。图 3-4 所示图形为窗交选择的结果。

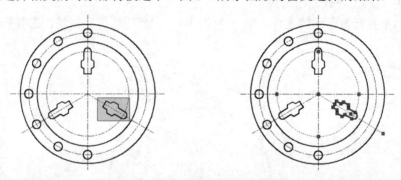

图 3-4 "窗交选择"方式的选择结果

3.1.4 快速选择方式

在 AutoCAD 中，当需要选择某些具有共同特征的对象时，可利用"快速选择"对话框，根据图形的"对象类型"和"特性"创建选择集。

选择菜单命令"工具"→"快速选择"，打开"快速选择"对话框，如图 3-5 所示。该对话框中各选项功能如下。

(1) "应用到"下拉列表框。用来选择过滤条件的应用范围，可以应用于整个图形，也可以应用于当前选择集。如果有当前选择集，则"当前选择"为默认选项；如果没有当前选择集，则"整个图形"为默认选项。

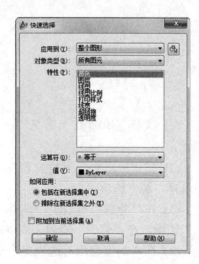

图 3-5 "快速选择"对话框

(2)"选择对象"按钮。单击该按钮将切换到绘图窗口中,可以根据当前所指定的过滤条件来选择对象。选择完毕后,按空格键结束选择,并返回到"快速选择"对话框中,同时 AutoCAD 会将"应用到"下拉列表框中的选项设置为"当前选择"。

(3)"对象类型"下拉列表框。指定要过滤的对象类型。如果当前没有选择集,在该下拉列表框中将包含 AutoCAD 所有可用的对象类型;如果已有一个选择集,则包含所选择对象的对象类型。

(4)"特性"列表框。指定作为过滤条件的对象特性。对象类型不同,对应的特性列表也不同。

(5)"运算符"下拉列表框。控制过滤的范围。运算符包括=、<>、<、>、全部选择等。其中<和>运算符对某些对象特征是不可用的。

(6)"值"下拉列表框。设置过滤的特征值。

(7)"如何应用"选项组。选中其中的"包括在新选择集中"单选按钮,则由满足过滤条件的对象构成选择集;选中"排除在新选择集之外"单选按钮,则由不满足过滤条件的对象构成选择集。

(8)"附加到当前选择集"复选框。指定由 QSELECT 命令所创建的选择集是追加到当前选择集中,还是替代当前选择集。

【例 3-1】打开教学案例文件"项目 3 例 3-1",使用快速选择法,选择图 3-6 中所有直径为 4 的圆。

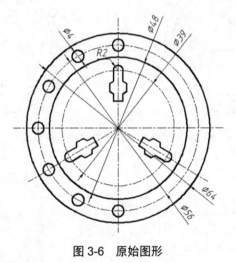

微课 3-1

图 3-6 原始图形

(1)执行菜单命令"工具"→"快速选择",打开"快速选择"对话框,如图 3-7 所示。

(2)在"应用到"下拉列表框中选择"整个图形"选项,在"对象类型"下拉列表框中选择"圆"选项。

(3)在"特性"列表框中选择"直径"选项,在"运算符"下拉列表框中选择"=等于"选项,在"值"下拉列表框中输入"4"。

(4)在"如何应用"选项组中选中"包括在新选择集中"单选按钮,按设定条件创建新的选择集。

(5) 单击"确定"按钮，将亮显图形中所有符合要求的图形对象，即图形中所有直径为 4 的圆，如图 3-8 所示。

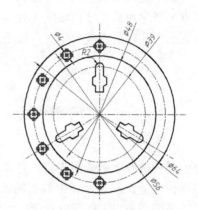

图 3-7　"快速选择"对话框　　　　　图 3-8　选择结果

任务 3.2　使用夹点编辑图形对象

当选中一个图形时，图形亮显的同时会显示一些蓝色的点，这些点就是夹点。夹点有多种形状，如直线的夹点都是方形的、多段线中点处的夹点是长方形的、样条曲线起点处的夹点是田字框等。图 3-9 所示是几种常见图形的夹点样式。

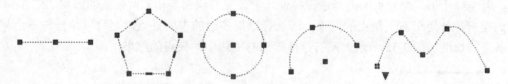

图 3-9　几种常见图形的夹点样式

夹点就像图形上可操作的手柄一样，无须选择任何命令，通过夹点就可以执行一些操作，对图形进行相应的调整。在 AutoCAD 2021 中选择对象后，鼠标指针指向夹点时，还会显示夹点快捷菜单，使用夹点快捷菜单命令可以进行拉伸、拉长操作，添加、删除夹点操作，以及直线和圆弧的转换操作等。

夹点编辑比较简洁、直观，改变夹点到新的目标位置时，拾取点会受到环境设置的影响和控制，可以利用如对象捕捉、正交模式等来精确地进行夹点的编辑。

3.2.1　常规的夹点编辑

在不执行任何命令的情况下选择图形对象，图形上将显示夹点。单击其中一个夹点后，该夹点便被激活而呈现红色亮显，进入编辑状态。此时，AutoCAD 自动将其作为拉伸

的基点,进入"拉伸"编辑模式,命令行显示以下信息:

** 拉伸 **
指定拉伸点或[基点(B)/复制(C)/放弃(U)/退出(X)]:

此时,可以对选择的图形对象进行许多常规操作。例如,若单击选择直线两端的一个夹点,可以用捕捉特殊点或在命令行中输入长度的方法对直线进行拉长操作,在命令行输入的长度为新增加的长度,如图 3-10 所示;若选择直线的中间夹点,可以用捕捉特殊点或用极坐标的方法移动直线的位置,如图 3-11 所示。

图 3-10　拉伸直线　　　　　　　　　图 3-11　移动直线

对于圆和椭圆上的象限夹点,是从其中心而不是选定的夹点确定长度。例如,若选择象限夹点拉伸圆,在命令行中输入的长度是新圆的半径而非新增加的长度,如图 3-12 所示;若选择圆心夹点,则可以对圆进行移动操作,如图 3-13 所示。

图 3-12　拉伸圆　　　　　　　　　图 3-13　移动圆

若选择矩形某个角点的夹点进行拉伸,可改变与该角点相邻两条边的形状,图 3-14 所示为向右拉伸矩形右下角点的结果;若选择矩形各边的中间夹点,则可以拉伸与该边相邻两条边的长度,图 3-15 所示为向右拉伸矩形右侧边中间夹点的结果。

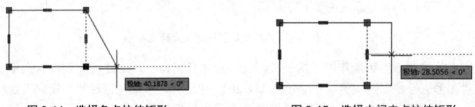

图 3-14　选择角点拉伸矩形　　　　　　　图 3-15　选择中间夹点拉伸矩形

选中夹点后,若连续按空格键,夹点模式还可以在拉伸、移动、旋转、比例缩放和镜像 5 种编辑操作之间循环切换,进行更多操作。

3.2.2　夹点快捷菜单

选中对象后,鼠标指针停留在夹点上时会自动弹出夹点快捷菜单,夹点快捷菜单会随不同图形的不同夹点而不同。图 3-16 和图 3-17 所示分别为鼠标指针停留在多边形的顶点和中点处的夹点快捷菜单。

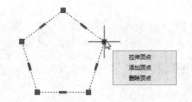
图 3-16　多边形顶点处的夹点快捷菜单

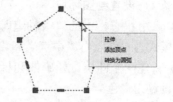
图 3-17　多边形中点处的夹点快捷菜单

选择夹点快捷菜单中的命令，便会执行相应的操作。图 3-18 所示为选择矩形右侧中间夹点的"转换为圆弧"命令，图 3-19 所示为右侧边转换为圆弧后的结果。

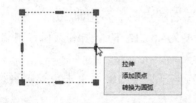
图 3-18　矩形中点处的夹点快捷菜单

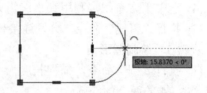
图 3-19　利用夹点编辑图形

虽然夹点编辑功能为用户提供了一种灵活、方便的编辑操作途径，在一些状态下比常规编辑更加简便、效率更高，但很多状态下夹点编辑仍不能替代常规的绘图和编辑命令。

任务 3.3　复制图形操作

在 AutoCAD 中，复制、镜像、偏移和阵列命令都具有复制图形的功能，从而减少绘图步骤，达到事半功倍的效果。

3.3.1　复制

使用"复制"命令可以创建多个与原对象相同的对象。复制可以提高绘图效率，保证前后样式内容的一致性。

单击"修改"工具栏中的"复制"按钮 ，或在命令行中输入复制命令 CO 并按空格键，可以将已有的对象复制出多个副本，并放置到指定的位置。

【例 3-2】利用复制命令绘制如图 3-20 所示图形。

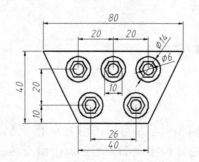

微课 3-2

图 3-20　利用复制命令绘制图形

步骤1　设置绘图环境

(1) 启用状态栏中的"极轴追踪""对象捕捉"和"对象捕捉追踪"功能，并设置对象捕捉模式为"端点""中点"和"圆心"。

(2) 新建两个图层：轮廓线和标注。"轮廓线"图层线宽设置为 0.3mm；"标注"图层颜色设置为青色。

步骤2　绘制外轮廓线

(1) 选择"轮廓线"图层为当前图层。

(2) 执行"直线"命令，绘制长度为 80 的水平直线。

(3) 执行"偏移"命令，将水平直线向下方偏移 40。

(4) 选中下方直线，利用夹点编辑方式，分别将左右端点向中间拉伸 20。

(5) 执行"直线"命令，分别连接长度为 80 和长度为 40 直线的左侧端点和右侧端点。

步骤3　绘制图形 A

(1) 执行"圆"命令，捕捉长度为 80 的直线中点向下追踪 10 后单击，绘制直径为 6 和直径为 14 的两个同心圆。

(2) 执行"多边形"命令，绘制与两个同心圆同心、并内接于直径为 10 的圆的正六边形，结果如图 3-21 所示。

步骤4　复制图形 A

(1) 单击"复制"按钮 ，或在命令行中输入复制命令 CO 并按空格键。

(2) 命令行提示"选择对象："时，使用窗口方式选择图形 A。

(3) 命令行提示"指定基点或[位移(D)/模式(O)]："时，单击同心圆的圆心。

(4) 命令行提示"指定第二个点或[阵列(A)]："时，水平向左追踪 20 后单击。

(5) 命令行提示"指定第二个点或[阵列(A)/退出(E)/放弃(U)]："时，水平向右追踪 20 后单击。

(6) 命令行提示"指定第二个点或[阵列(A)/退出(E)/放弃(U)]："时，输入左下方图元相对于基点的坐标：@-13,-20。

(7) 命令行提示"指定第二个点或[阵列(A)/退出(E)/放弃(U)]："时，输入右下方图元相对于基点的坐标：@13,-20，结果如图 3-22 所示。

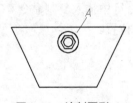
图 3-21　绘制图形 A

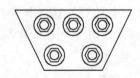
图 3-22　复制图形 A

3.3.2　镜像

"镜像"命令对创建对称图形非常有用，因为使用"镜像"命令可以只创建半个结构对称的图形，然后用镜像命令镜像出全部图形对象，而不必绘制全部图形对象，极大提高了绘图效率。

单击"修改"工具栏中的"镜像"按钮 ⚠，或者在命令行中输入镜像命令 MI 并按空格键，即可将选定的图形对象以镜像线为对称轴进行对称复制。执行镜像命令时，可以选择只保留镜像对象或镜像对象与原对象同时保留。

【例 3-3】利用镜像命令绘制如图 3-23 所示图形。

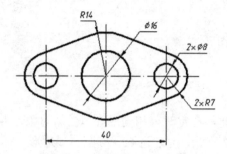

微课 3-3

图 3-23　利用镜像命令绘制图形

步骤 1　设置绘图环境

(1) 启用状态栏中的"极轴追踪""对象捕捉"和"对象捕捉追踪"功能，并设置对象捕捉模式为"端点""交点"和"切点"。

(2) 新建 3 个图层：中心线、轮廓线和标注。"中心线"图层颜色设置为红色，线型加载为 ACAD_ISO04W100；"轮廓线"图层线宽设置为 0.3mm；"标注"图层颜色设置为青色。

(3) 设置"线型"的"全局比例因子"为 0.5。

步骤 2　绘制中心线

(1) 选择"中心线"图层为当前图层。

(2) 执行"直线"命令，绘制一条水平中心线和一条垂直中心线。

(3) 执行"偏移"命令，将垂直中心线向左偏移 20。

步骤 3　绘制图形

(1) 选择"轮廓线"图层为当前图层。

(2) 执行"圆"命令，以左侧中心线交点为圆心，绘制半径为 7 和直径为 8 的两个圆；以右侧中心线交点为圆心，绘制半径为 14 和直径为 16 的两个圆。

(3) 执行"直线"命令，利用"递延切点"绘制上下两条切线。

(4) 利用夹点编辑方式调整中心线长度，结果如图 3-24 所示。

步骤 4　镜像图形

(1) 单击"镜像"按钮 ⚠，或在命令行中输入镜像命令 MI 并按空格键。

(2) 命令行提示"选择对象："时，使用窗口方式选择左侧图形。

(3) 命令行提示"指定镜像线的第一点："时，单击右侧垂直中心线上方端点。

(4) 命令行提示"指定镜像线的第二点："时，单击右侧垂直中心线下方端点。

(5) 命令行提示"要删除源对象吗？[是(Y)/否(N)]"时，输入选项 N，结果如图 3-25 所示。

(6) 执行"修剪"命令，分别以两侧切线为剪切边修剪图形。

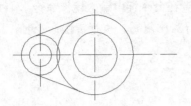
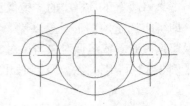

图 3-24　绘制图形　　　　　　　　　图 3-25　镜像图形

3.3.3　偏移

利用偏移命令可以创建与选定对象相同或类似的新对象，并指定新对象的显示位置。可以用于偏移的对象可以是直线、圆、圆弧、椭圆、多边形、样条曲线和多段线等。

单击"修改"工具栏中的"偏移"按钮⟅，或在命令行中输入偏移命令 O 并按空格键，可以对指定的直线创建平行线，也可以对圆弧、圆、多边形等对象进行同心偏移复制。

【例 3-4】利用偏移命令绘制如图 3-26 所示图形。

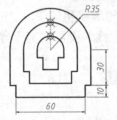

图 3-26　利用偏移命令绘制图形

说明：3 个同心圆弧的圆周分别在通过半径为 35 的 3 个等分点上。

步骤 1　设置绘图环境

(1) 启用状态栏中的"极轴追踪""对象捕捉"和"对象捕捉追踪"功能，并设置"对象捕捉模式"为"端点""圆心""交点"和"节点"。

(2) 新建两个图层：轮廓线和标注。"轮廓线"图层线宽设置为 0.3mm；"标注"图层颜色设置为青色。

步骤 2　绘制并偏移多段线

(1) 选择"轮廓线"图层为当前图层。

(2) 执行"多段线"命令，绘制最外层图形，如图 3-27 所示。

(3) 执行"直线"命令，绘制一条通过圆弧圆心垂直向上的半径直线段。

(4) 执行"定数等分"命令，将半径直线段 3 等分。

(5) 单击"偏移"按钮⟅，或在命令行中输入偏移命令 O 并按空格键。

(6) 命令行提示"指定偏移距离或[通过(T)/删除(E)/图层(L)]"时，输入选项 T。

(7) 命令行提示"选择要偏移的对象，或[退出(E)/放弃(U)]："时，选择多段线。

(8) 命令行提示"指定要偏移的那一侧上的点，或[退出(E)/多个(M)/放弃(U)]："时，输入选项 M。

(9) 命令行提示"指定要偏移的那一侧上的点，或[退出(E)/放弃(U)]："时，在 2 个等分节点处单击，创建 2 条偏移的多段线，结果如图 3-28 所示。

图 3-27　绘制多段线

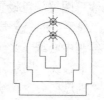

图 3-28　偏移多段线

3.3.4　阵列

阵列命令用于对选定图形对象进行有规律的多重复制，从而快速复制出多个相同的图形对象，加快复制效率。

阵列分为矩形阵列、环形阵列和路径阵列 3 种。矩形阵列指按行与列均匀分布的多个相同对象组成的对象副本；环形阵列指围绕中心点均匀分布的多个相同对象组成的对象副本；路径阵列指沿着给定路径均匀分布的多个相同对象组成的对象副本。

长按"修改"工具栏中的"阵列"按钮 🔳、🔘 或 🔲，从弹出的工具组中选择所需阵列类型，或在命令行输入阵列命令 AR 并按空格键，从命令选项中选择所需阵列类型，均可执行对应的阵列命令。

1．矩形阵列

对于按行与列均匀分布的多个纵横排列的相同对象组成的图形，可以先绘制一个图形对象，然后利用矩形阵列命令快速生成其余的对象副本。

【例 3-5】利用矩形阵列命令绘制如图 3-29 所示图形。

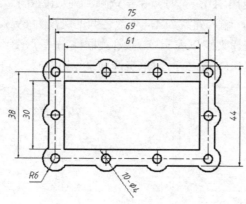

图 3-29　利用矩形阵列绘制图形

微课 3-5

步骤 1　设置绘图环境

(1) 启用状态栏中的"极轴追踪""对象捕捉"和"对象捕捉追踪"功能，并设置对象捕捉模式为"交点"和"圆心"。

(2) 单击"图层特性管理"按钮,新建 3 个图层,中心线、轮廓线和标注。"中心线"图层颜色设置为红色,线型加载为 ACAD_ISO04W100;"轮廓线"图层线宽设置为 0.3mm;"标注"图层颜色设置为青色。

(3) 设置"线型"的"全局比例因子"为 0.5。

步骤 2　绘制中心线

(1) 选择"中心线"图层为当前图层。

(2) 执行"矩形"命令,绘制一个长为 69、宽为 38 的矩形。

步骤 3　绘制图形

(1) 执行"偏移"命令,输入偏移距离 3,由中心线矩形向外偏移出外侧矩形。

(2) 重复偏移命令,输入偏移距离 4,由中心线矩形向内偏移出内侧矩形。

(3) 选中两个偏移出来的矩形,将其转换到"轮廓线"图层。

(4) 选择"轮廓线"图层为当前图层。

(5) 执行"圆"命令,以中间矩形的左下角点为圆心,绘制直径为 4 和半径为 6 的两个同心圆,如图 3-30 所示。

步骤 4　阵列图形

(1) 选择"矩形阵列"按钮 ,或在命令行中输入阵列命令 AR 并按空格键,从命令类型中选择"矩形 R"。

(2) 命令行提示"选择对象:"时,选择两个圆形。

(3) 命令行提示"选择夹点以编辑阵列或[关联(AS)/基点(B)/计数(COU)/间距(S)/列数(COL)/行数(R)/层数(L)/退出(X)]:"时,单击选项"行数(R)"。

(4) 命令行提示"输入行数或[表达式(E)]:"时,输入行数 3。

(5) 命令行提示"指定行数之间的距离或[总计(T)/表达式(E)]:"时,输入行间距 38/2。

(6) 命令行提示"指定行数之间的标高增量或[表达式(E)]:"时,输入任一数值。

(7) 命令行提示"选择夹点以编辑阵列或[关联(AS)/基点(B)/计数(COU)/间距(S)/列数(COL)/行数(R)/层数(L)/退出(X)]:"时,单击选项"列数(COL)"。

(8) 使用同样的方法,输入列数为 4,列数之间的距离为 69/3。

(9) 命令行提示"选择夹点以编辑阵列或[关联(AS)/基点(B)/计数(COU)/间距(S)/列数(COL)/行数(R)/层数(L)/退出(X)]:"时,单击选项"退出(X)"。阵列图形如图 3-31 所示。

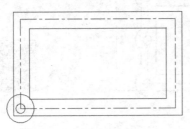

图 3-30　绘制矩形和同心圆

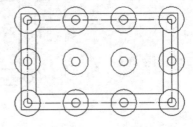

图 3-31　阵列图形

步骤 5　编辑图形

(1) 单击"分解"按钮 ,或在命令行中输入分解命令 X 并按空格键。

(2) 命令行提示"选择对象:"时,将阵列出来的组合图形分解为独立的图形对象。

(3) 选择矩形中间的两组同心圆，按 Delete 键将其删除。
(4) 执行"修剪"命令，修剪图形。

2．环形阵列

对于围绕中心点均匀分布的多个径向排列的相同对象组成的图形，可以先绘制一个图形对象，然后利用环形阵列命令快速生成其余的对象副本。

【例 3-6】利用环形阵列命令绘制如图 3-32 所示图形。

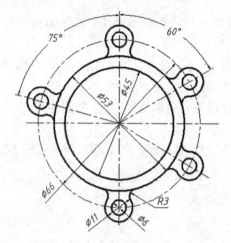

微课 3-6

图 3-32 利用环形阵列绘制图形

步骤 1 设置绘图环境

(1) 启用状态栏中的"极轴追踪""对象捕捉"和"对象捕捉追踪"功能，并设置对象捕捉模式为"端点""中点""交点"和"圆心"。

(2) 新建 3 个图层：中心线、轮廓线和标注。"中心线"图层颜色设置为红色，线型加载为 ACAD_ISO04W100；"轮廓线"图层线宽设置为 0.3mm；"标注"图层颜色设置为青色。

(3) 设置"线型"的"全局比例因子"为 0.5。

步骤 2 绘制中心线

(1) 选择"中心线"图层为当前图层。

(2) 执行"直线"命令，绘制一条水平中心线和一条垂直中心线。

(3) 执行"圆"命令，以两条中心线交点为圆心，绘制直径为 66 的辅助圆。

(4) 执行"直线"命令，以中心线交点为起点，在命令行中输入极坐标<165，绘制合适长度的辅助线。同样，以中心线交点为起点，分别输入极坐标<30 和<-30，绘制两条辅助线，如图 3-33 所示。

步骤 3 绘制图形

(1) 选择"轮廓线"图层为当前图层。

(2) 执行"圆"命令，以水平中心线和垂直中心线的交点为圆心，分别绘制直径为 45 和 53 的两个圆。

(3) 重复圆命令，以直径为 66 的辅助圆与垂直中心线上方的交点为圆心，绘制直径为

6 和 11 的两个圆。

(4) 单击"圆角"按钮，或在命令行中输入圆角命令 F 并按空格键。

(5) 命令行提示"选择第一个对象或[放弃(U)/多段线(P)/半径(R)/修剪(T)/多个(M)]："时，输入选项 R。

(6) 命令行提示"指定圆角半径："时，输入 3。

(7) 命令行提示"选择第一个对象或[放弃(U)/多段线(P)/半径(R)/修剪(T)/多个(M)]："时，输入选项 M。

(8) 命令行提示"选择第一个对象或[放弃(U)/多段线(P)/半径(R)/修剪(T)/多个(M)]："时，单击直径为 11 的圆的左下方位置。

(9) 命令行提示"选择第二个对象，或按住 Shift 键选择对象以应用角点或[半径(R)]："时，单击直径为 53 的圆的左上方位置。

(10) 在同样的命令行提示下，单击直径为 11 的圆的右下方位置和直径为 53 的圆的右上方位置进行圆角。

(11) 执行"修剪"命令，修剪直径为 11 的圆，结果如图 3-34 所示。

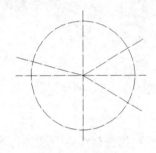

图 3-33　绘制中心线

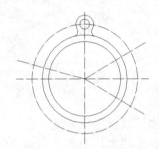

图 3-34　绘制第一个原始图形

步骤 4　阵列图形

(1) 选择"环形阵列"按钮，或在命令行中输入阵列命令 AR 并按空格键，从命令类型中选择极轴 PO。

(2) 命令行提示"选择对象："时，选择直径为 6 和 11 的两个圆及半径为 3 的两段圆弧。

(3) 命令行提示"指定阵列的中心点或[基点(B)/旋转轴(A)]："时，单击直径为 66 的圆的圆心。

(4) 命令行提示"选择夹点以编辑阵列或[关联(AS)/基点(B)/项目(I)/项目间角度(A)/填充角度(F)/行(ROW)/层(L)/旋转项目(ROT)/退出(X)]："时，单击选项"项目(I)"。

(5) 命令行提示"输入阵列中的项目数或[表述式(E)]："时，输入项目数 4。

(6) 命令行提示"选择夹点以编辑阵列或[关联(AS)/基点(B)/项目(I)/项目间角度(A)/填充角度(F)/行(ROW)/层(L)/旋转项目(ROT)/退出(X)]："时，单击选项"填充角度(F)"。

(7) 命令行提示"指定填充角度(+=逆时针、-=顺时针)或[表述式(E)]："时，输入填充角度-180°。

(8) 在同样的命令行提示下，鼠标单击选项"退出(X)"，绘图结果如图 3-35 所示。

(9) 单击"分解"按钮,或在命令行中输入分解命令 X 并按空格键。

(10) 命令行提示"选择对象:"时,将阵列出来的组合图形分解为独立的图形对象。

(11) 重复"环形阵列"命令,将图形上方直径为 6 和 11 的两个圆及半径为 3 的两段圆弧阵列到与其夹角为 75°的位置,结果如图 3-36 所示。

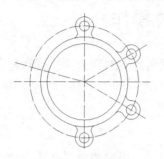 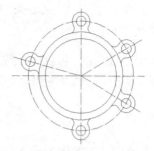

图 3-35　阵列图形(1)　　　　　　　　图 3-36　阵列图形(2)

3．路径阵列

对于沿着给定路径整齐排列的多个路径分布的相同对象组成的图形,可以先绘制一个图形对象,然后利用路径阵列命令快速生成其余的对象副本。路径可以是直线、多段线、样条曲线、螺旋、圆弧、圆或椭圆。

【例 3-7】利用路径阵列命令绘制图 3-37 所示图形。

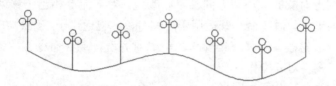

图 3-37　利用路径阵列绘制图形

步骤 1　绘制图形

(1) 执行"样条曲线"命令,绘制与原图相似的样条曲线。

(2) 执行"圆"和"直线"命令,绘制路灯图案。

(3) 执行"移动"命令,将路灯图案移动到样条曲线的起点位置。

步骤 2　阵列图形

(1) 选择"路径阵列"按钮,或在命令行中输入阵列命令 AR 并按空格键,从命令选项中选择路径 PA。

(2) 命令行提示"选择对象:"时,选择路灯图案。

(3) 命令行提示"选择路径曲线:"时,选择样条曲线。

(4) 命令行提示"选择夹点以编辑阵列或[关联(AS)/方法(M)/基点(B)/切向(T)/项目(I)/行(R)/层(L)/对齐项目(A)/方向(Z)/退出(X)]<退出 X>:"时,单击选项"项目(I)"。

(5) 命令行提示"指定沿路径的项目之间的距离或[表达式(E)]:"时,按空格键。

(6) 命令行提示"指定项目数或[填写完整路径(F)/表达式(E)]:"时,输入项目数 7。

(7) 命令行提示"选择夹点以编辑阵列或[关联(AS)/方法(M)/基点(B)/切向(T)/项目(I)/

行(R)/层(L)/对齐项目(A)/方向(Z)/退出(X)]<退出 X>："时,单击选项"方法(M)"。

(8) 命令行提示"输入路径方法[定数等分(D)/定距等分(M)]<定距等分>："时,单击选项"定数等分(D)"。

任务 3.4　调整方位操作

在 AutoCAD 中,可以在不改变被编辑图形形状的情况下对图形的位置和角度进行调整。调整图形方位的命令主要有移动、对齐和旋转。

3.4.1　移动

为了调整图纸上各图形元素间的相对位置或绝对位置,可以使用"移动"命令将所选的图形对象进行平移,平移之后原图形对象的大小和方向不会改变。

单击"修改"工具栏中的"移动"按钮✥,或者在命令行输入移动命令 M 并按空格键,可以在指定方向上按指定距离移动图形对象。

3.4.2　对齐

使用"对齐"命令可以使当前图形对象与其他图形对象沿指定方向和位置对齐,使用对齐命令之后原图形对象的大小和方向都可以改变。对齐命令相当于移动命令、旋转命令及缩放命令三者的集合。对齐命令既适用于二维对象,也适用于三维对象。

执行菜单命令"修改"→"三维操作"→"对齐",或在命令行中输入对齐命令 AL 并按空格键,均可实现对齐操作。

【例 3-8】绘制图 3-38 所示图形。

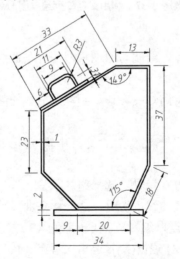

微课 3-8

图 3-38　利用移动和对齐命令编辑图形

步骤 1　设置绘图环境

(1) 启用状态栏中的"极轴追踪""对象捕捉"和"对象捕捉追踪"功能,并设置对象捕捉模式为"端点""圆心"和"交点"。

(2) 新建两个图层：轮廓线和标注。"轮廓线"图层线宽设置为 0.3mm；"标注"图层颜色设置为青色。

步骤 2　绘制图形

该图形由 3 个部分组成，可以分别绘制，然后通过移动和对齐命令组合为一个图形。

1) 绘制图形 A

(1) 选择"轮廓线"图层为当前图层。

(2) 执行"矩形"命令，绘制长度为 34、宽度为 2 的矩形，如图 3-39 所示。

2) 绘制图形 B

(1) 执行"多段线"命令，绘制图形 B 的外轮廓线。

(2) 执行"偏移"命令，将多段线向内偏移 1，如图 3-40 所示。

3) 绘制图形 C

(1) 执行"矩形"命令，绘制长度为 21、宽度为 1 的矩形。

(2) 执行"多段线"命令，绘制图形 C 矩形上方的多段线。

(3) 执行"偏移"命令，将多段线向内偏移 1，如图 3-41 所示。

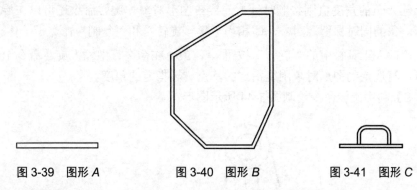

图 3-39　图形 A　　　　图 3-40　图形 B　　　　图 3-41　图形 C

步骤 3　移动图形

(1) 单击"修改"工具栏中的"移动"按钮✥，或在命令行中输入移动命令 M 并按空格键。

(2) 命令行提示"选择对象："时，选择图形 B。

(3) 命令行提示"指定基点或[位移(D)]："时，捕捉图形 B 左下角点，并向左追踪 9。

(4) 命令行提示"指定第二点或[使用第一个点作为位移]："时，捕捉图形 A 左上角点，结果如图 3-42 所示。

步骤 4　对齐图形

(1) 执行菜单命令"修改"→"三维操作"→"对齐"，或在命令行中输入对齐命令 AL 并按空格键。

(2) 命令行提示"选择对象："时，选择图形 C。

(3) 命令行提示"指定第一个源点："时，单击图形 C 左下角点。

(4) 命令行提示"指定第一个目标点："时，单击图形 B 左斜坡左下角点。

(5) 命令行提示"指定第二个源点："时，单击图形 C 右下角点。

(6) 命令行提示"指定第二个目标点："时，单击图形 B 左斜坡右上角点。

(7) 命令行提示"指定第三个源点或<继续>:"时,按空格键。

(8) 命令行提示"是否基于对齐点缩放对象?[是(Y)/否(N)]指定第三个源点或<继续>:"时,输入选项 N,对齐效果如图 3-43 所示。

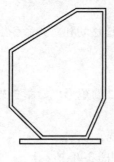 

图 3-42　移动图形　　　　图 3-43　对齐图形

3.4.3 旋转

旋转命令用于将选定的图形对象围绕指定基点和角度进行旋转,默认的旋转方向为逆时针方向,输入负的角度值则按顺时针方向旋转图形对象。旋转命令还可以在旋转得到新位置的图形对象的同时保留源对象,即相当于集"旋转"和"复制"命令于一体。

单击"修改"工具栏中的"旋转"按钮↻,或者在命令行中输入旋转命令 RO 并按空格键,即可以将选定的图形对象围绕指定的基点旋转指定的角度。

【例 3-9】利用旋转命令绘制图 3-44 所示图形。

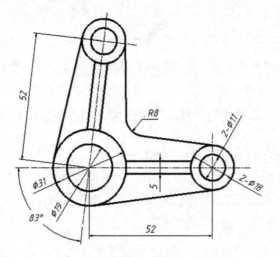

微课 3-9

图 3-44　利用旋转命令编辑图形

步骤 1　设置绘图环境

(1) 启用状态栏中的"极轴追踪""对象捕捉"和"对象捕捉追踪"功能,并设置对象捕捉模式为"交点"和"切点"。

(2) 新建 3 个图层:中心线、轮廓线和标注。"中心线"图层颜色设置为红色,线型加载为 ACAD_ISO04W100;"轮廓线"图层线宽设置为 0.3mm;"标注"图层颜色设置为青色。

(3) 设置"线型"的"全局比例因子"为 0.5。

步骤 2　绘制中心线

(1) 选择"中心线"图层设置为当前图层。

(2) 执行"直线"命令,绘制一条水平中心线和一条垂直中心线。

(3) 执行"偏移"命令,将垂直中心线向右偏移 52。

步骤 3　绘制图形

(1) 选择"轮廓线"图层为当前图层。

(2) 执行"圆"命令,以左侧中心线交点为圆心,绘制直径为 19 和 31 的两个圆,以右侧中心线交点为圆心绘制直径为 11 和 18 的两个圆。

(3) 执行"偏移"命令,将水平中心线分别向上、向下偏移 2.5。

(4) 选择两条偏移线,将其切换到"轮廓线"图层。

(5) 执行"修剪"命令,修剪两条偏移直线。

(6) 使用夹点调整各中心线的长度,结果如图 3-45 所示。

(7) 执行"直线"命令,捕捉"递延切点"绘制上下两条与两侧的大圆相切的直线,如图 3-46 所示。

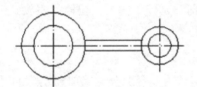　　　　　　　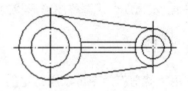

图 3-45　修剪图形　　　　　　　图 3-46　绘制切线

步骤 4　旋转并复制图形

(1) 单击"旋转"按钮 ,或在命令行中输入旋转命令 RO 并按空格键。

(2) 命令行提示"选择对象:"时,窗交选择全部图形。

(3) 命令行提示"指定基点:"时,单击左侧中心线的交点。

(4) 命令行提示"指定旋转角度,或[复制(C)/参照(R)]:"时,输入选项 C。

(5) 命令行提示"指定旋转角度,或[复制(C)/参照(R)]:"时,输入 83,结果如图 3-47 所示。

步骤 5　创建圆角

(1) 单击"圆角"按钮 ,或在命令行中输入圆角命令 F 并按空格键。

(2) 命令行提示"选择第一个对象或[放弃(U)/多段线(P)/半径(R)/修剪(T)/多个(M)]:"时,输入选项 R。

(3) 命令行提示"指定圆角半径:"时,输入圆角半径 8。

(4) 命令行提示"选择第一个对象或[放弃(U)/多段线(P)/半径(R)/修剪(T)/多个(M)]:"时,输入选项 T。

(5) 命令行提示"输入修剪模式选项[修剪(T)/不修剪(N)]:"时,输入选项 T。

(6) 命令行提示"选择第一个对象或[放弃(U)/多段线(P)/半径(R)/修剪(T)/多个

(M)]:"时,选择第一条相交切线。

(7) 命令行提示"选择第二个对象,或按住 Shift 键选择对象以应用角点或[半径(R)]:"时,选择第二条相交切线,结果如图 3-48 所示。

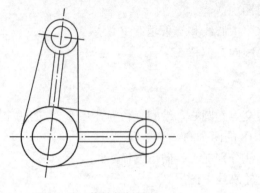
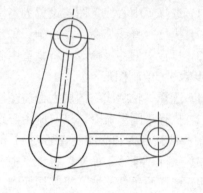

图 3-47 旋转复制图形　　　　　　　　图 3-48 创建圆角

任务 3.5　调整形状操作

在 AutoCAD 中,调整图形形状的命令主要有修剪、延伸、拉长、拉伸和缩放。

3.5.1　修剪

使用"修剪"命令可以用指定的边线修剪图形元素的多余部分。修剪和删除的区别在于:修剪命令用于剪掉图形元素的一部分,而删除命令则将选中的图形元素全部删除。

单击"修改"工具栏中的"修剪"按钮，或者在命令行中输入修剪命令 TR 并按空格键,可以以一个或两个图形对象为剪切边修剪其他对象。

3.5.2　延伸

使用"延伸"命令可以延伸指定的对象与另一对象相交或外观相交。延伸和修剪命令的作用正好相反。

单击"修改"工具栏中的"延伸"按钮，或者在命令行中输入延伸命令 EX 并按空格键,可以将直线、圆弧、椭圆弧和非闭合多段线等对象延长到指定边界。

【例 3-10】绘制图 3-49 所示三角形并将其顶角三等分。

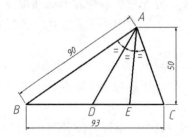

微课 3-10

图 3-49 利用修剪和延伸命令编辑图形

步骤 1　设置绘图环境

(1) 启用状态栏中的"极轴追踪""对象捕捉"和"对象捕捉追踪"功能，并设置对象捕捉模式为"端点""节点"和"交点"。

(2) 新建两个图层：轮廓线和标注。"轮廓线"图层线宽设置为 0.3mm；"标注"图层颜色设置为青色。

步骤 2　绘制三角形

(1) 选择"轮廓线"图层为当前图层。

(2) 利用"直线""偏移"及"圆"命令，绘制三角形。

步骤 3　三等分圆弧

(1) 执行"圆"命令，以顶点 A 为圆心、长度 AC 为半径，绘制圆形。

(2) 执行"修剪"命令，以直线 AB 和 AC 为剪切边，修剪圆形。

(3) 执行"点样式"命令，设置"点样式"为⊠。

(4) 执行"定数等分"命令，将圆弧三等分。

(5) 执行"直线"命令，分别连接顶点 A 与两个等分节点，如图 3-50 所示。

(6) 删除圆弧与等分节点。

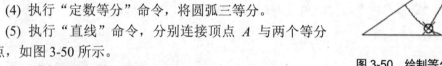

图 3-50　绘制等分顶角线段

步骤 4　修剪及延伸等分角线段

(1) 单击"延伸"按钮，或在命令行中输入延伸命令 EX 并按空格键。

(2) 命令行提示"选择边界的边："时，单击三角形的底边。

(3) 命令行提示"选择要延伸的对象或按住 Shift 键选择要修剪的对象，或者[栏选(F)/窗交(C)/投影(P)/边(E)]："时，单击直线 AD 的下半段部分。

(4) 执行"修剪"命令，修剪直线 AE 超出三角形底边的部分。

3.5.3　拉长

使用"拉长"命令可以修改直线、多段线的长度或圆弧、椭圆弧的包含角。

选择菜单命令"修改"→"拉长"，或者在命令行输入拉长命令 LEN 并按空格键，即可对选定图形对象的长度进行调整。

【例 3-11】利用拉长命令绘制图 3-51 所示图形。

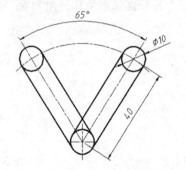

微课 3-11

图 3-51　利用拉长命令编辑图形

步骤 1　设置绘图环境

(1) 启用状态栏中的"极轴追踪""对象捕捉"和"对象捕捉追踪"功能，并设置对象捕捉模式为"端点""交点""圆心"和"切点"。

(2) 新建 3 个图层：中心线、轮廓线和标注。"中心线"图层颜色设置为红色，线型加载为 ACAD_ISO04W100；"轮廓线"图层线宽设置为 0.3mm；"标注"图层颜色设置为青色。

(3) 设置"线型"的"全局比例因子"为 0.5。

步骤 2　绘制图形

(1) 选择"中心线"图层为当前图层，绘制垂直相交的两条中心线和 57.5°的中心线。

(2) 选择"轮廓线"图层为当前图层。

(3) 执行"圆"命令和"直线"命令，绘制右半侧轮廓线图形，如图 3-52 所示。

(4) 执行"镜像"命令，将已绘制的图形镜像到竖直中心线的左侧。

(5) 选择"中心线"图层为当前图层。

(6) 执行"圆弧"命令，绘制角度为 65°的圆弧，如图 3-53 所示。

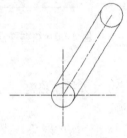
图 3-52　绘制图形

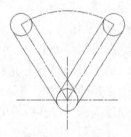
图 3-53　镜像图形

步骤 3　调整中心线长度

(1) 分别选中水平中心线和垂直中心线，利用夹点调整其长度，如图 3-54 所示。

(2) 执行菜单命令"修改"→"拉长"，或在命令行中输入拉长命令 LEN 并按空格键。

(3) 命令行提示"选择对象或[增量(DE)/百分数(P)/全部(T)/动态(DY)]："时，输入选项 DY。

(4) 命令行提示"选择要修改的对象或[放弃(U)]："时，单击圆弧右侧并向右移动光标，直至右侧圆弧到合适长度。

(5) 在同样的命令行提示下，拉长圆弧左侧和夹角为 65°的两条斜线，如图 3-55 所示。

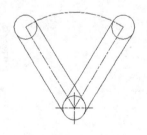
图 3-54　利用夹点调整长度

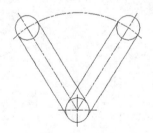
图 3-55　拉长命令调整弧长

3.5.4 拉伸

使用"拉伸"命令可以在一个方向上按照用户指定的尺寸拉长或缩短图形对象。"拉伸"命令是通过改变端点位置来拉长或缩短图形对象的,拉伸过程中除被拉伸的对象外,其他图形对象间的几何关系保持不变。要注意的是,选择拉伸对象时,必须用窗交方式或交叉多边形方式选择要拉伸的图形对象。

单击"修改"工具栏中的"拉伸"按钮,或者在命令行中输入拉伸命令 S 并按空格键,即可对选定的对象进行拉伸或缩短。

【例 3-12】利用镜像和拉伸命令绘制图 3-56 所示图形。

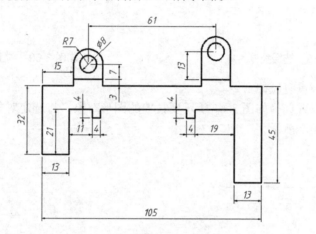

图 3-56 利用拉伸命令编辑图形

步骤 1 设置绘图环境

(1) 启用状态栏中的"极轴追踪""对象捕捉"和"对象捕捉追踪"功能,并设置对象捕捉模式为"端点""交点""中点"和"圆心"。

(2) 新建两个图层:轮廓线和标注。"轮廓线"图层线宽设置为 0.3mm;"标注"图层颜色设置为青色。

步骤 2 绘制基本图形

从图形轮廓来看,左、右两部分虽然不同,但比较相似,所以可以先绘制左半部分图形,然后镜像出右半部分图形,最后再通过拉伸命令对右半部分图形进行修改。

(1) 选择"轮廓线"图层为当前图层。

(2) 执行"直线"命令,按图中尺寸绘制图形左半部分的轮廓线,如图 3-57 所示。

(3) 执行"镜像"命令镜像图形,结果如图 3-58 所示。

图 3-57 绘制左半部分图形   图 3-58 镜像图形

步骤 3　拉伸图形

(1) 单击"拉伸"按钮，或在命令行中输入拉伸命令 S 并按空格键。

(2) 命令行提示"以交叉窗口或交叉多边形选择要拉伸的对象…"时，以窗交方式选择要拉伸的图形对象，如图 3-59 所示。

(3) 命令行提示"指定基点或[位移(D)]："时，在绘图窗口任一点处单击。

(4) 命令行提示"指定第二个点或<使用第一个点作为位移>："时，向上移动光标，输入拉伸距离 6(即 13-7)，结果如图 3-60 所示。

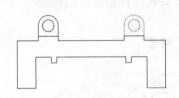 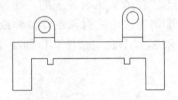

图 3-59　选择拉伸对象　　　　　　　　图 3-60　向上拉伸图形

(5) 按空格键重复拉伸命令。

(6) 以窗交方式选择如图 3-61 所示要拉伸的图形对象，将选定对象向下拉伸 13(即 45-32)，结果如图 3-62 所示。

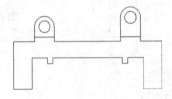 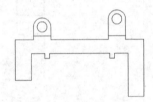

图 3-61　选择拉伸对象　　　　　　　　图 3-62　向下拉伸图形

(7) 重复拉伸命令。

(8) 命令行提示"以交叉窗口或交叉多边形选择要拉伸的对象…"时，以窗交方式选择要拉伸的图形对象，如图 3-63 所示。

(9) 命令行提示"指定基点或[位移(D)]："时，在绘图窗口任一点处单击。

(10) 命令行提示"指定第二个点或<使用第一个点作为位移>："时，向左移动光标，输入拉伸距离 8(即 19-11)，结果如图 3-64 所示。

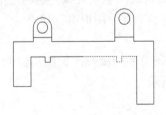 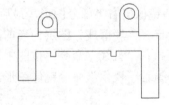

图 3-63　选择拉伸对象　　　　　　　　图 3-64　向左拉伸图形

3.5.5　缩放

使用"缩放"命令可以将选定的图形对象以指定的基点为中心，按指定的比例进行放大或缩小。

单击"修改"工具栏中的"缩放"按钮，或者在命令行中输入缩放命令 SC 并按空格键，可以将选定对象按指定的比例因子相对于基点进行尺寸缩放。

【例 3-13】利用缩放命令绘制图 3-65 所示图形。

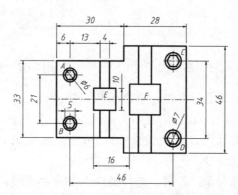

微课 3-13

图 3-65　利用缩放命令编辑图形

说明：图中部件 C、D 是 A、B 按比例放大的结果，F 是 E 按比例放大的结果。

步骤 1　设置绘图环境

(1) 启用状态栏中的"极轴追踪""对象捕捉"和"对象捕捉追踪"功能，并设置对象捕捉模式为"交点""中点"和"圆心"。

(2) 新建 3 个图层：中心线、轮廓线和标注。"中心线"图层颜色设置为红色，线型加载为 ACAD_ISO04W100；"轮廓线"图层线宽设置为 0.3mm；"标注"图层颜色设置为青色。

(3) 设置"线型"的"全局比例因子"为 0.5。

步骤 2　绘制外轮廓线及部件 A、B、E

(1) 选择"轮廓线"图层为当前图层，按图中所示尺寸绘制外轮廓线。

(2) 选择"中心线"图层为当前图层，绘制通过两侧竖线中点的水平中心线。

(3) 切换到"轮廓线"图层。

(4) 执行"圆"命令和"多边形"命令，绘制部件 A。

(5) 执行"镜像"命令，利用部件 A 镜像出部件 B。

(6) 执行"偏移"命令和"修剪"命令，绘制部件 E。

(7) 将两条水平偏移中心线转换到轮廓线图层，结果如图 3-66 所示。

步骤 3　复制图形

(1) 执行"复制"命令，将部件 A 和 B 复制到向右追踪 46 的位置。

(2) 执行"移动"命令，将复制的部件 A 向上移动 6.5。

(3) 重复"移动"命令，将复制的部件 B 向下移动 6.5。

(4) 执行"复制"命令，将部件 E 复制到向右追踪 16 的位置，结果如图 3-67 所示。

步骤 4　缩放图形

(1) 单击"缩放"按钮，或在命令行中输入缩放命令 SC 并按空格键。

(2) 命令行提示"选择对象："时，选择部件 C。

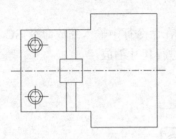
图 3-66 绘制部件 A、B、E

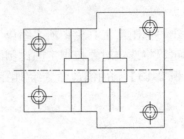
图 3-67 复制部件 A、B、E

(3) 命令行提示"指定基点："时，单击部件 C 的圆心。
(4) 命令行提示"指定比例因子或[复制(C)/参照(R)]："时，输入 7/6。
(5) 用同样的方法，将部件 D 放大到原来的 7/6 倍，结果如图 3-68 所示。
(6) 按空格键重复缩放命令。
(7) 命令行提示"选择对象："时，选择部件 F 的全部直线。
(8) 命令行提示"指定基点："时，单击正方形左侧竖线与水平中心线的交点。
(9) 命令行提示"指定比例因子或[复制(C)/参照(R)]："时，输入 46/33，结果如图 3-69 所示。

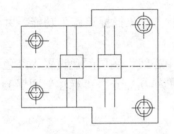
图 3-68 放大部件 C、D

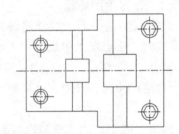
图 3-69 放大部件 F

任务 3.6　编辑图形操作

在 AutoCAD 中，编辑图形对象的命令主要有圆角、倒角、合并、分解、打断和打断于点、合并。

3.6.1　圆角

使用"圆角"命令可以方便、快速地在两个图形对象之间绘制光滑过渡的圆弧线。

单击"修改"工具栏中的"圆角"按钮 ，或者在命令行中输入圆角命令 F 并按空格键，即可对选定的对象进行圆角。

3.6.2　倒角

使用"倒角"命令可以去除零件端部因机加工产生的毛刺，也可以便于零件装配。

单击"修改"工具栏中的"倒角"按钮 ，或者在命令行中输入倒角命令 CHA 并按空格键，即可对选定的对象进行倒角。

【例 3-14】利用圆角和倒角命令绘制图 3-70 所示图形。

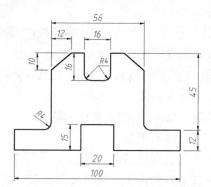

微课 3-14

图 3-70　利用圆角和倒角命令编辑图形

步骤 1　设置绘图环境

(1) 启用状态栏中的"极轴追踪""对象捕捉"和"对象捕捉追踪"功能，并设置对象捕捉模式为"端点"和"交点"。

(2) 新建两个图层：轮廓线和标注。"轮廓线"图层线宽设置为 0.3mm；"标注"图层颜色设置为青色。

步骤 2　绘制轮廓线

(1) 选择"轮廓线"图层为当前图层。

(2) 执行"直线"命令，按图 3-71 所示尺寸绘制轮廓线。

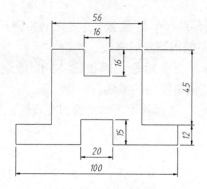

图 3-71　绘制轮廓线

步骤 3　倒角

(1) 单击"倒角"按钮 ，或在命令行中输入倒角命令 CHA 并按空格键。

(2) 命令行提示"选择第一条直线或[放弃(U)/多段线(P)/距离(D)/角度(A)/修剪(T)/方式(E)/多个(M)]："时，输入选项 D。

(3) 命令行提示"指定第一个倒角距离："时，输入 12。

(4) 命令行提示"指定第二个倒角距离："时，输入 10。

(5) 命令行提示"选择第一条直线或[放弃(U)/多段线(P)/距离(D)/角度(A)/修剪(T)/方式

(E)/多个(M)]:"时，输入选项 T。

(6) 命令行提示"输入修剪模式选项[修剪(T)/不修剪(N)]:"时，输入选项 T。

(7) 命令行提示"选择第一条直线或[放弃(U)/多段线(P)/距离(D)/角度(A)/修剪(T)/方式(E)/多个(M)]:"时，输入选项 M。

(8) 命令行提示"选择第一条直线或[放弃(U)/多段线(P)/距离(D)/角度(A)/修剪(T)/方式(E)/多个(M)]:"时，单击左上角水平线。

(9) 命令行提示"选择第二条直线或[放弃(U)/多段线(P)/距离(D)/角度(A)/修剪(T)/方式(E)/多个(M)]:"时，单击左上角垂直线。

(10) 命令行提示"选择第一条直线或[放弃(U)/多段线(P)/距离(D)/角度(A)/修剪(T)/方式(E)/多个(M)]:"时，单击右上角水平线。

(11) 命令行提示"选择第二条直线或[放弃(U)/多段线(P)/距离(D)/角度(A)/修剪(T)/方式(E)/多个(M)]:"时，单击右上角垂直线，效果如图 3-72 所示。

步骤 4　圆角

(1) 单击"圆角"按钮，或在命令行中输入圆角命令 F 并按空格键。

(2) 命令行提示"选择第一个对象或[放弃(U)/多段线(P)/半径(R)/修剪(T)/多个(M)]:"时，输入选项 R。

(3) 命令行提示"指定圆角半径:"时，输入 4。

(4) 命令行提示"选择第一个对象或[放弃(U)/多段线(P)/半径(R)/修剪(T)/多个(M)]:"时，输入选项 T。

(5) 命令行提示"输入修剪模式选项[修剪(T)/不修剪(N)]:"时，输入选项 T。

(6) 命令行提示"选择第一个对象或[放弃(U)/多段线(P)/半径(R)/修剪(T)/多个(M)]:"时，输入选项 M。

(7) 命令行提示"选择第一个对象或[放弃(U)/多段线(P)/半径(R)/修剪(T)/多个(M)]:"时，单击轮廓线中左侧需圆角的竖线。

(8) 命令行提示"选择第二个对象，或按住 Shift 键选择对象以应用角点或[半径(R)]:"时，单击轮廓线中左侧需圆角的横线。

(9) 根据命令行中的提示，选择其他需圆角的相交直线，效果如图 3-73 所示。

图 3-72　倒角　　　　　　　　　　图 3-73　圆角

3.6.3　打断

"打断"命令用于将图形对象在两个地方打断，并删除所选图形对象的一部分。对于直线、圆弧、多段线等非闭合的图形对象，使用打断命令可以删除其中的一段；对于矩形、圆、椭圆等闭合的图形对象，使用打断命令可以用两个不重合的断点按逆时针方向删除图形对象中的一段。

单击"修改"工具栏中的"打断"按钮，或者在命令行中输入打断命令 BR 并按空格键，即可对选定的对象进行打断操作。

【例 3-15】利用打断命令绘制图 3-74 所示图形。

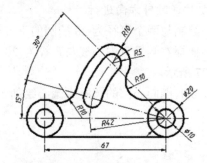

图 3-74 利用打断命令编辑图形

步骤 1　设置绘图环境

(1) 启用状态栏中的"极轴追踪""对象捕捉"和"对象捕捉追踪"功能，并设置对象捕捉模式为"端点""交点"和"圆心"。

(2) 新建 3 个图层：中心线、轮廓线和标注。"中心线"图层颜色设置为红色，线型加载为 ACAD_ISO04W100；"轮廓线"图层线宽设置为 0.3mm；"标注"图层颜色设置为青色。

(3) 设置"线型"的"全局比例因子"为 0.5。

步骤 2　绘制中心线

(1) 选择"中心线"图层为当前图层。

(2) 执行"直线"命令，绘制一条水平中心线和一条垂直中心线。

(3) 执行"偏移"命令，将垂直中心线向右偏移 67。

(4) 执行"直线"命令，绘制图中夹角为 15°和 30°的中心线。

(5) 执行"圆"命令，绘制半径为 42 的辅助圆，结果如图 3-75 所示。

步骤 3　绘制图形

(1) 选择"轮廓线"图层为当前图层。

(2) 以右侧垂直相交的中心线交点为圆心，绘制直径分别为 10 和 20 的两个同心圆。

(3) 执行"复制"命令，将直径为 10 和 20 的同心圆分别复制到左侧垂直中心线与水平中心线的交点、辅助圆与两处辅助斜线的交点处，结果如图 3-76 所示。

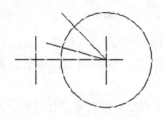

图 3-75 绘制中心线

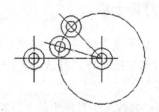

图 3-76 绘制同心圆

(4) 单击"打断"按钮 ，或者在命令行中输入打断命令 BR 并按空格键。

(5) 命令行提示"选择对象："时，首先单击任务栏中的"对象捕捉"按钮，关闭对象捕捉功能，然后单击夹角 15°处半径为 42 的圆的下方。

(6) 命令行提示"指定第二个打断点或[第一点(F)]："时，单击夹角 30°处半径为 42 的圆的上方。

注意：两处断点的选择要按逆时针方向进行。

(7) 执行"直线"命令，绘制与两个直径为 20 的圆的下方相切的直线。

(8) 重复"直线"命令，捕捉右侧垂直中心线与直径为 20 的圆上方的交点向左绘制适当长度的直线，结果如图 3-77 所示。

(9) 执行"圆弧"命令，以右侧同心圆的圆心为圆心绘制 3 段圆弧，如图 3-78 所示。

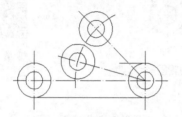

图 3-77 绘制直线

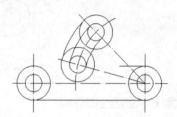

图 3-78 绘制圆弧

(10) 执行"圆角"命令，对图中左右两处直径为 20 的圆与上方图形进行圆角处理，结果如图 3-79 所示。

(11) 删除夹角为 15°的辅助直线处的半径为 10 的圆。

(12) 选择"修剪"命令，修剪图形，结果如图 3-80 所示。

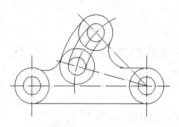

图 3-79 圆角

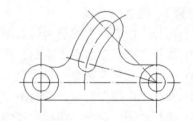

图 3-80 修剪图形

(13) 利用夹点调整水平中心线和垂直中心线的长度。

(14) 选择"拉长"命令，调整与水平中心线夹角为 15°和 30°的辅助线的长度，以及辅助圆弧的包含角。

3.6.4 打断于点

"打断于点"就是在指定点打断选定的对象，将图形一分为二，打断之处没有间隙。有效的对象包括直线、开放的多段线、圆弧、椭圆弧等，但不能打断圆、矩形、多边形等封闭的图形。

单击"修改"工具栏中的"打断于点"按钮 ，即可对选定的对象进行打断于点操作。对于封闭的图形不能使用打断于点命令，比如圆、矩形。

【例3-16】利用打断于点命令绘制图3-81所示图形。

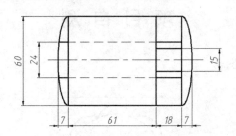

微课3-16

图3-81 利用打断于点命令编辑图形

步骤1　设置绘图环境

(1) 启用状态栏中的"极轴追踪""对象捕捉"和"对象捕捉追踪"功能，并设置对象捕捉模式为"端点"和"交点"。

(2) 新建4个图层：中心线、轮廓线、虚线和标注。"中心线"图层颜色设置为红色，线型加载为ACAD_ISO04W100；"轮廓线"图层线宽设置为0.3mm；"虚线"图层线型设置为DASHED2；"标注"图层颜色设置为青色。

(3) 设置"线型"的"全局比例因子"为0.5。

步骤2　绘制图形

(1) 选择"中心线"图层为当前图层，绘制两条垂直相交的中心线。

(2) 执行"偏移"命令，将垂直中心线依次向右偏移61和18。

(3) 重复"偏移"命令，将水平中心线分别向上、向下各偏移7.5、12、30。

(4) 执行"椭圆"命令，绘制图形两侧水平半轴为7、垂直半轴为30的椭圆。

(5) 执行"修剪"命令，对图形进行修剪。

步骤3　打断于点

如图3-82所示，图中有4处需要打断于点。

(1) 单击"打断于点"按钮 。

(2) 命令行提示"选择对象："时，单击图3-82所示标注1、3的水平直线。

(3) 命令行提示"指定第一个打断点："时，捕捉并单击图中标注1所在位置。

(4) 使用同样的方法，在其他几处需要改变线型的位置打断于点。

步骤4　改变线型

(1) 选择断点1、3之间的直线和2、4之间的直线，将其转换到虚线图层。

(2) 选择虚线和中心线以外的其他直线，将其转换到轮廓线图层，结果如图3-83所示。

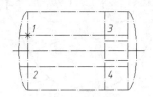
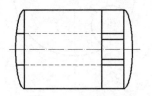

图3-82　打断于点　　　　　　图3-83　改变线型

项 目 自 测

1. 绘制图 3-84 所示图形。

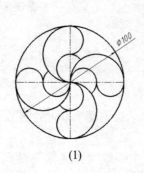 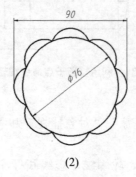 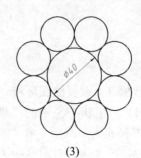

(1)   (2)   (3)

图 3-84   自测 1

2. 绘制图 3-85 所示图形。

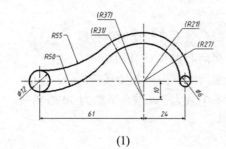 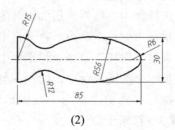

(1)   (2)

图 3-85   自测 2

3. 绘制图 3-86 所示图形。

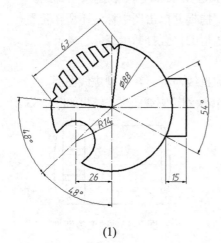 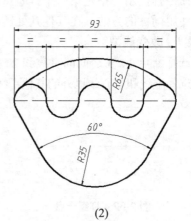

(1)   (2)

图 3-86   自测 3

项目 4

标注图形尺寸

从"神舟十六号"飞船成功发射,到"福建号"航空母舰成功出海;从C919大飞机成功首飞,到深海载人潜水器"蛟龙"号7000米级海试取得圆满成功,在为我国取得这些完全自主设计建造的国之重器倍感自豪的同时,也衷心为我们的设计师和工程师们点赞,因为正是他们的家国情怀、创新意识和精益求精、一丝不苟,才有了我们国家的这些成就。否则,任何一个零部件的设计或制造尺寸出现差错,都将导致整个机器或设备报废,这种惨痛教训国内外比比皆是。

1998年,美国宇航局转包商洛克希德－马丁公司建立的推进器软件采用英制单位,并未采用美国宇航局通常采用的十进制单位,对此美国宇航局未认真核对,未将磅单位转换成牛顿单位,最终导致计算轨道角度错误,在该轨道器接近火星大气层时烧毁坠落。

1967年苏联"联盟1号"宇宙飞船坠毁。事故原因是由于地面检查工作人员忽略了一个小数点,导致飞船在进入轨道后出现一系列故障,无法准确控制飞船姿态,飞船失稳,只能用危险的紧急弹道返回,返回时又出现一系列故障,主伞和备用伞无法打开,使得飞船以每秒百米的速度坠毁,酿成宇航员被摔死的悲剧。

为保证准确无误地表达设计意图,除了正确绘制图形,尺寸标注也是绘图设计过程中相当重要的一个环节。图形的主要作用是表达物体的形状,而物体各部分的真实大小和各部分之间的确切位置只能通过尺寸标注来表达,因此,没有正确的尺寸标注,绘制出的图纸对于机械加工制造就没什么意义。

在进行尺寸标注时一定要遵守国家相关的技术规则,遵纪守法,诚信标注。不仅制图要认真细致、精益求精,尺寸标注也要严谨求实、一丝不苟,充分发挥工匠精神,清楚图形和尺寸精度对生产成本及产品质量的影响,培养自己的成本质量意识。

📖【本项目学习目标】

了解尺寸标注的规则、组成、类型和步骤，掌握设置文字样式和标注样式的方法，掌握利用标注工具栏中各种标注工具标注图形尺寸的方法，掌握对标注尺寸进行旋转、倾斜等编辑方法。

在图形设计中，尺寸标注是绘图设计的一项重要内容。绘制图形的根本目的是反映图形对象的形状和尺寸，而图形中各个对象的真实大小和相互位置只有经过尺寸标注后才能确定。AutoCAD 中包含了一套完整的尺寸标注命令，可以轻松完成尺寸标注的要求。

一般情况下，尺寸标注应该在图形绘制完成之后进行。例如，图 4-1 所示是一个轴类零件图。图形绘制完成之后，若不进行尺寸标注，绘制出的图纸对于机械加工制造就没任何意义。

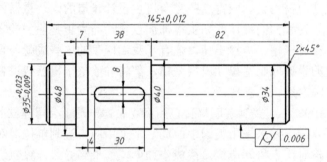

图 4-1 绘制图形并标注尺寸

在对图形进行尺寸标注前，首先需要熟悉尺寸标注的规则、组成、类型及标注步骤，以及文字样式、标注样式的设置等内容。

任务 4.1 尺寸标注的规则和组成

在对图形进行尺寸标注前，首先了解一下尺寸标注的规则、组成和步骤。

4.1.1 尺寸标注的规则

在 AutoCAD 中，对绘制的图形进行尺寸标注时应做到完整、正确、规范、清晰、美观，即应遵循以下规则。

(1) 标注文字的大小及格式必须符合国家标准。
(2) 尽量避免标注线之间或标注文字与标注线之间出现交叉。
(3) 串列尺寸，箭头对齐；并列尺寸，小在内，大在外，间隔均匀。
(4) 圆和大于半圆的圆弧尺寸应标注直径；小于和等于半圆的圆弧尺寸应标注半径。
(5) 同一图形中，对于尺寸相同的组成要素，可只在一个要素上标出其尺寸和数量。
(6) 图样中的尺寸以毫米为单位时不需标注单位，用其他单位标注时必须注明。

(7) 物体的真实大小以图样上标注的尺寸数值为依据，与图形显示的大小无关。
(8) 图样上所标注的尺寸应是物体最后完工的尺寸，否则应另加说明。

4.1.2 尺寸标注的组成

用 AutoCAD 绘制的图形中，一个完整的尺寸标注应由尺寸线、尺寸界线、箭头和标注文字等部分组成，如图 4-2 所示。

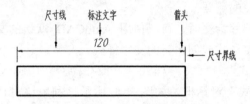

图 4-2 尺寸标注的组成

(1) 尺寸线。尺寸线是表示尺寸标注方向和长度的线段。除角度型尺寸标注的尺寸是弧线段外，其他类型尺寸标注的尺寸线均为直线段。

(2) 尺寸界线。尺寸界线是从被标注对象边界到尺寸线的直线，它界定了尺寸线的起始位置与终止位置。

(3) 箭头。箭头是添加在尺寸线两端的端结符号。在我国的国家标准中，规定不同行业该端结符号可以用箭头、短斜线和圆点等表示，如图 4-3 所示。

(4) 标注文字。标注文字是一个字符串，用于表示被标注对象的长度或者角度等。标注文字中除包含基本的尺寸数字外，还可以包含有前缀、后缀和公差等。

(5) 旁注线。旁注线是从引用特征到注释的线段。当被标注的对象太小或尺寸界线间的间距太窄而放不下标注文字时，通常采用旁注线引出标注，如图 4-4 所示。

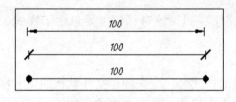

图 4-3 箭头的类型

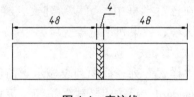

图 4-4 旁注线

4.1.3 尺寸标注的步骤

在 AutoCAD 中，对图形进行尺寸标注的基本步骤如下。
(1) 创建尺寸标注图层。
(2) 设置尺寸标注样式。
(3) 标注尺寸。
(4) 编辑尺寸标注。

任务 4.2　设置文字样式

文字对象是 AutoCAD 图形中不可缺少的组成部分。使用 AutoCAD 绘图时，所有文字都有与之相关联的文字样式。设置文字样式是进行文字注释的首要任务。文字样式用于控制图形中所使用文字的"字体""大小"和"效果"等参数。在一幅图形中可定义多种文字样式，以适合不同对象的需要。

在创建文字注释和尺寸标注时，可以使用 AutoCAD 默认的文字样式(Standard)，也可以根据具体要求修改文字样式或创建新的文字样式。

执行菜单命令"格式"→"文字样式"，或在命令行中输入文字样式命令 ST 并按空格键，打开"文字样式"对话框，如图 4-5 所示。利用该对话框可以新建或修改文字样式。

图 4-5　"文字样式"对话框

在该对话框中，可以新建文字样式或修改文字样式。该对话框主要包含了样式、字体、大小、效果和预览等区域。

1)　"样式"选项组

"样式"列表框中列表显示当前已定义样式的样式名。一张图形文件默认的文字样式为 Standard。单击"新建"按钮，可以创建新的文字样式；单击"删除"按钮，可以将选定的文字样式删除；单击"置为当前"按钮，可以将选定的文字样式定义为当前样式。

2)　"字体"选项组

"字体"选项组用来定义标注图形所用的中英文字体。

通常情况下，单击"SHX 字体"下拉按钮，从下拉列表中选择 gbeitc.shx 字体作为标注数字和英文的字体。选中"使用大字体"复选框后，从"大字体"下拉列表中选择 gbcbig.shx 字体作为标注中文的字体。

3)　"大小"选项组

"大小"选项组用来定义标注图形所用文字的大小。工程制图中通常采用 2.5、3.5、5、7、10、14、20 等 7 种号的字体。此处可以暂不设置文字高度(保持默认值 0.0000)，在进行标注样式设置时，再指定文字高度。

4)"效果"选项组

"效果"选项组用来定义文字的显示效果,如颠倒、反向和垂直,以及文字的宽度因子和倾斜角度等。

任务 4.3 设置标注样式

使用标注样式可以控制尺寸标注的格式和外观,建立强制执行的绘图标准,并有利于对标注格式及用途进行修改。它主要定义了尺寸线、尺寸界线、尺寸线的端点符号以及尺寸数字的字体、字高和精度等几个方面的内容。

要创建新的标注样式,选择菜单命令"格式"→"标注样式",或在命令行中输入标注样式命令 D 并按空格键,或单击标注工具栏中的"标注样式"按钮 ,均可打开图 4-6 所示的"标注样式管理器"对话框。

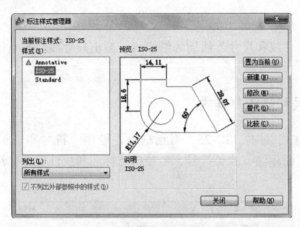

图 4-6 "标注样式管理器"对话框

单击"新建"按钮,打开"创建新标注样式:副本 ISO-25"对话框,在"新样式名"文本框中输入新样式的名称。在"基础样式"下拉列表框中选择一种基础样式,新样式将在该基础样式的基础上进行修改。在"用于"下拉列表框中指定新建标注样式的适用范围,包括"所有标注""线性标注""角度标注"等选项。

4.3.1 设置"线"样式

设置新建样式的名称、基础样式和适用范围后,单击"确定"按钮,将打开"新建标注样式:副本 ISO-25"对话框,如图 4-7 所示。

在"新建标注样式:副本 ISO-25"对话框中,使用"线"选项卡可以设置标注尺寸的"尺寸线"和"尺寸界线"的格式和位置。

在"尺寸线"选项组中,可以设置尺寸线的颜色、线型、线宽、超出标记、基线间距及隐藏等属性。

在"尺寸界线"选项组中,可以设置尺寸界线的颜色、线型、线宽、超出尺寸线、起点偏移量及隐藏等属性。

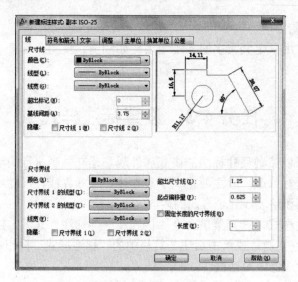

图 4-7 "线"选项卡

一般情况下,尺寸线和尺寸界线均为细实线,超出尺寸线和起点偏移量均为文字高度的 1/3 左右。

4.3.2 设置"符号和箭头"样式

在"新建标注样式:副本 ISO-25"对话框中,使用"符号和箭头"选项卡可以设置箭头、圆心标记、折断标注、弧长符号、半径折弯标注和线性折弯标注的格式与位置,如图 4-8 所示。

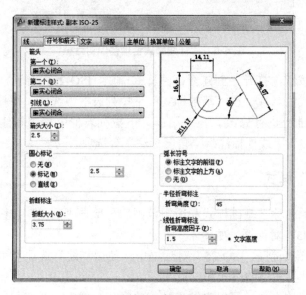

图 4-8 "符号和箭头"选项卡

(1) 在"箭头"选项组中可以设置箭头和引线箭头的类型及大小等。通常情况下,尺寸线的两个箭头的类型应一致,箭头大小为文字高度的一半。

(2) 在"圆心标记"选项组中可以设置圆或圆弧的圆心标记类型,包括"无""标记"和"直线"3 种类型。

(3) "折断标注"用于设定和显示折断标注时自动产生的间隙大小。

(4) "弧长符号"用于设置弧长符号显示的位置,包括"标注文字的前缀""标注文字的上方"和"无"3 种方式。

(5) "半径折弯标注"用于设置折弯半径标注(Z 形标注)中圆弧半径标注线的折弯角度的大小。

(6) "线性折弯标注"用于设置折弯线性标注时折断位置的折弯线高度的大小。

4.3.3 设置"文字"样式

在"新建标注样式:副本 ISO-25"对话框中,可以使用"文字"选项卡设置标注文字的外观、位置和对齐方式,如图 4-9 所示。

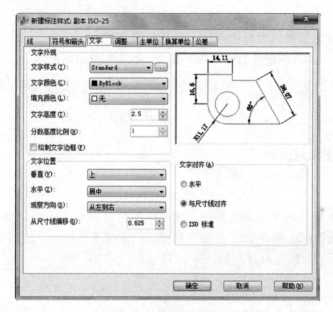

图 4-9 "文字"选项卡

(1) 在"文字外观"选项组中可以设置文字的样式、颜色、高度和分数高度比例,以及是否设置文字边框等。

单击"文字样式"下拉按钮,从下拉列表中选择已定义的文字样式;也可单击"文字样式"下拉列表框右侧的 按钮,打开"文字样式"对话框,新建文字样式。

(2) 在"文字位置"选项组中可以设置文字的垂直、水平位置以及从尺寸线的偏移量等。一般情况下,从尺寸线的偏移线设置为文字高度的 1/3 左右。

(3) 在"文字对齐"选项组中可以设置标注文字是保持水平还是与尺寸线平行还是使文字按 ISO 标准放置。

在"新建标注样式:副本 ISO-25"对话框中,使用"调整"选项卡可以调整标注文字、尺寸线和尺寸箭头的位置;使用"主单位"选项卡设置主单位的格式与精度等属性;

使用"换算单位"选项卡设置换算单位的格式与精度等属性,通过换算标注单位可以转换使用不同测量单位制的标注;使用"公差"选项卡设置是否标注公差以及以何种方式进行标注。

任务4.4 标 注 尺 寸

尺寸标注是图形设计中的一个重要步骤,是零件加工或工程施工的依据,完成某个图形的绘制后,必须对其进行尺寸标注,这样才能准确反映设计元素的真实大小和相互关系,否则无法知道对象的具体尺寸,便不能按照图纸进行加工或施工。

设定好标注样式之后,便可根据设定好的样式进行尺寸标注。AutoCAD 提供了丰富的尺寸标注工具,可以标注长度、半径、直径、角度、弧长、坐标、引线、形位公差及尺寸公差等各种尺寸。

默认情况下,标注工具栏不显示在绘图窗口。为方便尺寸标注,可将其显示在绘图窗口并将其移动到合适位置。光标指向任一工具按钮后右击,在弹出的快捷菜单中选择"标注"命令,"标注"工具栏便可显示在当前窗口,如图4-10所示。

图 4-10 "标注"工具栏

4.4.1 线性标注和对齐标注

1. 线性标注

线性标注用于标注水平或垂直方向上两点间的距离。单击"线性"标注按钮,或在命令行中输入线性标注命令 DLI 并按空格键,指定需要标注尺寸的图元的起点和端点位置,便可以对图形进行线性标注,如图4-11所示。

2. 对齐标注

对齐标注用来标注非水平或垂直方向上两点间的距离。单击"对齐"标注按钮,或在命令行中输入对齐标注命令 DAL 并按空格键,指定需要标注尺寸的图元的起点和端点位置,便可以对图形进行对齐标注,如图4-12所示。

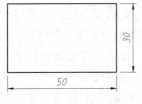

图 4-11 线性标注

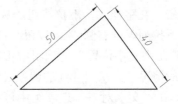

图 4-12 对齐标注

4.4.2 半径标注和直径标注

1. 半径标注

半径标注用来标注圆或圆弧的半径。单击"半径"标注按钮，或在命令行中输入半径标注命令 DRA 并按空格键，选择需要标注半径尺寸的圆或圆弧，便可以进行半径标注。半径标注前有 R 前缀，如图 4-13 所示。

2. 直径标注

直径标注用来标注圆或圆弧的直径。单击"直径"标注按钮，或在命令行中输入直径标注命令 DDI 并按空格键，选择需要标注直径尺寸的圆或圆弧，便可以进行直径标注。直径标注前有 ϕ 前缀，如图 4-14 所示。

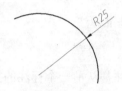

图 4-13 半径标注

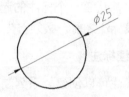

图 4-14 直径标注

4.4.3 角度标注和弧长标注

1. 角度标注

角度标注有两种情况，即两条直线的夹角和圆弧包含的角度。单击"角度"标注按钮，或在命令行中输入角度标注命令 DAN 并按空格键，便可以进行角度标注。标注角度时，若选择两条相交直线，则标注两条直线的夹角，如图 4-15 所示；若选择圆或圆弧，则标注圆或圆弧包含的角度，如图 4-16 所示。

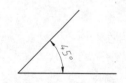

图 4-15 两条直线的夹角

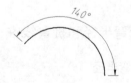

图 4-16 圆弧包含的角度

2. 弧长标注

弧长标注用于标注圆弧或多段线中圆弧段的弧长。单击"弧长"标注按钮，或在命令行中输入弧长标注命令 DAR 并按空格键，便可以进行弧长标注。可以标注整段圆弧的弧长，如图 4-17 所示；也可以利用标注选项标注圆弧中部分弧段的弧长，如图 4-18 所示。

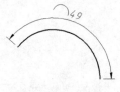
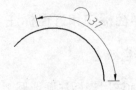

图 4-17　标注弧长　　　　　　　　　　　图 4-18　标注部分弧长

4.4.4　基线标注和连续标注

1. 基线标注

使用基线标注可以创建一系列由相同的标注原点测量出来的标注。单击"基线"标注按钮，或在命令行中输入基线标注命令 DBA 并按空格键，便可以进行基线标注。所有基线标注都从第一个标注的起点开始，结果如图 4-19 所示。

在基线标注之前，必须首先创建线性或角度标注作为基准标注。

2. 连续标注

连续标注可以创建一系列端对端放置的标注，每个标注都从前一个标注的第二个尺寸界线处开始。单击"连续"标注按钮，或在命令行中输入连续标注命令 DCO 并按空格键，便可以进行连续标注。连续标注首尾相连且箭头对齐，如图 4-20 所示。

在连续标注之前，必须首先创建线性或角度标注作为基准标注。

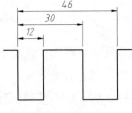
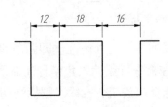

图 4-19　基线标注　　　　　　　　　　　图 4-20　连续标注

4.4.5　折弯半径和折弯线性

1. 折弯半径

当圆或圆弧的中心位于布局之外并且无法在其实际位置显示时，可以创建折弯半径标注。可以在任意合适的位置单击代替圆或圆弧的圆心。单击"折弯"标注按钮，或在命令行中输入折弯半径命令 DJO 并按空格键，便可以创建折弯标注，如图 4-21 所示。

2. 折弯线性

折弯线性指在线性或对齐标注上添加折弯线，标注中对象的标注值表示实际距离而不是图形中测量的距离。单击"折弯线性"按钮，或在命令行中输入折弯线性命令 DJL 并按空格键，便可以进行折弯线性标注，如图 4-22 所示。

图 4-21　折弯半径标注

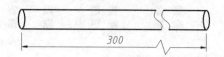

图 4-22　折弯线性标注

4.4.6　尺寸公差和形位公差

1. 尺寸公差

尺寸公差是指零件在制造过程中，由于加工或测量等因素的影响，完工后的实际尺寸存在的误差。在基本尺寸相同的情况下，尺寸公差越小，则尺寸精度越高。

选中图形的基本尺寸，单击工具栏中的"特性"按钮，或按 Ctrl+1 组合键，弹出"特性"工具选项板，如图 4-23 所示，在选项板中便可进行公差设置。尺寸公差包括对称公差、极限偏差、极限尺寸及基本尺寸 4 种，图 4-24 所示为对称公差标注。

图 4-23　"特性"工具选项板

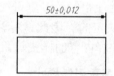

图 4-24　尺寸公差标注

2. 形位公差

形位公差是指在制造零件过程中，形状或位置相对于理想要素的最大允许误差，以指定实现正确功能所要求的精确度。

单击"公差"按钮，或在命令行中输入公差标注命令 TOL 并按空格键，弹出"形位公差"对话框，如图 4-25 所示。

单击"符号"所在列的■框，打开"特征符号"列表，如图 4-26 所示，可以为公差选择特征符号。

单击"公差 1"所在列前的■框，将插入一个直径符号。在中间的文本框中可以输入公差值。单击该列后的■框，将打开"附加符号"列表，如图 4-27 所示，可以为公差选择包容条件符号。

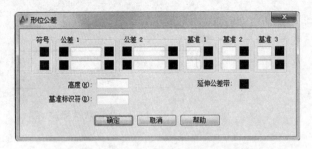

图 4-25 "形位公差"对话框

图 4-26 "特征符号"列表

另外,还可以进行高度、延伸公差带和基准标识符的标注。图 4-28 所示为形位公差标注。

图 4-27 "附加符号"列表

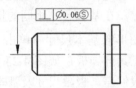

图 4-28 形位公差标注

一般情况下,形位公差需要和多重引线结合使用,用以确定形位公差的位置。

4.4.7 多重引线标注

多重引线一般由带箭头或不带箭头的直线或样条曲线(统称引线)、短水平线(又称基线),以及处于引线末端的文字或块组成,常用于标注图形的倒角尺寸、形位公差以及装配图中各组件的序号等。

与尺寸标注相似,多重引线标注中的引线格式、引线结构及字体、字号等都是由多重引线样式所决定的。因此,标注引线前,首先应设置多重引线的样式,即指定引线、基线、箭头和注释内容的样式等。

1. 设置多重引线样式

选择菜单命令"格式"→"多重引线样式",或在命令行中输入多重引线样式命令 MLS 并按空格键,打开"多重引线样式管理器"对话框,如图 4-29 所示。

图 4-29 "多重引线样式管理器"对话框

单击"新建"按钮，打开"创建新多重引线样式"对话框，在"新样式名"中输入新建多重引线的样式名，单击"继续"按钮，打开"修改多重引线样式"对话框，对话框中有3个选项卡，分别说明如下。

在"引线格式"选项卡中设置引线的类型、颜色、线型、线宽以及引线箭头的形状和大小等。

在"引线结构"选项卡中设置引线的最大点数、每一段引线的倾斜角度、是否包含基线和基线的距离以及多重引线的缩放比例等。

在"内容"选项卡中设置引线标注的类型(多行文字或块)及其属性以及引线连接的特性，包括水平连接或垂直连接、连接位置及基线间隙等。

2. 标注多重引线

多重引线格式设置完成后，便可以进行标注多重引线的操作了。

选择菜单命令"标注"→"多重引线"，或在命令行中输入多重引线命令 MLD 并按空格键，进行多重引线标注。图 4-30 所示为使用多重引线标注文字注释和标注倒角的结果。图中两个多重引线标注的"引线类型"均设置为"直线"，"最大引线点数"均设置为 3，"基线距离"为 2，"连接位置－左"和"连接位置－右"均设置为"最后一行加下划线"。

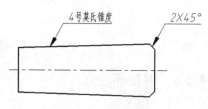

图 4-30　多重引线标注

另外，还可对标注的多重引线进行添加引线、删除引线、多重引线对齐、多重引线合并等操作。

任务 4.5　尺寸标注的编辑

在 AutoCAD 中，可以对已标注对象的文字、位置及样式等内容进行修改，而不必删除所标注的尺寸再重新进行标注。

4.5.1　等距标注

等距标注指调整线性标注或角度标注之间的距离，使平行尺寸线之间的间距相等。单击"等距标注"按钮，然后在图形中选择要使其相等间距的标注，还可以输入标注线之间的间距值。图 4-31(a)、图 4-31(b)所示图形中显示等距标注的前后对比效果。

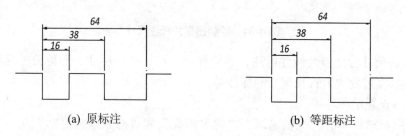

图 4-31　等距标注的前后对比效果

4.5.2 折断标注

折断标注指在标注线重叠的地方进行打断,这样可使标注更清晰。单击"折断标注"按钮 ,选择图中要折断的标注,还可选择对要折断标注的对象是自动折断还是手动折断。图4-32(a)、图4-32(b)所示为折断标注的前后对比效果。

(a) 原标注　　　　　　　　　　　　(b) 折断标注

图4-32　折断标注的前后对比效果

4.5.3 编辑标注

利用"编辑标注"命令可以倾斜尺寸界线、旋转尺寸文本,或者修改尺寸文本的内容等。单击"编辑标注"按钮 ,输入标注编辑类型(默认/新建/旋转/倾斜),并根据命令行提示编辑标注。图4-33所示为选择旋转和倾斜选项的标注结果。

(a) 原标注　　　　　(b) 旋转标注　　　　　(c) 倾斜标注

图4-33　编辑标注

【例4-1】绘制图4-34所示轴类零件图形并标注尺寸。

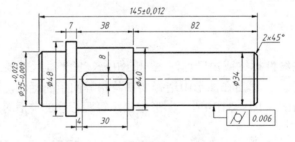

图4-34　绘制图形并标注尺寸

该图形的尺寸标注涉及线性标注、连续标注、尺寸公差标注、形位公差标注、多重引线标注以及长度尺寸改为直径尺寸的标注等。

步骤1　设置绘图环境

(1) 启用状态栏中的"极轴追踪""对象捕捉"和"对象捕捉追踪"功能,并设置对象捕捉模式为"端点""交点"和"圆心"。

微课4-1-1

(2) 新建 3 个图层：中心线、轮廓线和标注。"中心线"图层颜色设置为红色，线型加载为 ACAD_ISO04W100；"轮廓线"图层线宽设置为 0.3mm；"标注"图层颜色设置为青色。

(3) 设置"线型"的"全局比例因子"为 0.5。

步骤 2　绘制中心线

(1) 选择"中心线"图层为当前图层。

(2) 执行"直线"命令，绘制一条长约 160 的水平直线作为中心线。

步骤 3　绘制图形

(1) 选择"轮廓线"图层为当前图层。

(2) 选择"直线"命令，捕捉到中心线左侧端点后向右追踪一小段距离后单击，开始绘制对称图形的上半部分。

(3) 向上追踪 17.5(即 35/2)，向右追踪 18(即 145-7-38-82)，向上追踪 6.5[即(48-35)/2]，向右追踪 7，向下追踪 4，向右追踪 38，向下追踪 3，向右追踪 82，向下追踪到与中心线相交后单击，结果如图 4-35 所示。

(4) 执行"镜像"命令，以水平中心线为镜像线，镜像上方图形，如图 4-36 所示。

图 4-35　绘制对称图形的上半部分　　　　图 4-36　镜像图形

(5) 执行"倒角"命令，设置各边的倒角距离均为 2，依次对图中 4 个位置进行倒角，结果如图 4-37 所示。

(6) 执行"直线"命令，依次连接对称图形上、下对应点之间的竖线。

(7) 执行"圆"命令，以捕捉到中心线与第四条竖线的交点并向右追踪 8 后的位置为圆心，绘制直径为 8 的圆。

(8) 执行"复制"命令，将圆复制到向右追踪 22 的位置。

(9) 执行"直线"命令，在两个圆的上下方分别绘制两条与两圆相切的切线。

(10) 执行"修剪"命令，修剪图形，绘制完成的键槽如图 4-38 所示。

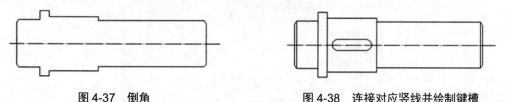

图 4-37　倒角　　　　图 4-38　连接对应竖线并绘制键槽

步骤 4　设置文字样式和标注样式

标注尺寸前，首先应设置标注尺寸用的文字样式和标注样式，再进行尺寸标注。

1) 设置文字样式

(1) 选择"标注"图层为当前图层。

微课 4-1-2

(2) 执行菜单命令"格式"→"文字样式",或在命令行中输入文字样式命令 ST 并按空格键,打开"文字样式"对话框。

(3) 单击"新建"按钮,在打开的"新建文字样式"对话框中输入新样式名称"标注文字",单击"确定"按钮,返回"文字样式"对话框。

(4) 在"文字样式"对话框中单击"SHX 字体"下方的下拉按钮,从下拉列表框中选择 gbeitc.shx 字体。选中"使用大字体"复选框后,从"大字体"下方的下拉列表框中选择 gbcbig.shx 字体,其他参数保持默认值,如图 4-39 所示。

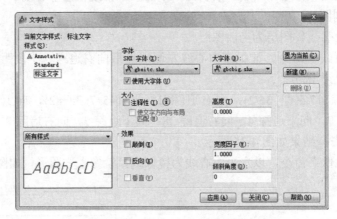

图 4-39 "文字样式"对话框

(5) 依次单击"应用""置为当前""关闭"3 个按钮,完成设置文字样式。

2) 设置标注样式

(1) 单击"标注样式"按钮,或在命令行中输入标注样式命令 D 并按空格键,打开"标注样式管理器"对话框。

(2) 单击"新建"按钮,在打开的"创建新标注样式"文本框中输入"标注 5"。

(3) 单击"继续"按钮,打开"新建标注样式:标注 5"对话框,选择"文字"选项卡,如图 4-40 所示。

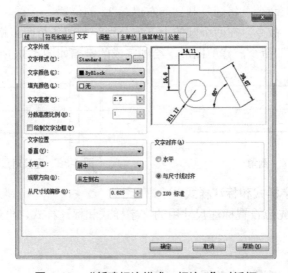

图 4-40 "新建标注样式:标注 5"对话框

(4) 在"文字"选项卡中单击"文字样式"下拉按钮,从下拉列表中选择"标注文字"选项,设置"文字高度"为 5,"从尺寸线偏移"为 2。

(5) 切换到"符号和箭头"选项卡,设置"箭头大小"为 2.5。

(6) 切换到"线"选项卡,设置"超出尺寸线"和"起点偏移量"均为 2。

(7) 单击"确定"按钮,返回上一级菜单,依次单击"置为当前""关闭"按钮。

步骤 5　标注尺寸

1) 标注基本尺寸

尺寸标注应遵循"小尺寸在内、大尺寸在外、间隔均匀"的原则。

(1) 单击"线性"按钮 ┝┥,或在命令行中输入线性标注命令 DLI 并按空格键。

(2) 命令行提示"指定第一个尺寸界线原点或<选择对象>:"时,单击长度为 7 的水平直线的左端点。

(3) 命令行提示"指定第二个尺寸界线原点:"时,单击长度为 7 的水平直线的右端点。

(4) 命令行提示"指定尺寸线位置或[多行文字(M)/文字(T)/角度(A)/水平(H)/垂直(H)/旋转(R)]:"时,移动鼠标指针到合适位置单击。

(5) 单击"连续"按钮 ┝┝┥,或在命令行中输入连续标注命令 DCO 并按空格键。

(6) 命令行提示"指定第二条尺寸界线原点或[放弃(U)/选择(S)]:"时,依次单击需要标注尺寸的位置。

(7) 使用同样的方法标注图形中的其他尺寸,结果如图 4-41 所示。

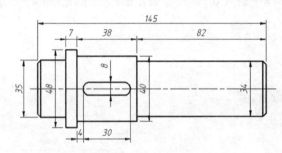

图 4-41　标注基本尺寸

2) 添加直径符号

以线性尺寸表示截面的直径尺寸时一般应先标注其线性尺寸,再为其添加直径符号。

(1) 双击长度尺寸 35,弹出"文字格式"工具栏,如图 4-42 所示,单击"符号"下拉按钮 @▼,从下拉列表中选择"直径(I)　%%c",单击"确定"按钮,将线性标注 35 修改为直径标注 ϕ35。

微课 4-1-3

图 4-42　"文字格式"工具栏

(2) 用同样的方法,将线性标注 48、40、34 分别修改为直径标注 φ48、φ40、φ34,结果如图 4-43 所示。

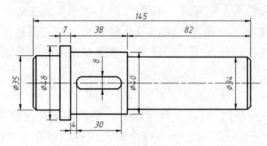

图 4-43　标注直径符号 φ

3) 标注尺寸公差

(1) 选中长度尺寸 145,单击工具栏中的"特性"按钮,或按 Ctrl+1 组合键,弹出"特性"工具选项板,如图 4-44 所示。

(2) 在选项板中向下拖动滚动条,显示"公差"选项内容。选择"显示公差"为"对称","公差精度"为 0.000;"公差上偏差"为 0.012。关闭特性选项板。

微课 4-1-4

(3) 选中直径尺寸 φ35,打开"特性"工具选项板,设置"显示公差"为"极限偏差","公差精度"为 0.000,"公差下偏差"为 0.009,"公差上偏差"为 0.023;在"公差文字高度"文本框中输入 0.7。尺寸公差标注结果如图 4-45 所示。

图 4-44　"特性"工具选项板

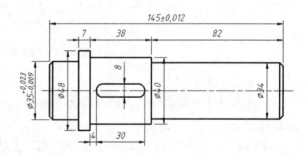

图 4-45　标注公差

4) 标注形位公差

(1) 单击"多重引线样式"按钮,或在命令行中输入多重引线样式命令 MLS 并按空格键,打开"多重引线样式管理器"对话框。

微课 4-1-5

(2) 单击"修改"按钮,打开"修改多线样式"对话框。在"内容"选项卡中单击"文字样式"下拉按钮,在打开的下拉列表中选择"标注文字",输入"文字高度"为 5,"引线连接"方式为"水平连接",设置"连接位置－左"和"连接位置－右"均为"最后一行加下划线";在"引线结构"选项卡中设置"最大引线点数"为 3,取消选中"设置基线距离"复选框;在"引线格式"选项卡中设置"箭头大小"为 2.5,单击"确定"按钮。

(3) 单击"多重引线"按钮 ,或在命令行中输入多重引线命令 MLD 并按空格键。

(4) 命令行提示"指定引线箭头的位置或[引线基线优先(L)/内容优先(C)/选项(O)]:"时,在图中右下方水平直线合适位置单击。

(5) 命令行提示"指定引线基线的位置:"时,选择合适位置单击。

(6) 弹出引线内容文本框后,单击"文字样式"工具栏中的"确定"按钮结束输入。

(7) 单击"公差"按钮 ,或在命令行中输入公差命令 TOL 并按空格键,打开"形位公差"对话框,如图 4-46 所示。

(8) 在对话框中单击"符号"下方第一行的■框,弹出"特征符号"列表,如图 4-47 所示,在"特征符号"列表中选择 符号;在"公差 1"下方第一行的文本框中输入公差值 0.006,单击"确定"按钮。

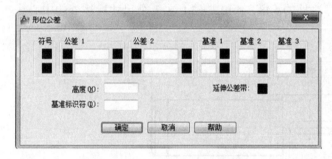

图 4-46 "形位公差"对话框

图 4-47 "特征符号"列表

(9) 命令行提示"输入公差位置:"时,捕捉引线右端点后单击,结果如图 4-48 所示。

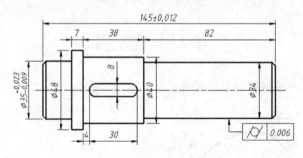

图 4-48 标注形位公差

5) 标注倒角

(1) 单击"多重引线"按钮 ,或在命令行中输入多重引线命令 MLD 并按空格键。

(2) 命令行提示"指定引线箭头的位置或[引线基线优先(L)/内容优先(C)/选项(O)]:"时,捕捉图形右上角倒角线中点单击。

(3) 命令行提示"指定引线基线的位置:"时,选择合适位置单击。

微课 4-1-6

(4) 在弹出的引线内容文本框中输入 2×45，在同时弹出的"文字样式"工具栏中单击 的下拉按钮，从弹出的下拉列表中选择"度数(D)　%%d"选项后，单击"文字格式"工具栏中的"确定"按钮，标注结果如图 4-49 所示。

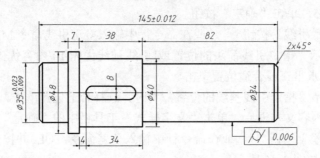

图 4-49　标注倒角

步骤 6　打断中心线

(1) 执行"打断"命令。

(2) 依次打断水平对称中心线标注处的 ϕ48、ϕ40、ϕ34 这 3 个尺寸标注处的中心线，结果如图 4-50 所示。

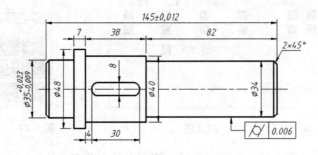

图 4-50　打断中心线

项目自测

1. 绘制图 4-51 所示图形并标注尺寸。

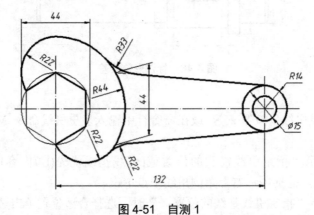

图 4-51　自测 1

2. 绘制图 4-52 所示图形并标注尺寸。

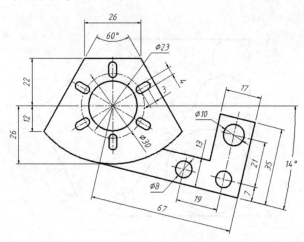

图 4-52　自测 2

3. 绘制图 4-53 所示图形并标注尺寸。

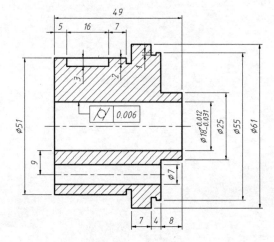

图 4-53　自测 3

4. 绘制图 4-54 所示图形并标注尺寸和技术要求。

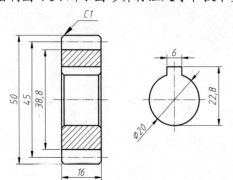

技术要求

1. 调质处理230-280HBW。
2. 齿轮精度及公差按GB/T 10095-2008调定。

齿轮参数

模数 $m=25$　　齿数 $z=18$

压力角 $\alpha=20°$　精度等级：IT

图 4-54　自测 4

5. 绘制图 4-55 所示图形并标注尺寸。

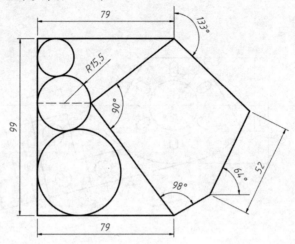

图 4-55 自测 5

项目 5

图块和设计中心

由于受西方经济学理论的影响,特别是受比较优势理论及其在这一理论下所形成的"以市场换技术"逻辑的误导,改革开放后,一种论调出现,那就是:造不如买,买不如租。

以市场换技术,大量引进国外设备,导致国内自主创新企业被断奶或下马,其结果就是我国的高技术产业在实践中逐渐被忽视甚至在不自觉中被抛弃,导致我国在参与全球国际分工的过程中,逐渐被锁定在全球生产网络的低端,甚至陷入了"高端产业低端化"的陷阱。

党的十八大以来,习近平在多个场合都曾强调过科技创新的重要性,多次提到要把核心技术牢牢掌握在自己手中,并指出核心技术受制于人是最大的隐患,而核心技术靠化缘是要不来的,只有独立自主,自力更生。这些话语在今天看来,非常具有针对性和前瞻性。

历史和实践反复告诉我们,关键核心技术是要不来、买不来、讨不来的。只有把关键核心技术掌握在自己手中,才能从根本上保障国家经济安全、国防安全和其他安全。在激烈的国际竞争面前,在单边主义、保护主义上升的大背景下,聚焦"卡脖子"清单、突破关键核心技术限制,是实现高质量发展与长治久安的必答题。

习近平总书记寄语青年学子:"我国的发展必须依靠创新。掌握核心技术的过程很艰难,但这条道路必须走","希望当代大学生珍惜韶华,把学习成长同党和国家的事业紧紧联系起来,同社会和人民的需要密切结合起来,用青春铺路,让理想延伸。"

党的二十大报告指出,加快建设创新高地,完善科技创新体系,坚持创新在我国现代化建设全局中的核心地位。

有创新驱动发展战略为指引,有自力更生、艰苦奋斗的精神做支撑,有广大科学家和科技工作者的共同努力,曾经创造"两弹一星"非凡奇迹的中国人民,一定能把创新主动权、发展主动权牢牢掌握在自己手中,继续创造一个又一个震惊世界的奇迹。

📖【本项目学习目标】

了解图块、属性块、设计中心的含义及其作用,掌握创建和使用图块、创建和使用属性块的方法,掌握编辑属性块的方法,了解设计中心的窗口组成并掌握设计中心的使用方法,掌握使用图块、属性块和设计中心绘制复杂图形的方法。

图块是由一个或多个图形对象组成的对象集合,常用于绘制复杂、重复的图形,如机械图中的螺栓和螺钉、建筑图中的门和窗、地形图中的各种地物符号等。AutoCAD 的"图块"功能可将它们分别组合成一个整体,这样下次使用时只需根据要求调整图块的比例大小和旋转角度后便可直接将其插入图形中,而且还可以在修改图形时,只需要修改定义的图块,便可做到一改全改,极大地提高了绘图效率。

例如,给如图 5-1 所示墙体中安装门窗。

本平面图中有多个门,这些门的大小及形状完全相同,只是安装的方向不同。如果在每个位置都重复绘制一次,显然会非常烦琐,如果采用图块的方式,则会方便很多。下面我们来学习有关图块的知识。

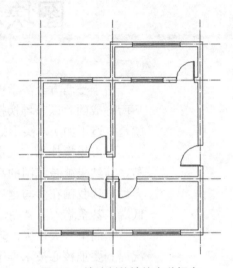

图 5-1 给绘制的墙体安装门窗

任务 5.1 创建和使用块

在 AutoCAD 中创建图块具有以下作用。

(1) 提高绘图效率。把在绘制工程图过程中需要经常使用的图形结构定义成图块并保存在磁盘中,这样就建立起了图形库。在绘制工程图时可以直接将需要的图块从图形库中调出使用,避免了大量的重复性工作,从而提高了绘图效率。

(2) 便于快速修改图形。一张工程图纸往往需要多次修改才能定稿,当某个图块的内容被修改之后,原先所有被插入图形中的该图块都将随之自动更新,而不必对每一处单独修改,这样就使图形的修改变得更加方便。

(3) 节省磁盘存储空间。每个图块在图形文件中只存储一次,在多次插入时,计算机只保留有关的插入信息(图块名、插入点、缩放比例、旋转角度等),而不会对整个图块的内容重复存储,减小图形文件大小,从而节省了磁盘的存储空间。

创建图块有两种方法:一种是创建内部块;另一种是创建外部块。两者之间的主要区别是:内部块只能插入当前图形文件中,而外部块不仅可以插入当前图形文件中,也可以被插入其他任何图形文件中。

5.1.1 创建内部块

内部块是指只能插入当前图形文件中,而不能被其他文件调用的图块。创建内部块又称为"定义块"。

单击"创建块"按钮,或在命令行中输入创建块命令 B 并按空格键,打开"块定义"对话框,可以将已绘制的图形创建为块,如图 5-2 所示。

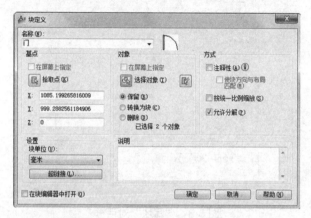

图 5-2 "块定义"对话框

"块定义"对话框中主要选项的功能说明如下。

(1) "名称"下拉列表框。用于输入图块的名称。单击其下拉按钮,也可以查看已有图块的名称列表。

(2) "基点"选项组。用于设置插入块时的基点位置。用户可以直接在 X、Y、Z 文本框中输入基点坐标,也可以单击"拾取点"按钮,切换到绘图窗口并选择基点。

(3) "对象"选项组。用于选择组成块的对象。单击"选择对象"按钮,可切换到绘图窗口,选择组成块的各对象;单击"快速选择"按钮,可以使用弹出的"快速选择"对话框设置所选择对象的过滤条件。选中"保留"单选按钮,创建块后仍在绘图窗口中保留组成块的各对象;选中"转换为块"单选按钮,创建块后将组成块的各对象保留并将它们转换成块;选中"删除"单选按钮,创建块后删除绘图窗口中组成块的原对象。

(4) "方式"选项组。用于设置组成块的对象的显示方式。选中"按统一比例缩放"复选框,用于指定是否阻止被插入图形中的图块不按统一比例进行缩放;选中"允许分解"复选框,设置被插入图形中的块是否允许被分解。

(5) "设置"选项组。设置块的基本属性。单位"块单位"下拉列表框,可以选择从 AutoCAD 设计中心拖动块时的缩放单位;单击"超链接"按钮,将打开"插入超链接"对话框,在该对话框中可以插入超链接文档。

对话框中内容设置完成后,单击"确定"按钮,以"名称"中命名的内部块即被创建。

5.1.2 创建外部块

外部块是指既能在创建图块的文件中使用该图块,也能在其他文件中调用该图块。创建外部块又称为"写块"。

使用"创建块"命令创建的图块称为内部块，只能被当前图形使用；当定义的块需要被其他图形文件引用时，就必须使用"写块"命令创建图块，将定义的图块以文件的形式存储到磁盘上。

在命令行中输入写块命令 W 并按空格键，打开"写块"对话框，如图 5-3 所示。

图 5-3 "写块"对话框

"写块"对话框中主要选项的功能说明如下。

(1)"源"选项组。通过"块""整个图形""对象"3 个单选按钮确定图块的来源。"块"单选按钮用于将使用"写块"命令创建的块写入磁盘；"整个图形"单选按钮用于将全部图形写入磁盘；"对象"单选按钮用于指定需要写入磁盘的块对象。

(2)"基点"选项组。用于设置插入块时的基点位置。用户可以直接在 X、Y、Z 文本框中输入基点坐标，也可以单击"拾取点"按钮，切换到绘图窗口并选择基点。

(3)"对象"选项组。用于选择组成块的对象。单击"选择对象"按钮，可切换到绘图窗口，选择组成块的各对象；单击"快速选择"按钮，可以使用弹出的"快速选择"对话框设置所选择对象的过滤条件。

(4)"文件名和路径"下拉列表框。用于指定块的保存名称和位置。

(5)"插入单位"下拉列表框。用于设置插入块的单位。

对话框中内容设置完成，单击"确定"按钮，以"文件名和路径"下拉列表框中命名的外部块即被创建。

5.1.3 插入块

创建图块后，可使用"插入块"命令在当前图形或其他图形中插入该图块。无论插入的图块多么复杂，AutoCAD 都将它们看成一个单独的对象。如果需要对插入的图块进行编辑，就必须先对其进行分解。

单击"插入块"按钮，或在命令行中输入插入块命令 I 并按空格键，打开"插入"对话框，如图 5-4 所示。使用该对话框，可以在图形中插入块或其他图形，在插入时还可以设置所插入图块的比例与旋转角度。

图 5-4 "插入"对话框

"插入"对话框中主要选项的功能说明如下。

(1) "名称"下拉列表框。用于选择插入图块的名称。可以从此下拉列表框中选择需要插入的图块名称，也可以单击"浏览"按钮，从打开的对话框中选择需要插入的图块名称。

(2) "插入点"选项组。用于设置图块的插入点位置。可以选中"在屏幕上指定"复选框，在屏幕上指定插入点的位置；也可在 X、Y、Z 文本框中输入插入点的坐标。

(3) "比例"选项组。用于设置插入图块时的缩放比例。可直接在 X、Y、Z 文本框中输入块在 3 个方向的比例；也可以通过选中"在屏幕上指定"复选框，在屏幕上指定插入比例；还可指定 3 个方向是否采用"统一比例"。

(4) "旋转"选项组。用于设置插入图块的旋转角度。可直接在"角度"文本框中输入角度值，也可以选中"在屏幕上指定"复选框，在屏幕上指定旋转角度。

(5) "块单位"选项组。用于显示插入图块的单位和比例。

(6) "分解"复选框。用于设置插入的块是否可以分解为组成块的各基本对象。

【例 5-1】给项目 2 中例 2-26 绘制的墙体安装门窗，如图 5-5 所示。

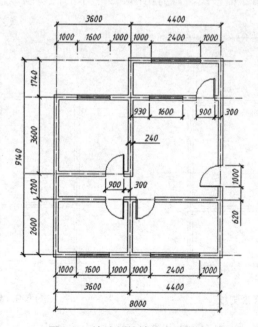

图 5-5 给绘制的墙体安装门窗

步骤 1　确定门窗洞口位置

利用偏移的轴线修剪墙线来确定门窗洞口位置。

(1) 执行"偏移"命令，按图 5-6 所示尺寸偏移出修剪线。

(2) 执行"修剪"命令，对墙体进行修剪，修剪出图 5-7 所示窗洞。

(3) 按 Delete 键，删除偏移线。

微课 5-1-1

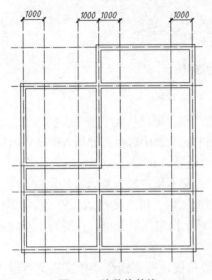

图 5-6　偏移修剪线

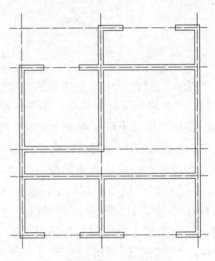

图 5-7　修剪窗洞

(4) 继续执行"偏移"命令，按图 5-8 所示尺寸偏移出修剪线。

(5) 执行"修剪"命令，对墙体进行修剪。

(6) 按 Delete 键，删除偏移线，修剪出图 5-9 所示的门窗洞口。

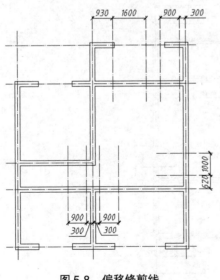

图 5-8　偏移修剪线

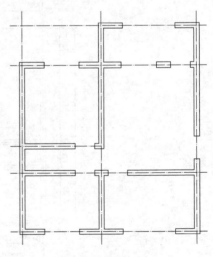

图 5-9　修剪门窗洞口

为了防止偏移线太多导致修剪时出错，可以一次偏移出一个门洞或一个窗洞，修剪完成后，再偏移和修剪下一个洞口，依次进行，直到完成所有门窗洞口的修剪。

步骤 2　创建门块

由于平面图中有多个门，且这些门的大小及形状完全相同，只是安装方向不同，因此一般会将其设置为图块以便于插入和修改。

设置入户大门的宽度为 1000mm、厚度为 50mm；各房间门的宽度为 900mm、厚度为 45mm。利用矩形、圆弧命令以及镜像命令绘制房间左开门和右开门图形。室内门的平面图如图 5-10 所示。

微课 5-1-2

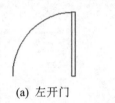　　

(a) 左开门　　　　　　　　　　(b) 右开门

图 5-10　门平面图

(1) 单击"创建块"按钮，或在命令行中输入创建块命令 B 并按空格键，打开"块定义"对话框。

(2) 在"名称"下拉列表框中输入图块的名称"左开门"；在对话框中单击"拾取点"按钮，然后在绘图窗口中选择门平面图右下角点为基点；在对话框中单击"选择对象"按钮，然后在绘图窗口中选择左开门平面图；选中"保留"单选按钮，便于出现问题时进行修改。设置后的对话框如图 5-11 所示。

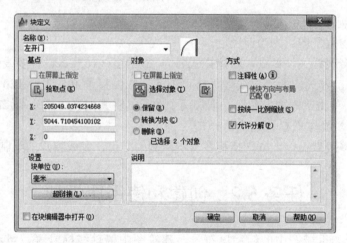

图 5-11　"块定义"对话框

(3) 单击"确定"按钮，完成左开门图块的绘制。

(4) 使用同样的方法，定义右开门图块和入户大门图块。

步骤 3　插入门块

(1) 选择"门"图层为当前图层。

(2) 单击"插入块"按钮，或在命令行中输入插入块命令 I 并按空格键，打开"插入"对话框。

（3）单击"名称"下拉按钮，从弹出的下拉列表中选择"左开门"选项；选中"插入点"下方的"在屏幕上指定"复选框，单击"确定"按钮。

（4）将左开门插入墙体图中相应的门洞上。

（5）重复"插入块"命令，在对话框中选择合适的图块"名称"和"旋转"角度，将其插入图中室内相应的门洞位置，如图 5-12 所示。

（6）重复"插入块"命令，在对话框中选择"左开门"图块，选中"统一比例"复选框，设置比例为 10/9，旋转角度为 90°，在入户大门处插入门块，结果如图 5-13 所示。

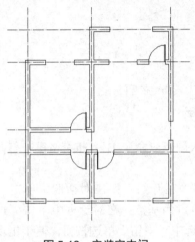 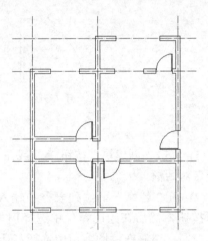

图 5-12　安装室内门　　　　　　　　图 5-13　安装入户大门

步骤 4　绘制窗户

（1）选择"窗户"图层为当前图层。

（2）执行"多线样式"命令，新建样式名为 C 的多线样式。设置多线的起点和端点的封口方式均为"直线"，将"图元"的偏移量 0.5 改为 120、-0.5 改为-120，单击"添加"按钮，增加两个图元，将其偏移距离分别修改为 40 和-40。将多线样式 C 置为当前样式。

微课 5-1-3

（3）执行"多线"命令，分别捕捉各窗洞两侧的交点，完成窗户的绘制。

任务 5.2　创建和使用属性块

有些图形，如机械图中的粗糙度符号、建筑图中的轴线标号等，虽然标注的文字不同，但其符号完全相同，可以将其定义为属性块。将附加在属性块上的文字信息称为块属性。属性块具有图块的基本特点，还具有插入属性块时直接修改属性值的特点。

块属性是图块的组成部分，使图块的使用更加灵活。在定义一个图块时，属性必须先定义后使用。属性从属于图块，当利用"删除"命令删除图块以后，属性也随之被删除。

5.2.1　创建属性块

属性块是带有文字属性信息的图块，所以创建属性块需首先创建图块，再给图块定义属性。图块创建完成后,执行菜单命令"绘图"→"块"→"定义属性",或在命令行中输入块属性命令 ATT 并按空格键,打开"属性定义"对话框,便可以为图块定义属性,如图 5-14 所示。

图 5-14 "属性定义"对话框

"属性定义"对话框中主要选项的功能说明如下。

(1) "模式"选项组。用于设置属性的模式。其中,"不可见"复选框用于确定插入块后是否显示其属性值;"固定"复选框用于设置属性是否为固定值,为固定值时插入块后该属性值不再发生变化;"验证"复选框用于验证所输入的属性值是否正确;"预设"复选框用于确定是否将属性值直接预置成它的默认值;"锁定位置"复选框用于固定插入块的坐标位置;"多行"复选框用于使用多段文字来标注块的属性值。

(2) "属性"选项组。用于定义块的属性。其中,"标记"文本框用于输入属性的标记;"提示"文本框用于确定插入块时系统显示的提示信息;"默认"文本框用于输入属性的默认值,一般把最常出现的数值作为默认值。

(3) "插入点"选项组。用于设置属性值的插入点,即属性文字的插入位置。可以在绘图窗口拾取一点作为插入点,也可以在 X、Y、Z 文本框中输入点的坐标。

(4) "文字设置"选项组。用于设置属性文字的格式,包括对正方式、文字样式、文字高度及旋转角度等选项。

(5) "在上一个属性定义下对齐"复选框。选中该复选框,可以为当前属性采用上一个属性的文字样式、文字高度及旋转角度,且另起一行,按上一个属性的对正方式排列。

5.2.2 插入属性块

在创建带有属性的图块时,需要同时选择块属性作为图块的成员对象。带有属性的图块创建完成后,就可以在图形中插入该属性块。在插入图块时,输入不同的文字信息,可以使相同的图块表达不同的信息,如粗糙度、轴线编号等就是利用图块属性设置的。

插入属性块的方法和插入普通块的方法相同,都是单击"插入块"按钮,或在命令行中输入插入块命令 I 并按空格键,打开"插入"对话框,在对话框中进行相应的设置后进行插入，只是在插入结束时命令行会提示输入每个属性块的属性值，以便把在创建属性块时输入的属性默认值改为每个属性应有的属性值。

5.2.3 编辑块属性

在图形中插入属性块后，还可根据需要对块属性进行编辑。

双击需要编辑属性的块，打开"增强属性编辑器"对话框，如图5-15所示。

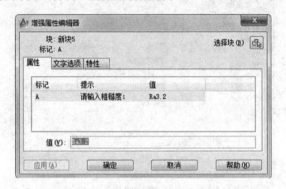

图5-15 "增强属性编辑器"对话框

"增强属性编辑器"对话框包含3个选项卡，其作用分别如下。

（1）"属性"选项卡。显示了块中每个属性的"标记""提示"和"值"。在列表框中选择某一属性后，在下方"值"文本框中将显示出该属性对应的属性值，并可以修改该属性值。

（2）"文字选项"选项卡。用于修改属性文字的格式。在其中可以设置文字样式、对齐方式、高度、宽度因子、旋转角度、倾斜角度等内容。

（3）"特性"选项卡。用于修改属性文字的图层以及其线宽、线型、颜色、打印样式等。

此外，执行块属性编辑命令 ATE(即 ATTEDIT)，命令行提示"选择块参照："时，选择需要编辑的属性块对象，系统将打开"编辑属性"对话框，也可以在其中编辑或修改块的属性值。

【例5-2】绘制图5-16所示图形，将粗糙度定义为属性块并插入图形中。

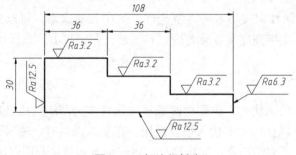

图5-16 标注粗糙度

微课5-2-1

步骤 1　设置绘图环境

(1) 启用状态栏中的"极轴追踪""对象捕捉"和"对象捕捉追踪"功能，并设置对象捕捉模式为"端点"和"交点"。

(2) 设置"极轴追踪"的"增量角"为30°。

(3) 新建两个图层：轮廓线和标注。"轮廓线"图层线宽设置为 0.3mm；"标注"图层颜色设置为青色。

步骤 2　设置文字样式和标注样式

(1) 执行"文字样式"命令，新建文字样式"标注文字"，并设置"SHX 字体"为 gbeitc.shx，"大字体"为 gbcbig.shx。

(2) 执行"标注样式"命令，新建"标注样式"，选择"标注样式"的文字样式为"标注文字"，字高设置为 3.5。

步骤 3　绘制图形

(1) 选择"轮廓线"图层为当前图层。

(2) 执行"直线"命令，按照图中所给尺寸绘制图形轮廓线。

步骤 4　绘制粗糙度符号

(1) 选择"标注"图层为当前图层。

(2) 执行"直线"命令，绘制一条长 20 的水平直线。

(3) 将水平直线依次向上偏移 5 和 5.5。

(4) 捕捉第二条直线左侧端点，绘制角度 300°的直线，与下方直线相交。

(5) 捕捉下方直线和斜线的交点，绘制角度为 60°的直线，与上方直线相交，如图 5-17 所示。

(6) 利用删除和修剪命令，整理出粗糙度符号如图 5-18 所示。

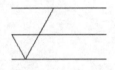　　　　　　　　　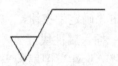

图 5-17　绘制过程　　　　　　　　图 5-18　粗糙度符号

步骤 5　定义块属性

(1) 执行菜单命令"绘图"→"块"→"定义属性"，或在命令行中输入块属性命令 ATT 并按空格键，打开"属性定义"对话框。

(2) 在"属性"选项组的"标记"文本框中输入 CCD，在"提示"文本框中输入"请输入粗糙度的值："，在"默认"文本框中输入 Ra3.2。

(3) 在"插入点"选项组中选中"在屏幕上指定"复选框。

(4) 在"文字设置"选项组的"对正"下拉列表框中选择"中间"，在"文字样式"下拉列表框中选择"标注文字"，在"文字高度"文本框中输入 3.5，其他选项采用默认值，如图 5-19 所示。

微课 5-2-2

(5) 单击"确定"按钮，将标记"CCD"放置到合适位置，完成属性块的定义。定义的粗糙度属性块如图 5-20 所示。

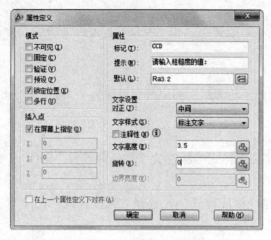

图 5-19　"属性定义"对话框　　　　　图 5-20　定义块属性

步骤 6　写块

为了后续使用方便，这里使用写块命令将定义的粗糙度属性块写入磁盘。

(1) 在命令行中输入写块命令 W 并按空格键，打开"写块"对话框。

(2) 在"源"选项组中选择源为"对象"。

(3) 在"基点"选项组中单击"拾取点"按钮，然后在绘图窗口中单击粗糙度三角形的下方顶点。

(4) 在"对象"选项组中单击"选择对象"按钮，然后在绘图窗口中选择粗糙度属性块；选择"保留"单选按钮。

(5) 在"目标"选项组的"文件名和路径"下拉列表框中输入属性块的保存位置和属性块的名称"粗糙度"。

(6) 单击"确定"按钮，完成粗糙度属性块的定义。

步骤 7　插入属性块

(1) 选择"标注"图层为当前图层。

(2) 单击"插入块"按钮，或在命令行中输入插入块命令 I 并按空格键，打开"插入"对话框。

(3) 单击"浏览"按钮，选择创建的属性块"粗糙度"并打开。　　　微课 5-2-3

(4) 在"插入点"选项组中选中"在屏幕上指定"复选框。

(5) 单击"确定"按钮。

(6) 命令行提示"指定插入点或[基点(B)/比例(S)/旋转(R)]:"时，光标捕捉第一级台阶水平表面的中点稍向左的位置后单击。

(7) 命令行提示"请输入粗糙度的值：<Ra3.2>:"时，按 Enter 键。

(8) 使用同样的方法，插入第二级和第三级台阶水平表面的粗糙度。

(9) 执行"插入块"命令，在打开的"插入"对话框中设置"旋转"角度为 90°，其他设置保持不变，单击"确定"按钮。

(10) 命令行提示"指定插入点或[基点(B)/比例(S)/旋转(R)]:"时，在图形左侧中点位置单击。

(11) 命令行提示"请输入粗糙度的值：<Ra3.2>:"时，输入新的粗糙度值 Ra8.3，按 Enter 键。

(12) 执行"多重引线"命令，以图形右侧竖线表面中点为起点，绘制一条多重引线。

(13) 执行"插入块"命令，在多重引线基线上方插入新的粗糙度的值 Ra6.4，按 Enter 键。

(14) 使用同样的方法，插入图形下方的粗糙度。

(15) 执行"线性"标注命令，标注图中的线性尺寸。

任务 5.3　设计中心的介绍与使用

利用 AutoCAD 的设计中心，不仅可以浏览、查找和管理 AutoCAD 的不同资源，而且只需要拖动鼠标，就可以轻松地将源图形中的图层、图块、文字样式、标注样式和图形等复制到当前图形中。源图形可以位于本地计算机上，也可以位于网络上。

AutoCAD 自带许多"图块"，涉及机械、建筑、电子等领域常用的图形，它们在 AutoCAD 安装目录的\Sample\DesignCenter、\Sample\Dynamic Blocks 及\Sample\Mechanical Sample 路径下，可以很方便地找到需要的图纸文件，在设计中心里可以任意调用。

5.3.1　设计中心窗口的组成

单击"标准"工具栏中的"设计中心"按钮，或者按 Ctrl+2 组合键，都可以打开设计中心，如图 5-21 所示。"设计中心"类似于 Windows 的资源管理器，其窗口主要由 3 部分组成，窗口顶部为工具栏，左侧是树形的文件夹列表，右侧是左侧文件夹对应的项目列表。

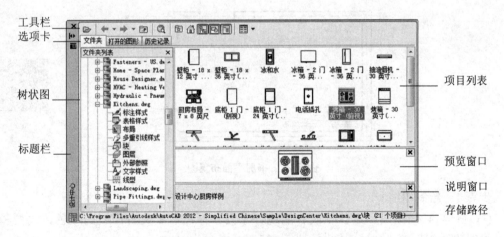

图 5-21　"设计中心"窗口

设计中心的工具栏控制树状图和项目列表中信息的浏览和显示。

在树状图上方，显示有"文件夹""打开的图形"及"历史记录"3 个选项卡。

在项目列表下面，显示选定图形、块、填充图案或外部参照的预览和说明。

窗口最下方显示选定项目的存储路径。

5.3.2 设计中心的使用

使用 AutoCAD 设计中心，可以方便地在当前图形中插入块，在图形之间复制块、图层、线型、文字样式、标注样式以及用户定义的内容等。

1．插入块

用"设计中心"向当前图形插入块图形，可使用下列两种方法之一。

(1) 将某个项目直接拖动到绘图区域合适位置后释放鼠标，按照系统默认设置将其插入。

(2) 双击块图形，弹出"插入"对话框，利用"插入块"的方法，确定插入点、插入比例及旋转角度。

2．在图形中复制图层、线型、文字样式、尺寸样式及布局

在绘图过程中，一般将具有相同特征的对象放在同一个图层上。利用 AutoCAD 设计中心，可以将图形文件中的图层复制到新的图形文件中，这样一方面节省了时间，另一方面也保持了不同图形文件结构的一致性。

在 AutoCAD 设计中心选项板中，选择一个或多个图层，然后将它们拖动到打开的图形文件后松开鼠标按键，即可将图层从一个图形文件复制到另一个图形文件。

用同样的方法，也可以将 AutoCAD 设计中心选项板中的线型、文字样式、尺寸样式、布局复制到新的图形中。

【例 5-3】绘制图 5-22 所示书房平面布置图。

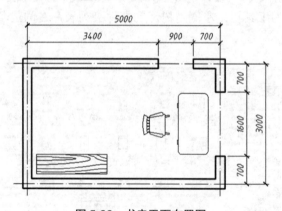

微课 5-3

图 5-22 书房平面布置图

步骤 1　绘制墙线

(1) 新建 4 个图层：定位轴线、墙线、家具和标注，定义各图层的颜色、线型和线宽。设置"线型"的"全局比例因子"为 25。

(2) 选择"定位轴线"图层为当前图层，绘制定位轴线。

(3) 执行"多线样式"命令，新建厚度为 240mm 的墙线样式 Q24。

(4) 选择"墙线"图层为当前图层，绘制墙线，并用多线编辑工具编辑墙线。

(5) 执行"偏移"和"修剪"命令，按照图中所给尺寸修剪出门窗洞口位置，结果如图 5-23 所示。

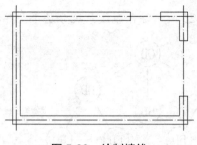

图 5-23　绘制墙线

步骤 2　摆放家具

(1) 选择"家具"图层为当前图层。

(2) 单击"设计中心"按钮 ，或按 Ctrl+2 组合键,打开"设计中心"窗口。

(3) AutoCAD 自带许多"块"文件。在"文件夹"选项卡中依次打开 AutoCAD 安装目录下的\Sample\DesignCenter\Home-Space Planner\块。

(4) 从"设计中心"窗口右侧选择"书桌-30x60 英寸"块图标,将其拖放到房屋的窗口附近,并执行"旋转"命令,将其旋转-90°后拖放到窗口合适位置。

(5) 从"设计中心"窗口右侧选择"椅子-摇椅"块图标,将其拖放到书桌附近,并执行"旋转"命令,将其旋转 90°后拖放到书桌合适位置。

(6) 从"设计中心"窗口右侧选择"柜-19x72 英寸"块图标,将其拖放到书房左下角合适位置。

(7) 关闭"设计中心"窗口。

项 目 自 测

1. 利用块命令绘制图 5-24 所示建筑物标准 FD-BD 结构图。

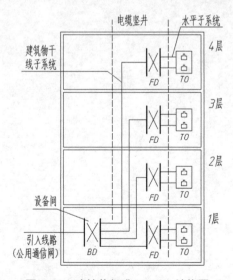

图 5-24　建筑物标准 FD-BD 结构图

2. 利用属性块绘制图 5-25 所示综合布线系统分层星型拓扑结构图。

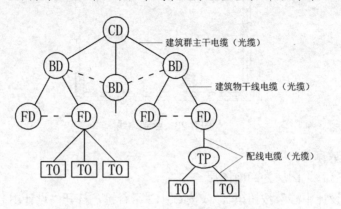

图 5-25　综合布线系统分层星型拓扑结构图

项目 6

图框和标题栏

各行各业都有严格的职业规范和国家标准。对于每个工程技术人员，都应自觉培养自己的工程意识，了解工程制图国家标准及制图的操作技能和工程规范，并自觉地贯彻、执行这些规范。

图样作为技术交流的共同语言，必须有统一的规范，否则会带来生产过程和技术交流中的混乱和障碍。新中国成立后，我国的工程图学得到前所未有的发展，先后颁布了《机械制图》《建筑制图》等一系列国家标准，使全国工程图样标准得到了统一。它们是工程图样绘制与使用的准绳，必须认真学习和遵守。

准确、翔实的工程图纸对于工程技术信息交流起到至关重要的作用。工程技术人员应认识到国家制定相关标准的科学性、规范性和严肃性，提升作图的准确性，自觉养成严谨、认真的工作态度。要清楚地认识到，不规范的工程图样不仅会影响理解交流，导致加工问题，甚至会给企业造成巨大的经济损失。

图纸不签名就不能成为施工图，签名就要负法律责任，而且要终生负责，这是不容置疑的。若设计图纸出现问题，则设计人、专业负责人、校对、审核、审定都要承担相应的法律责任。所以，当我们在标题栏签下自己的名字前，一定要仔细审图，确认没有问题才能签字。

设计院都有一套完整的规章制度，能够保证设计质量不因岗位人员变化而变化。设计院一般实行二审三校制度，即设计人自审、自校，校对人校对，审核人审核，审定人进行最后的审定出图。一张图纸出手要经过至少 3 个人的签字，其中每个人都要按照自己所在的岗位对图纸负责，从而保证图纸的设计质量。

希望青年学子们能够认真学习专业知识，严格遵守国家标准的相关规定，对待细节一丝不苟，严谨负责，做一个有责任心、不断进取、好学上进、敢于担当的技能型人才。

📖【本项目学习目标】

了解常用的图纸幅面和图框格式,了解标题栏和明细栏的作用,掌握图框、标题栏和明细栏的绘制方法,掌握单行文字和多行文字中特殊符号和特殊样式文字的标注方法,掌握制作样板图和使用样板图的方法。

一幅完整的 AutoCAD 图形,除了包含必要的图形和尺寸标注外,还应该绘制图框线和标题栏,有些复杂的图形还需要绘制明细栏和图例,以及技术要求或说明文字,以便更完整地表现图形信息。图框和标题栏因图形不同而不同,但都必须遵循国家制图标准,包括图框的大小、线型、线宽、标题栏的行高等。图 6-1 所示为一幅包含图框、标题栏以及技术要求的完整的轴承图形。

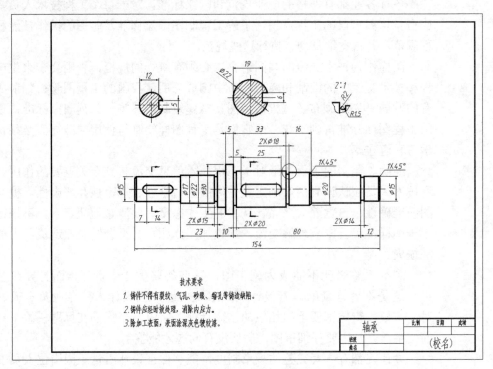

图 6-1　图框和标题栏

绘制图形必须严格遵守国家相应的技术标准。国家标准《技术制图》是一项基础技术标准,是工程界各种专业技术图样的通则性规定;《机械制图》的相关规定是机械专业的制图标准,《建筑制图标准》是建筑专业的制图标准,它们都是绘图、识图和使用图样的准绳,因此应该认真学习并严格遵守这些相关规定。

任务 6.1　图框格式介绍

图框指的是图纸上限定绘图区域的线框。图框内还应包括标题栏、明细栏以及绘图所采用的比例等设计信息。

6.1.1 图纸幅面

图纸幅面指的是图纸长度与宽度组成的图面。图纸幅面应执行《技术制图 图纸幅面及格式》(GB/T 50001—2017)的国家标准。为了便于图样的保管和使用,绘制图形时应优先采用表 6-1 规定的 A0、A1、A2、A3、A4 等 5 种基本幅面。

表 6-1 基本幅面的代号和尺寸

单位:mm

基本尺寸幅面	A0	A1	A2	A3	A4
幅面大小	1189×841	841×594	594×420	420×297	297×210

除 5 种基本幅面的图纸外,必要时也允许使用加长幅面,但加长幅面的尺寸必须与基本幅面的短边成整数倍增加,如图 6-2 所示。

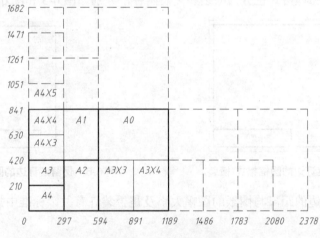

图 6-2 图纸加长幅面

常用的加长幅面有 A3×3、A3×4、A4×3、A4×4、A4×5 等几种,如表 6-2 所示。A3×3 就是 A3 加长,尺寸为 420×891,其中 420 是 A3 幅面的长边,891 由 A3 幅面的短边 297 乘 3 得来。

表 6-2 加长幅面的代号和尺寸

单位:mm

加长尺寸幅面	A3×3	A3×4	A4×3	A4×4	A4×5
幅面大小	420×891	420×1189	297×630	297×841	297×1051

6.1.2 图框格式

使用 AutoCAD 绘图时,绘图图限不能直观地显示出来,所以在绘图时还需要通过图框来确定绘图的范围,使所有的图形绘制在图框线之内。

图框指的是图纸上限定绘图区域的线框。在图纸上表示图幅大小的纸张边线用细实线绘制，图框用粗实线绘制。图框格式分为不留装订边和保留装订边两种。同一产品的全部图样必须采用同一种格式。

不留装订边的图框格式又分为横装和竖装两种，其样式分别如图6-3和图6-4所示。

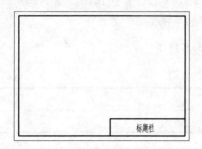

图6-3　不留装订边的图框格式(横装)　　图6-4　不留装订边的图框格式(竖装)

保留装订边的图框格式也分为横装和竖装两种，分别如图6-5和图6-6所示。

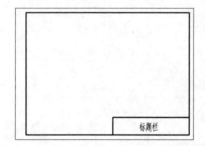

图6-5　保留装订边的图框格式(横装)　　图6-6　保留装订边的图框格式(竖装)

图框与图纸各边的距离与图纸的图幅大小及是否装订有关，标准中规定的幅面及周边尺寸如表6-3所示。

表6-3　周边尺寸

单位：mm

基本尺寸幅面	A0	A1	A2	A3	A4
幅面大小	1189×841	841×594	594×420	420×297	297×210
不留装订边	20			10	
装订边	25				
留装订边的其余边	10			5	

6.1.3　标题栏

每张图纸右下角位置均应画出标题栏。标题栏的外框线是粗实线，其右边和底边应与图框线重合。标题栏是图纸的重要组成部分，其格式和尺寸在国家标准《技术制图　标题栏》(GB/T 10609.1—2008)中已有规定。用于学生作业的标题栏可参考图6-7所示格式。

<table>
<tr><td colspan="2" rowspan="2">（图　名）</td><td>比例</td><td>日期</td><td>成绩</td></tr>
<tr><td></td><td></td><td></td></tr>
<tr><td>班级</td><td></td><td colspan="3" rowspan="2">（校　名）</td></tr>
<tr><td>姓名</td><td></td></tr>
</table>

图 6-7　学生作业用标题栏

6.1.4　明细栏

明细栏是绘制装配图时标注机器或全部零部件的详细目录，一般应画在标题栏的上方。明细栏的一般格式如图 6-8 所示。

4					
3					
2					
1					
序号	代号	零件名称	数量	材料	备注

图 6-8　明细栏

6.1.5　比例

绘制图样时应在表 6-4 所规定的系列中选取适当的比例。无论采取何种比例，图样中所注的尺寸数值均应为物体的真实大小，与图形的显示比例无关。

表 6-4　比例系数

种　类	比例系数				
原值比例	1∶1				
放大比例	2∶1	5∶1	(1×10^n)∶1	(2×10^n)∶1	(5×10^n)∶1
缩小比例	1∶2	1∶5	1∶(1×10^n)	1∶(2×10^n)	1∶(5×10^n)

任务 6.2　文本注释

文本注释是 AutoCAD 绘图不可缺少的组成部分。文本注释的字体应采用国家标准《技术制图　字体》(GB/T 14691—93)中的规定。

进行文本标注之前，首先应该设置文字样式。文字样式包括文字的字体、大小和效果等参数。执行“文字样式”命令，打开“文字样式”对话框即可进行设置。

工程制图中英文字体一般选择 gbeitc.shx 字体，中文字体一般选择 gbcbig.shx 字体。工程制图中的字号通常采用 2.5、3.5、5、7、10、14、20 等 7 种。另外，定义文字样式时，还可以在“文字样式”对话框中设置文字的效果，如颠倒、反向和垂直，以及文字的倾斜角度等。

6.2.1 标注单行文字

单行文字用来创建文字内容比较简短的文字对象,如标签等,并且可以进行单独编辑。

选择菜单命令"绘图"→"文字"→"单行文字",或者在命令行中输入单行文字命令 DT 并按空格键,按提示要求选择文字样式、对正方式和文字的起点、文字高度及旋转角度后,即可输入单行文字。

创建单行文字时,可能需要输入一些特殊字符,如直径符号(ϕ)、角度符号(°)等,因此 AutoCAD 提供了相应的控制符,以实现这些标注的要求。

AutoCAD 的控制符由两个百分号(%%)及在后面紧接一个字符构成,常用的控制符如表 6-5 所示。

表 6-5　AutoCAD 常用的标注控制符

控 制 符	功　　能	示　　例	显示效果
%%O	打开或关闭文字上画线	%%O60	60̄
%%U	打开或关闭文字下画线	%%U60	60̲
%%P	正负公差符号	%%P60	±60
%%C	直径符号	%%C60	ϕ60
%%D	角度符号	60%%D	60°

在 AutoCAD 的控制符中,%%O 和%%U 分别是上画线和下画线的开关,即第一次出现该符号时可打开上画线或下画线,第二次出现该符号时则可关闭上画线或下画线。

6.2.2 标注多行文字

对于内容较长、格式较复杂的文字,如图样的技术要求等,通常需要以多行文字的方式来输入。多行文字又称为段落文字,是一种更易于管理的文字对象,可以在多行文字中单独设置其中某一部分文字的属性。

单击工具栏中的"多行文字"按钮 A,或在命令行中输入多行文字命令 T 并按空格键,然后在绘图窗口指定一个用来放置多行文字的矩形区域,将同时打开"文字格式"工具栏,如图 6-9 所示。

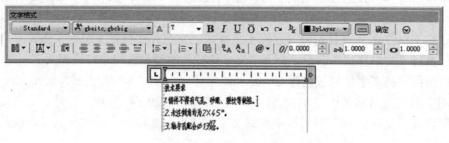

图 6-9　"文字格式"工具栏

使用"文字格式"工具栏可以设置文字样式、文字字体、文字高度、加粗、倾斜等效果，还可以单击"符号"下拉按钮 @▼ ，从下拉列表中选择各种特殊符号。

单击"堆叠"按钮 ᵇ⁄ₐ，可以创建堆叠文字(堆叠文字是一种垂直对齐的文字或分数)。在使用时，首先需要输入分子和分母，其间使用 / 、# 或 ^ 分隔，然后选择这一部分文字，单击 ᵇ⁄ₐ 按钮即可。例如：在文本框中输入 2016/2017 后单击 ᵇ⁄ₐ 按钮，效果为 $\frac{2016}{2017}$；输入 2016#2017 后单击 ᵇ⁄ₐ 按钮，效果为 $^{2016}/_{2017}$；输入 2016^2017 后单击 ᵇ⁄ₐ 按钮，效果为 $^{2016}_{2017}$。

任务6.3 制作样板图

在 AutoCAD 的实际使用过程中，我们常常需要为一个项目绘制成套图纸。由于这些图纸的图幅、标题栏、绘图单位、绘图精度、图层、文字样式和尺寸样式等基础设置基本上是固定不变的，或者是按一定规律变化的。因此，为了保证图纸的统一性和美观性，用户可以通过建立和使用样板图，避免这些重复操作，从而节省绘图时间，提高绘图效率。

制作样板图其实就是制作一张标准图纸，应该按要求设置图纸大小、绘制图框线和标题栏，为不同的图层设置不同的线型、线宽和颜色等。这些绘制图形的基础作图和通用设置就构成一张样板图。样板图制作完成后，便可以在该样板图基础上绘制同一类型的图形，而不必每次从头开始绘制。

制作样板图，必须严格遵守国家制图标准的有关规定，包括使用标准图幅、标准线型、文字样式和标注样式等。

【例 6-1】绘制如图 6-10 所示的 A3 图幅的机械样板图。

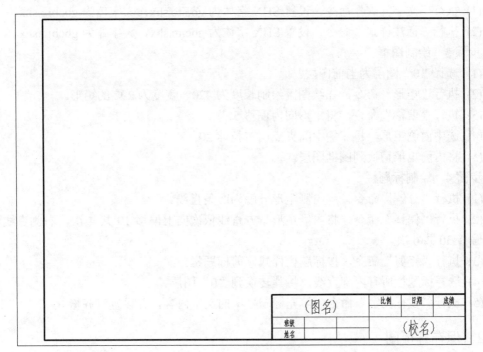

图 6-10　A3 机械样板图

要求：

(1) 设置图层。图层指中心线、轮廓线、标注及图框 4 个基本图层。
(2) 设置线型比例因子。线型比例因子设置为 0.5。
(3) 按左侧装订绘制图框。
(4) 绘制标题栏。
(5) 设置文字样式和标注样式的 SHX 字体和大字体分别为 gbeitc 和 gbcbig。
(6) 将样板图命名为"A3 机械"保存。

6.3.1 绘制样板图

步骤 1　设置绘图环境

(1) 选择菜单命令"格式"→"单位"，打开"图形单位"对话框，设置精度为 0，单位为毫米。
(2) 启用状态栏中的"极轴追踪""对象捕捉"和"对象捕捉追踪"功能，并设置对象捕捉模式为"端点""中点""圆心"和"交点"。
(3) 设置"极轴追踪"的"增量角"为 30°。

微课 6-1

(4) 创建中心线、轮廓线、标注及图框 4 个图层。设置"中心线"图层颜色为红色，线型加载为 ACAD_ISO04W100；"轮廓线"图层线宽设置为 0.3mm；"标注"图层颜色设置为青色；"图框"图层线宽设置为 0.4mm。
(5) 设置"线型"的"全局比例因子"为 0.5。

步骤 2　设置文字样式和标注样式

(1) 执行"文字样式"命令，设置 SHX 字体为 gbeitc.shx，大字体为 gbcbig.shx。
(2) 执行"标注样式"命令，设置 SHX 字体为 gbeitc.shx，大字体为 gbcbig.shx。

步骤 3　绘制图框

(1) 选择"0"图层为当前图层。
(2) 执行"矩形"命令，在绘图区绘制长度为 420、宽度为 297 的矩形。
(3) 执行"偏移"命令，将矩形向内偏移 5。
(4) 选中内侧矩形，将左侧中间夹点向右拉伸 20。
(5) 将内侧矩形切换到图框图层。

步骤 4　绘制标题栏

(1) 执行"分解"命令，将内侧矩形分解为四条直线。
(2) 执行"偏移"命令，将内侧矩形下方直线依次向上偏移 10 共 4 次，右侧直线依次向左偏移 30 共 6 次。
(3) 执行"修剪"命令，按标题栏样式修剪标题栏。
(4) 选择标题栏所有内部直线，将其转换到"0"图层。
(5) 执行"多行文字"命令，填充标题栏中的文字内容，并设置对齐格式。

6.3.2 保存样板图

通过设置图层、文字样式和标注样式，绘制图框和标题栏等操作，样板图及其绘图环境已经设置完毕，可以将其保存为样板图文件。

(1) 执行"保存"命令，打开"图形另存为"对话框，选择"文件类型"为"AutoCAD 图形样板(*.dwt)"，输入文件名为"A3 机械"。

(2) 单击"保存"按钮，打开"样板选项"对话框，在"说明"选项组中输入对样板图形的描述和说明，这样就创建好了一个标准的 A3 幅面的样板文件。

6.3.3 使用样板图

样板图建立以后，用户就可以通过导入样板图文件，在样板图基础上绘制图形，极大提高绘图效率。

执行"新建"命令，弹出"选择样板"对话框。在对话框的"名称"下拉列表框中选择新建的样板文件名称"A3 机械"，单击"确定"按钮即可打开 A3 机械样板图。

完成图形绘制，保存图形文件时，应将其保存为*.dwg 格式的图形文件。

【例 6-2】使用 A3 图幅的机械样板图绘制图 6-11 所示吊钩零件图。

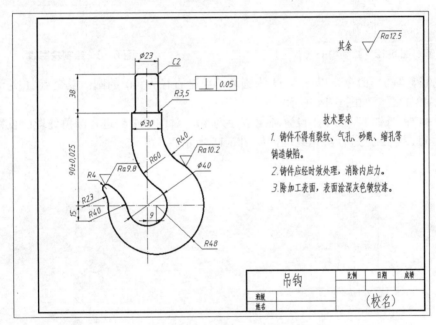

图 6-11　吊钩零件图

步骤 1　打开样板图

使用样板图可以极大地方便图形的绘制，规范图形格式。

(1) 打开 AutoCAD。

(2) 执行菜单命令"文件"→"新建"，打开"选择样板"对话框。

(3) 从"名称"下拉列表框中选择"A3 机械"，单击"打开"按钮，新建一个以 A3 机械样板图为基础的图纸。

微课 6-2-1

步骤 2　绘制图形

(1) 选择"中心线"图层为当前图层。

(2) 执行"直线"命令，绘制一条水平中心线和一条垂直中心线。

(3) 执行"偏移"命令，将水平中心线依次向上偏移15、90和38。

(4) 重复"偏移"命令，将垂直中心线分别向左、向右各偏移11.5和15，再将垂直中心线向右偏移9，如图6-12所示。

(5) 选择"轮廓线"图层为当前图层。

(6) 执行"直线"命令，沿中心线位置绘制所需轮廓线。

(7) 删除不再需要的中心线。

(8) 激活向右偏移9的直线，调整其长度，结果如图6-13所示。

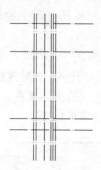
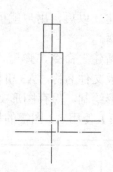

图 6-12　绘制中心线　　　　　　　图 6-13　绘制轮廓线

(9) 执行"圆"命令，以交点 O 为圆心，绘制直径为40的圆；以交点 A 为圆心，绘制半径为48的圆，如图6-14所示。

(10) 执行"圆角"命令，设置圆角半径为40，对图中1处进行圆角处理；设置圆角半径为60，对图中2处进行圆角处理，如图6-15所示。

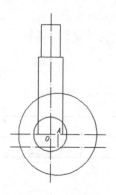

图 6-14　绘制圆　　　　　　　图 6-15　圆角

(11) 执行"圆"命令，以交点 A 为圆心绘制半径为71的辅助圆；以辅助圆与第一条水平中心线的交点为圆心，绘制半径为23的圆。

(12) 删除图中半径为71的辅助圆，结果如图6-16所示。

(13) 执行"圆"命令，以交点 O 为圆心绘制半径为60的辅助圆；以辅助圆与第二条水平中心线的交点为圆心，绘制半径为40的圆。

微课 6-2-2

(14) 删除图中半径为60的辅助圆，结果如图6-17所示。

(15) 执行"圆角"命令，设置圆角半径为4，"修剪"选项为不修剪，对图中半径为23和半径为40的两圆之间位置进行圆角，结果如图6-18所示。

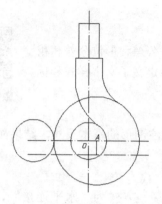

图 6-16　绘制半径为 23 的圆

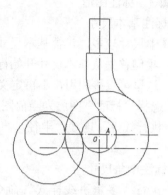

图 6-17　绘制半径为 40 的圆

(16) 执行"修剪"命令，按照图 6-19 所示结果修剪图形，修剪出吊钩的基本轮廓。

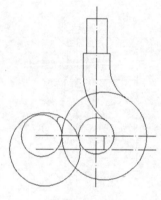

图 6-18　圆角

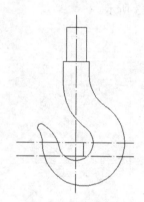

图 6-19　修剪图形

(17) 执行"倒角"命令，设置倒角距离为 2，"修剪"选项为修剪，分别对 A 和 B 两处进行倒角处理，结果如图 6-20 所示。

(18) 执行"圆角"命令，设置圆角半径为 3.5，"修剪"选项为不修剪，分别对 C 和 D 两处进行圆角处理。

(19) 单击"修剪"命令，对圆角处的多余直线进行修剪，结果如图 6-21 所示。

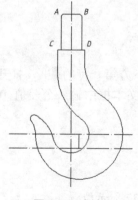

图 6-20　倒角

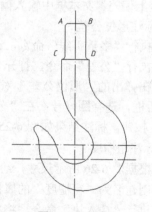

图 6-21　圆角

步骤3 标注图形

1) 标注基本尺寸

本图中尺寸较多,包含基本尺寸、倒角尺寸、尺寸公差、形位公差和粗糙度等,我们首先从基本尺寸开始标注。样板图中已经定义了文字样式和标注样式,这里可直接利用,不再定义。

微课6-2-3

(1) 选择"标注"图层为当前图层。

(2) 执行线性、连续、半径、直径等标注命令,标注图形的基本尺寸,结果如图 6-22 所示。

2) 标注倒角尺寸

(1) 执行"多重引线样式"命令,设置"引线连接"方式为"水平连接",并设置"连接位置-左"和"连接位置-右"均为"最后一行加下划线"。

(2) 执行"多重引线"命令,单击图形右上角倒角线中点,输入引线内容 C2,标注结果如图 6-23 所示。

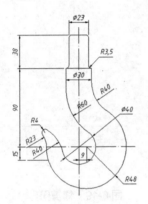 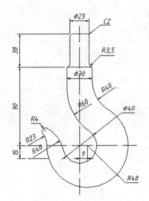

图 6-22 标注基本尺寸　　　　　　图 6-23 标注倒角尺寸

3) 标注尺寸公差

(1) 选中基本尺寸 90,单击工具栏中的"特性"按钮,或按 Ctrl+1 组合键,弹出"特性"工具选项板。

(2) 在"特性"工具选项板中选择"公差类型"为"对称"、"公差精度"为 0.000,在"公差上偏差"文本框中输入偏差值为 0.025,标注结果如图 6-24 所示。

4) 标注形位公差

(1) 执行"多重引线"命令,设置合适长度的引线。

(2) 执行"公差"命令,打开"形位公差"对话框。

(3) 在弹出的"形位公差"对话框中单击"符号"下方第一行的■框,打开"特征符号"对话框,选择■符号;在"公差 1"下方第一行的文本框中输入公差值 0.05,单击"确定"按钮,标注结果如图 6-25 所示。

5) 标注粗糙度

(1) 根据图 6-26 所示尺寸,绘制粗糙度符号。

(2) 创建名为"粗糙度"的属性块。

(3) 执行"插入块"命令,将粗糙度符号插入到图 6-27 所示位置。

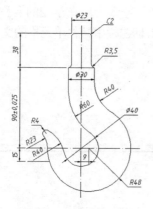

图 6-24　标注尺寸公差

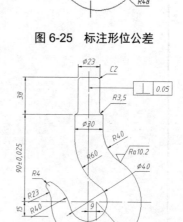

图 6-25　标注形位公差

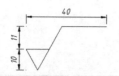

图 6-26　绘制粗糙度符号

图 6-27　标注粗糙度

步骤 4　添加技术要求

(1) 选择"文字标注"图层为当前图层。

(2) 单击"多行文字"按钮，在绘图区域按下鼠标左键并拖动，创建一个放置多行文字的矩形区域，同时弹出"文字格式"工具栏。

(3) 输入文字高度为 10，并在文字输入窗口中输入需要创建的多行文字内容，如图 6-28 所示。

微课 6-2-4

图 6-28　添加技术要求

步骤 5　填充标题栏文字

(1) 双击"图名"单元格中的文本内容，弹出"文字格式"工具栏，设置文字高度为

14，将单元格内容"(图名)"修改为"吊钩"，将"校名"修改为所在学校的名称。

(2) 执行"多行文字"命令，设置文字高度为 7，输入标题栏中其他单元格的文字内容。

项 目 自 测

绘制如图 6-29 所示的 A3 幅面建筑样板图。

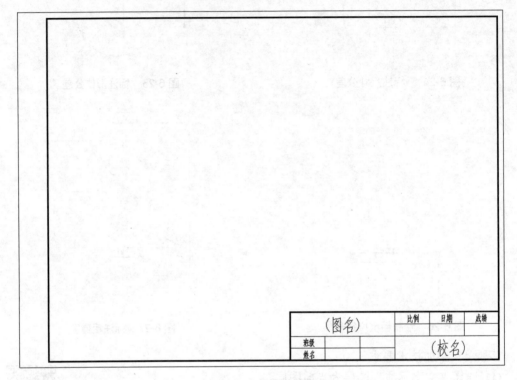

图 6-29　建筑样板图

建筑样板图设计要求：

(1) 按照 1∶1 比例绘制 A3 图幅，然后将其放大 100 倍。

(2) 按左侧装订绘制图框。

(3) 绘制标题栏。

(4) 设置图层。设置定位轴线、墙线、门窗、楼梯、标注、图框 6 个常用建筑图层。

(5) 设置"定位轴线"颜色为红色，线型加载为 ACAD_ISO04W100；"墙线"线宽为 0.3mm；"图框"线宽为 0.5mm；"标注"颜色为青色；其他图层保持默认设置。

(6) 设置线型比例因子。设置全局比例因子为 25。

(7) 定义墙线 Q24。墙体厚度为 240mm。

(8) 设置文字样式和标注样式的 SHX 字体和大字体分别为 gbeitc 和 gbcbig，标注箭头为建筑标记。

(9) 将样板图命名为"A3 建筑"保存。

项目 7

建筑平面图

中国古代建筑具有悠久的历史和光辉的成就。从上古至清末，建造了许许多多传世的宫殿、陵墓、庙宇、园林、民宅，其建筑形态及建造方式远播东亚各国。

中国古代建筑不仅是我国现代建筑设计的借鉴，而且早已产生了世界性的影响，成为举世瞩目的文化遗产。欣赏中国古建筑，就好比翻开一部沉甸甸的建筑史书。

我国作为世界文明古国，在工程图学领域拥有悠久的历史。早在春秋战国时期，我国就已有关于房屋建筑的文献记载，如《考工记》。我国人民在2400多年前，就已经能够运用设计图(这些设计图具有明确的绘图比例，并且与现代正投影法绘制的建筑规划平面图极为相似)来指导工程建设。

自秦汉起，我国就已出现图样的史料记载，并能根据图样建筑宫室。宋代李诫所著《营造法式》一书，全书共 36 卷，其中 6 卷是图样(包括平面图、轴测图、透视图)。这是一部闻名于世的建筑图样巨著，图上运用了投影法表达了复杂的建筑结构。《营造法式》是中国古代最完整的建筑技术书籍，标志着中国古代建筑已经发展到了较高阶段。

清代为加强建筑业的管理，于雍正十二年(1734 年)由工部编定并刊行了一部《工程做法则例》的术书，作为控制官工预算、作法、工料的依据。书中包括有土木瓦石、搭材起重、油画裱糊等十七个专业的内容和二十七种典型建筑的设计实例，成为中国古代工程建筑规范的集成之作。该书亦有大量建筑图样，且有建筑物各件的准确尺寸。

中国古代建筑凝聚了中国人民千百年来的聪明智慧。我们可以在制图中了解中华民族传统建筑文化，通过对我国传统木构建筑的图纸进行阅读，去体会中国古代建筑技艺的施工工艺，如榫卯结构的连接绘制、梁柱结构的施工图绘制等，这些都是中国人智慧的结晶。

【本项目学习目标】

理解建筑平面图的含义,了解建筑平面图的图示内容、识读方法、绘制要求和绘制步骤,掌握建筑平面图图幅选择和标题栏绘制方法,掌握建筑平面图的绘制方法,掌握建筑平面图添加尺寸标注和文字注释的方法。

本项目着重介绍了建筑平面图的基础知识和建筑平面图的绘制过程,并以某个 3 层住宅楼的一层平面图为例,演示了利用 AutoCAD 绘制从轴线、墙线、门窗到尺寸标注、文字注释的完整的建筑平面图的过程。通过本项目的学习,用户可以加深对建筑平面图的识读,并掌握建筑平面图的绘制要求及步骤。

任务 7.1 建筑平面图的基础知识

绘制建筑平面图之前,首先要了解何谓建筑平面图,以及建筑平面图的图示内容、识读方法、绘制要求和绘制步骤。

建筑平面图是建筑施工图的主要图样之一,反映了建筑物的平面布局。假想用一水平剖切平面,从建筑物经门窗洞口位置剖切建筑,移去剖切平面以上的部分,向下所做的正投影图,称为建筑平面图,简称平面图。

图 7-1 所示为某建筑一层平面图的形成示意图。

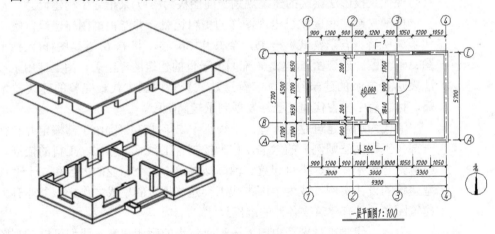

图 7-1 建筑平面图的形成

建筑平面图的作用主要是反映建筑物的平面形状、大小、内部布置、墙(柱)的位置、厚度和材料、门窗的位置和类型等情况,并可作为建筑施工定位、放线、砌墙、安装门窗等工作的依据。

一般来说,房屋有几层就应有几个平面图。沿各层门窗洞口位置剖切可得底层平面图、二层平面图、三层平面图……顶层平面图等。若中间各楼层平面布局完全相同,可只画一个标准层平面图。一般房屋有底层平面图、标准层平面图、顶层平面图即可,在平面图下方应注明相应的图名及采用的比例。

建筑平面图除上述各层平面图外，还有局部平面图、屋顶平面图等。局部平面图可以表示两层或两层以上合用的平面图中局部不同之处，也可以用来将平面图中某个局部以较大的比例另行画出，例如室内的一些固定设施的形状、细部尺寸等。

平面图的绘制是建筑绘图中最为重要的一步，它是一项综合性很强的工作，要求绘图人员熟悉建筑绘图的规范和要求，熟练掌握 AutoCAD 的各种绘图命令，并且有足够的细心和耐心。

7.1.1 建筑平面图的图示内容

建筑平面图应能反映出建筑物的平面形状和尺寸、房间的大小和布置、门窗的位置和开启方向等。另外，应在建筑平面图中按照视图规律表示建筑构件和装置的位置、大小、做法等，如讲台、卫生间的坐便器等。同时建筑平面图也是其他专业进行相关设计与制图的依据，如给排水、电气系统等专业。这些专业对建筑的技术要求应在建筑平面图中得到表示。

建筑平面图的绘制内容主要概括为以下几个部分。

(1) 所有轴线及其编号以及墙、柱、墩的位置和尺寸。
(2) 所有房间的名称及其门窗的位置、编号与大小。
(3) 室内外的有关尺寸及室内地面的标高。
(4) 电梯、楼梯的位置及楼梯上下行方向及主要尺寸。
(5) 阳台、雨篷、台阶、坡道、烟道、通风道、管井、消防梯、雨水管、散水、排水沟、花池等位置及尺寸。
(6) 室内设备，如卫生洁具、水池、工作台、隔断及其他设备的位置、形状。
(7) 地下室、地坑、地沟、墙上预留洞、高窗等位置和尺寸。
(8) 在底层平面图上还应该画出剖面图的剖切符号及编号、左下方或右下方画出指北针。
(9) 有关部位的详图索引符号。
(10) 屋顶平面图上一般应表示出女儿墙、檐沟、屋面坡度、分水线与雨水口、变形缝、楼梯间、水箱间、天窗、上人孔、消防梯及其他构筑物、索引符号等。

7.1.2 建筑平面图的识读

工程图样有"工程界的语言"之称，所以读图是与绘图同等重要的一项基本技能。读图步骤一般如下。

(1) 阅读图名、比例和文字说明。
(2) 了解房屋的平面形状、总尺寸及朝向。
(3) 由定位轴线了解建筑物的开间、进深。
(4) 了解各房间的形状、大小、位置、面积、用途、相互关系、交通状况。
(5) 了解墙柱的定位和尺寸。
(6) 了解建筑中各组成部分的标高情况，如地面、楼面、楼梯平台面、室外台阶面、阳台地面等处。
(7) 了解门窗的位置及编号。

(8) 了解细部构造及设备、设施等。

(9) 了解建筑剖面图的剖切位置以及详图的索引符号。

7.1.3 建筑平面图的绘制要求

建筑平面图的绘制要求主要涉及图幅、比例、定位轴线、线型、图例、尺寸标注及详图索引符号等几个方面。

(1) 图幅。建筑图纸按照大小主要有以下几种。

A0 图纸：宽度为 1189mm，长度为 841mm。

A1 图纸：宽度为 841mm，长度为 594mm。

A2 图纸：宽度为 594mm，长度为 420mm。

A3 图纸：宽度为 420mm，长度为 297mm。

A4 图纸：宽度为 297mm，长度为 210mm。

用户可以根据实际需要选用相应的图幅。如果图纸幅面不够，可将图纸长边加长，但短边不得加长。图纸加长后的尺寸，可查阅 GB/T 50001—2017。

(2) 比例。用户可以根据建筑物的大小，采用不同的比例。绘制建筑平面图常用的比例有 1∶50、1∶100 和 1∶200。一般采用 1∶100 的比例，当建筑物过大或过小时，也可以选择 1∶50 或 1∶200。

(3) 定位轴线。轴线是施工定位、放线的重要依据，凡是承重墙、柱子等主要承重构件都应该画出轴线来确定位置。定位轴线采用单点长划线表示，并给予编号。图样对称时，定位轴线的编号一般标注在图样的下方和左侧；图样不对称时，以下方和左侧为主，上方和右方也要标注。水平方向一般采用阿拉伯数字，从左向右编号，如 1、2、3……竖直方向采用大写的英文字母，从下往上编号，如 A、B、C……为了避免和数字混淆，大写英文字母中的 I、O、Z 不能作为轴线编号。图 7-2(a)表示第一根纵向轴线编号，图 7-2(b)表示第三根横向轴线编号。

对于次要位置的确定，可以采用附加定位轴线的编号，编号用分数表示。分母表示前一轴线的编号，采用阿拉伯数字或大写的英文字母；分子表示附加轴线的编号，一律用阿拉伯数字顺序编写。图 7-2(c)表示在 3 号轴线之后附加的第一根轴线，图 7-2(d)表示在 B 轴线之后附加的第二根轴线。

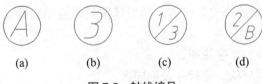

　　　　(a)　　　　　　(b)　　　　　　(c)　　　　　　(d)

图 7-2　轴线编号

(4) 线型。在建筑平面图中，不同的图线要采用不同的线型。定位轴线采用单点长划线绘制，被剖切到墙、柱的断面轮廓线采用粗实线绘制，门的开启线采用中实线绘制，其余可见轮廓线采用细实线绘制，尺寸线、标高符号、定位轴线的圆圈等用细实线绘制。

(5) 图例。平面图一般要采用图例来绘制图形。一般来说，平面图所有的构件都应该采用国家有关标准规定的图例来绘制，而相应的具体构件应在相应的建筑详图中采用较大的比例来绘制。建筑平面图所用图例包括墙体、门、窗、楼梯等，具体图例可以查阅有关的建筑规范。

(6) 尺寸标注。在建筑平面图中，尺寸标注比较多，一般分为外部尺寸和内部尺寸。所标注的尺寸以 mm 为单位，标高以 m 为单位。

① 外部尺寸。为便于读图和施工，外部应标注 3 道尺寸：最里面一道是细部尺寸，表示建筑外墙上各细部的位置及大小，如门窗的洞宽和位置、墙柱的大小和位置、窗间墙的宽度等；中间一道是轴线尺寸，表示轴线间的距离，用以说明房间的开间及进深尺寸；最外面一道是总尺寸，标注房屋的总长、总宽，即房屋两端外墙面之间的总尺寸。如果房屋是对称的，一般在图形的左侧和下方标注外部尺寸；如果房屋不对称，则需要在各个方向标注尺寸，或在不对称的部分标注外部尺寸。

② 内部尺寸。为了说明房间的净空大小和室内的门窗洞、孔洞、墙厚和固定设备(如厕所、盥洗室、工作台、搁板等)的大小与位置，除房屋总长、定位轴线以及门窗位置的 3 道尺寸外，图形内部要标注出不同类型各房间的净长、净宽尺寸，内墙上门、窗洞口的定型、定位尺寸及细部详尽尺寸。

(7) 详图索引符号。一般在建筑平面图的某些部位要指明其构造详图，以配合平面图的识读，如勒脚、台阶、檐口、女儿墙、雨水口等部位。在建筑平面图中，凡是需要绘制详图的地方都要标注索引符号。索引符号的圆和水平直线以细实线绘制，圆的直径一般为 10mm，详图符号的圆圈直径为 14mm，应以粗实线绘制。

7.1.4 建筑平面图的绘制步骤

在 AutoCAD 中，用户绘制建筑平面图一般有两种方法，即三维模型的自动生成法和直接绘制二维图形法。本项目采用第二种绘制方法，其绘制步骤如下。

(1) 新建图形文件，设置绘图环境。
(2) 绘制定位轴线和编号。
(3) 绘制墙线和柱网。
(4) 修剪门窗洞口。
(5) 绘制门窗。
(6) 绘制楼梯及其他。
(7) 尺寸标注。
(8) 文字注释。

任务 7.2　绘制建筑平面图

建筑平面图是建筑施工图的主要图样之一。建筑平面图的绘制是一个综合性很强的工作，会用到直线、多线、偏移、属性块，以及文字标注、尺寸标注等命令。下面通过绘制图 7-3 所示某单元楼一层平面图的实例，具体说明利用 AutoCAD 绘制建筑平面图的基本步骤。

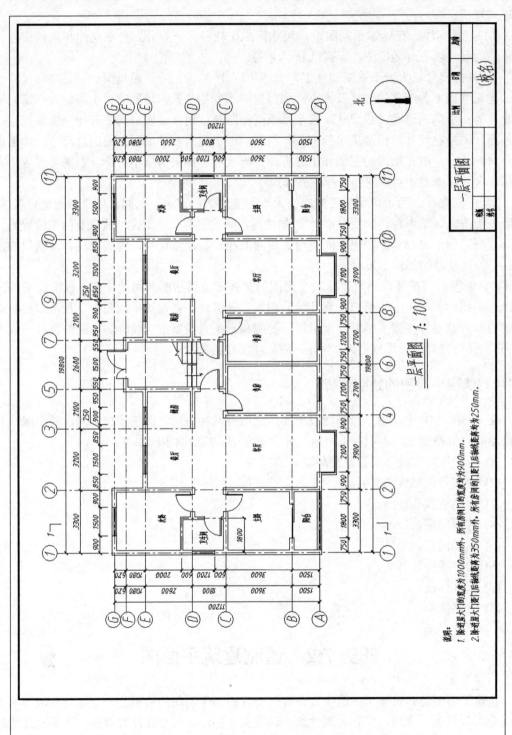

图 7-3 一层平面图

7.2.1 打开样板图

从本项目接下来的 3 个项目，需要分别绘制一幢三层楼房的平面图、立面图和剖面图，这一套图纸应该采用相同的样板图。在项目 6 的课后练习题中已经为这套图纸绘制了"A3 建筑"样板图，后面各项目可以直接调用。

(1) 启动 AutoCAD。
(2) 执行菜单命令"文件"→"新建"，打开"选择样板"对话框。

微课 7-2-1

(3) 从"名称"下拉列表框中选择"A3 建筑"，单击"打开"按钮，打开"A3 建筑"样板图。样板图中已经设置了图框和标题栏，定义了部分常用图层、线型比例因子、标注样式，以及墙线 Q24 的多线样式。

7.2.2 设置图层

样板图中已经设置了部分绘制建筑图时的常用图层，用户还可以根据具体图形的绘制需要增加或删除图层。建筑图中可能需要设置的图层比较多，图层的设置原则为够用的情况下尽量减少图层。

(1) 单击"图层特性管理器"按钮，打开"图层特性管理器"对话框。
(2) 单击对话框中的"新建图层"按钮，在建筑样板图原有图层的基础上，新建"阳台"图层，图层各参数使用默认设置。

7.2.3 绘制定位轴线

定位轴线是绘制建筑平面图时确定墙体和门窗位置的依据，也是建筑施工时定位放线的重要依据，在绘制建筑图形时，首先应该绘制定位轴线。由于本建筑平面图关于楼宇门中线对称，因此可以先画一半平面图，之后利用镜像命令完成另一半平面图的绘制。

定位轴线绘制的具体步骤如下。

(1) 选择"轴线"图层为当前图层。
(2) 执行"直线"命令，在 A3 建筑图框内，绘制两条垂直相交的定位轴线。
(3) 执行"偏移"命令，按图 7-4 所示尺寸分别偏移出全部水平和垂直定位轴线。

7.2.4 添加轴线编号

对定位轴线添加编号有助于绘图和识图时快速、准确地定位，特别是对于一些结构复杂的建筑物，最好在绘制墙线之前对定位轴线添加编号。轴线编号应用属性块的方法绘制和插入。

微课 7-2-2

步骤1　定义轴线编号块属性

(1) 选择"尺寸标注"图层为当前图层。
(2) 执行"圆"命令，绘制半径为 400 的圆。
(3) 执行"定义属性"命令，打开"属性定义"对话框，输入"标记"为 A，"提示"为"请输入轴线编号："，"默认"为 A，文字高度为 500。

(4) 单击"确定"按钮,在绘制的圆内合适位置单击,确定插入点的位置,完成属性块的定义。

步骤 2　写块

由于在后续的立面图和剖面图中还要用到轴线编号,因此,这里使用"写块"命令将该属性块写入磁盘,以备后续调用。

(1) 在命令行中输入写块命令 W 并按空格键,打开"写块"对话框。

(2) 设置"拾取点"为属性块的圆心,"选择对象"为绘制的轴线编号属性块,在"目标"选项区的"文件名和路径"下拉列表框中输入属性块在磁盘上的保存位置和属性块的名称。这里定义属性块的名称为"轴线编号"。

步骤 3　插入轴线编号属性块

轴线编号属性块定义完成后,需要分别向横向和竖向轴线添加轴线编号,方便绘图和识图时快速准确定位。

(1) 执行"插入块"命令,分别给纵向轴线添加轴线编号 A～G。

(2) 使用同样的方法,给横向轴线分别添加轴线编号 1～6,结果如图 7-5 所示。

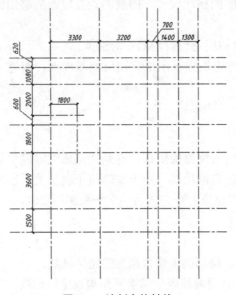

图 7-4　绘制定位轴线

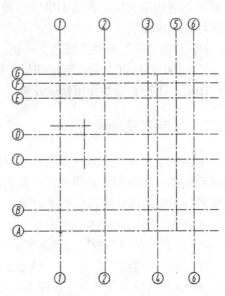

图 7-5　添加轴线编号

7.2.5　绘制墙线

墙线的绘制在建筑平面图中占有很重要的地位,因为墙是组成建筑物的主要构件,起承重、围护和分隔空间的作用。通常用"多线"命令绘制墙线,然后编辑多线,完成墙线绘制。

微课 7-2-3

本平面图中需要绘制厚度分别为 240mm 的承重墙和 120mm 的非承重墙两种墙体,因此需要定义 Q24 和 Q12 两种多线样式。在"A3 建筑"样板图中已经定义了多线样式 Q24,下面还需要定义多线样式 Q12。

步骤1 设置多线样式

(1) 执行"多线样式"命令,打开"多线样式"对话框。

(2) 新建名为 Q12 的多线样式,设置"起点"和"端点"的封口方式均为直线,两个图元的偏移量分别设置为 60 和-60。

步骤2 绘制墙线

(1) 选择"墙线"图层为当前图层。

(2) 执行"多线"命令,设置多线样式为Q24,对正类型为"无",宽度比例为1。按墙体走向绘制承重墙的墙线。

(3) 重复"多线"命令,设置多线样式为 Q12,绘制卫生间的墙线。绘制完成所有墙线的结果如图 7-6 所示。

(4) 双击墙线,打开"多线编辑工具"对话框,选择"角点结合""T 形合并""十字合并"等工具,对相应的墙线进行编辑。

注意:墙线上门窗洞口较多,绘制墙线时可忽略这些门窗洞口,墙线绘制完成之后,再修剪出这些门窗洞口。

7.2.6 确定门窗洞口位置

绘制出墙体之后,接下来按照窗户和门框的大小和位置修剪出门洞和窗洞以便插入门窗图例。

微课 7-2-4

(1) 执行"偏移"命令,按图 7-3 所示尺寸偏移轴线确定门窗洞口位置。

(2) 执行"修剪"命令,对墙体进行修剪,修剪出水平方向的门窗洞口。

(3) 执行"偏移"和"修剪"命令,修剪出垂直方向门窗洞口,结果如图 7-7 所示。

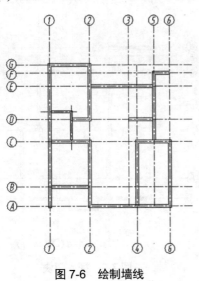

图 7-6 绘制墙线

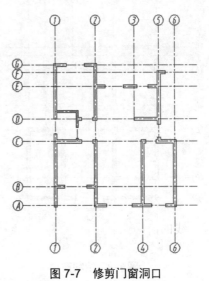

图 7-7 修剪门窗洞口

7.2.7 绘制和插入门窗

使用 AutoCAD 绘制建筑图形元素时,可以将它们设计为标准图块,然后将其插入到当前图形中,从而避免大量重复性工作,提高工作效率;对于不同大小和方向的门窗等建筑图形元素,可以在插入块时修改插入比例和方向以满足要求。

步骤 1　绘制房屋窗户

(1) 选择"门窗"图层为当前图层。

(2) 执行"多线样式"命令,为窗户创建新的多线样式"C",设置起点和端点的"封口"方式均为直线,"图元"偏移量分别为 120、40、-40、-120。

微课 7-2-5

(3) 执行"多线"命令,分别捕捉每个窗洞两侧的交点,完成窗户的绘制。

步骤 2　绘制客厅飘窗

(1) 执行"偏移"命令,偏移出飘窗的轴线。

(2) 执行"多线样式"命令,为飘窗创建新的多线样式 PC,设置"图元"偏移量分别为 120、40 和 0。

(3) 执行"多线"命令,绘制客厅飘窗,结果如图 7-8 所示。

步骤 3　创建并插入门块

(1) 选择"门"图层为当前图层。

(2) 绘制宽度为 900、厚度为 45 的左开门图形并镜像出右开门图形。

微课 7-2-6

(3) 执行"创建块"命令,分别创建"左开门"和"右开门"图块。

(4) 执行"插入块"命令,选择门块以合适的比例和方向插入到对应的门洞中。

(5) 绘制长度为 950、宽度为 50 的两个矩形,完成卧室与阳台之间推拉门的绘制。绘制完成门后的结果如图 7-9 所示。

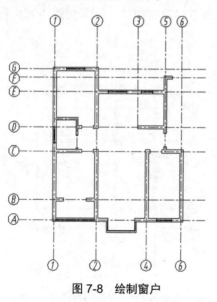

图 7-8　绘制窗户

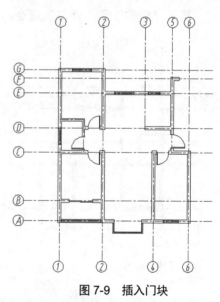

图 7-9　插入门块

(6) 执行"镜像"命令,以 6 号轴线为镜像线,将左侧图形镜像到右侧。

(7) 双击需要修改编号的属性块,打开"增强属性编辑器"对话框,修改其值。

(8) 执行"插入块"命令,选择合适的比例插入楼宇门,结果如图 7-10 所示。

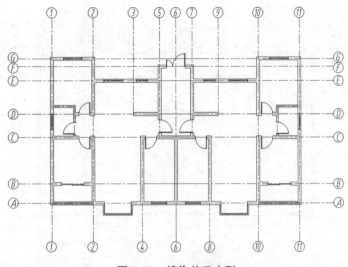

图 7-10 镜像单元户型

7.2.8 绘制楼梯

微课 7-2-7

绘制楼梯，一般根据踏步宽度、踏步数、平台宽度等参数，用直线、偏移及阵列等命令即可绘制。在本例中，楼梯中间平台的宽度为 1440mm，楼梯井的宽度为 60mm，踏步宽为 270mm。

楼梯的具体绘制步骤如下。

(1) 选择"楼梯"图层为当前图层。

(2) 执行"直线"命令，捕捉楼梯内墙左下角并向上追踪 1440 后单击，向右绘制直线到与楼梯右侧内墙相交。

(3) 执行"矩形阵列"命令绘制 6 行 1 列、行间距为 270 的楼梯踏步。

(4) 执行"分解"命令，将阵列的直线组分解为独立的直线。

(5) 执行"偏移"命令，将楼梯间中心垂直定位轴线向左、向右分别偏移 30。

(6) 将偏移后的定位轴线转换到"楼梯"图层。

(7) 执行"修剪"命令，修剪掉楼梯图形中多余的辅助线。

(8) 执行"多段线"命令创建折断线，第一点为绘图区任意点，其余各点坐标依次为(@1000,0)、(@100,300)、(@200,-600)、(@100,300)、(@1000,0)。

(9) 执行"对齐"命令，基于对齐点缩放对象，使折断线两个端点与楼梯线上两层的两个端点对齐。

(10) 执行"修剪"命令，修剪楼梯图形。

(11) 执行"多段线"命令，绘制上、下楼梯指示方向箭头，箭头起点宽度为 0，端点宽度为 100，箭头长度为 300，箭尾长度根据需要确定。

(12) 执行"多行文字"命令，分别输入"上""下"两个文字。

绘制完楼梯的整体结果如图 7-11 所示。

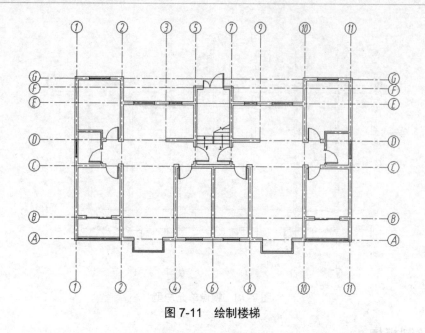

图 7-11　绘制楼梯

任务 7.3　添加尺寸标注和文字注释

在绘制好的图形中必须添加尺寸标注和文字注释，以使整幅图形内容和大小一目了然。在尺寸标注之前要先对标注样式进行设置，使标注样式符合建筑制图的标注要求。

7.3.1　尺寸标注

在建筑平面图中，尺寸标注比较多，一般分为外部尺寸和内部尺寸。

外部应标注 3 道尺寸：最里面一道是细部尺寸，中间一道是轴线间尺寸，最外面一道是总尺寸。此外，为了说明房间的净空大小和室内的门窗洞、孔洞、墙厚和固定设备的大小与位置等，还需标注一些内部尺寸。

微课 7-3-1

标注字体已经在建筑样板图中设置，这里结合图形大小确定标注文字高度为 500，另外可以在标注样式对话框中选中"线"选项卡中的"固定长度的尺寸界线"复选框，并设置尺寸界线长度为 800，以方便尺寸标注。

(1) 选择"标注"图层为当前图层。

(2) 执行"线性"标注命令，标注建筑物内部尺寸。

(3) 执行"线性"标注和"连续"标注命令，标注图形外部尺寸。

7.3.2　文字注释

对于建筑施工图中不能用图形来表达的内容或施工做法等，需要详细的文字注释。文字注释是施工平面图的一项必不可少的内容，是对图纸进行的必要说明和补充。文字标注一般包括施工图说明、房间功能、门窗代号及标题栏中的内容等。

文字样式已经在"A3 建筑"样板图中设置，这里可以直接调用。

步骤1 添加房间功能文字

(1) 选择"标注"图层为当前图层。

(2) 执行"多行文字"命令，标注各房间功能，如图7-12所示。

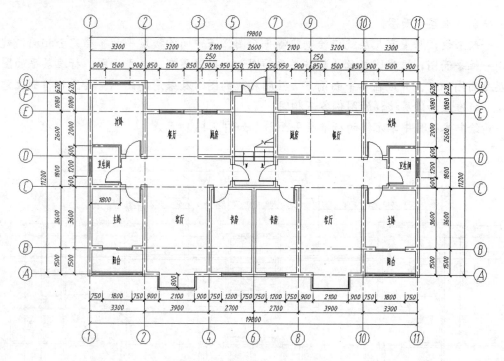

图7-12 标注尺寸和文字注释

步骤2 添加说明文字

建筑样板图中已经定义了图框和标题栏，这里仅需要完成标题栏中的文字注释和施工说明等内容。

(1) 执行"多行文字"命令，在平面图下方输入文字高度为1000的文本"一层平面图"，并在文字下方绘制两条直线。

微课7-3-2

(2) 执行"多行文字"命令，输入高度为1000的文本"1：100"。

(3) 执行"多行文字"命令，在标题栏中输入高度为1000的文本"一层平面图"。

(4) 执行"多行文字"命令，设置文字高度为500，输入标题栏中的其他文字。

(5) 执行"多行文字"命令，设置文字高度为500，在图框下方输入说明文字。

7.3.3 绘制指北针

指北针是图纸上标识方向的符号，针尖指向北方，同时指针头部标注"北"或"N"字。指北针一般绘制在平面图的左下方或右下方。

(1) 执行"圆"命令，绘制直径为2400的圆。

(2) 执行"多段线"命令，在圆内部绘制起点宽度为0、端点宽度为300的指北针箭头。

(3) 执行"多行文字"命令，输入高度为500的文字"北"。

项 目 自 测

绘制标准层平面图。

一般来说，房屋有几层就应绘制几幅平面图。若中间各楼层平面布局完全相同，就可合用一幅平面图，这张图纸称为标准层平面图。一般房屋有底层平面图、标准层平面图及顶层平面图即可，并应在各平面图下方注明相应的图名及采用的比例。绘图时特别注意，底层、标准层和顶层楼梯的图例各不相同。

请绘制本项目中单元楼的标准层平面图，如图 7-13 所示。

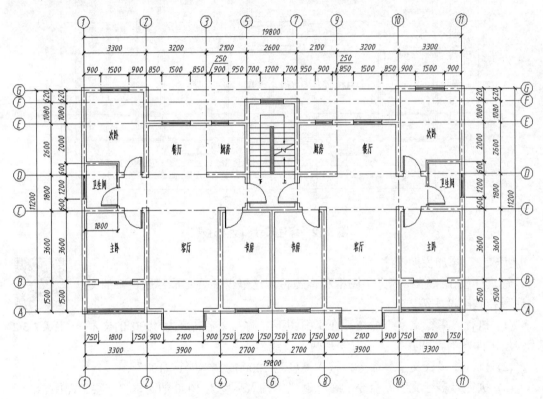

图 7-13 标准层平面图

项目 8

建筑立面图

中国近现代建筑学家中,有公认的"中国建筑四杰"——梁思成、杨廷宝、童寯、刘敦桢。这些建筑学大师,才华横溢,学贯中西,开创了中国现代建筑创作先河,推动了中国建筑史发展,在国家建设过程中发挥了重要作用。

梁思成,毕生致力于中国古代建筑的研究和保护,是建筑历史学家、建筑教育家和建筑师。他创办了清华大学建筑系,系统地调查、整理、研究了中国古代建筑的历史和理论,并结合历史文献资料完成了《中国建筑史》等著作,为我国建筑的研究与保护奠定了深厚的基础。

杨廷宝是中国近现代建筑设计开拓者之一,著名建筑学家和社会活动家,在国际建筑学界享有很高的声誉。只有 27 岁的他,在当年设计出了亚洲最大的火车站——京奉铁路沈阳总站。杨廷宝从此名声大噪,成为和梁思成齐名的建筑大师,人称"南杨北梁"。

童寯,我国著名的建筑学家、建筑教育家。他设计的作品凝重大方,富有特色和创新精神。他数十年不间断地进行东西方近现代建筑历史理论研究,对继承和发扬我国建筑文化和借鉴西方建筑理论和技术有重大贡献。他是建筑界融贯中西、通释古今的大师。

刘敦桢是中国建筑教育及中国古建筑研究的开拓者之一,毕生致力于建筑教学及发扬中国传统建筑文化。曾创办我国第一所由中国人经营的建筑师事务所。多次组织并主持了全国性的建筑史编纂工作,出版了《苏州古典园林》等颇有影响的专著。

中国建筑四杰,尽管他们已经离去,但在建筑设计、建筑史中作出的贡献值得我们尊重和学习。中华民族要自立于世界民族之林,中国的建筑就要自立于世界建筑之林。我们不仅要向 4 位建筑大师学习他们刻苦钻研、开拓创新的职业精神,更要学习他们的爱国主义精神和家国情怀,自觉为祖国的社会主义现代化建设添砖加瓦。

📖【本项目学习目标】

理解建筑立面图的含义，了解建筑立面图的图示内容、识读方法、绘制要求和绘制步骤，掌握建筑立面图图幅选择和标题栏绘制方法，掌握建筑立面图的绘制方法，掌握建筑立面图添加尺寸标注和文字注释的方法。

本项目着重介绍了建筑立面图的基本知识和建筑立面图的绘制过程，并以某个 3 层住宅楼的正立面图为例，演示了利用 AutoCAD 绘制完整的建筑立面图的过程。通过本项目的学习，用户可以了解建筑立面图与平面图的对应关系，以加深对建筑立面图的识读并掌握建筑立面图的绘制要求及步骤。

任务 8.1 建筑立面图的基础知识

绘制建筑立面图之前，首先要了解何谓建筑立面图，以及建筑立面图的图示内容、识读方法、绘制要求和绘制步骤。

在与建筑物外墙面平行的铅直投影面上所作的正投影图称为建筑立面图，简称立面图。立面图反映房屋的外部形状和大小，门窗的位置和形式，窗台、屋檐、屋顶、阳台、雨篷、勒脚、台阶等构配件的位置和必要尺寸，以及建筑物的总高度、各楼层的高度、室内外地坪的高差，外墙装修材料等，只绘出看得见的轮廓线。

图 8-1 所示为建筑立面图的形成示意图。

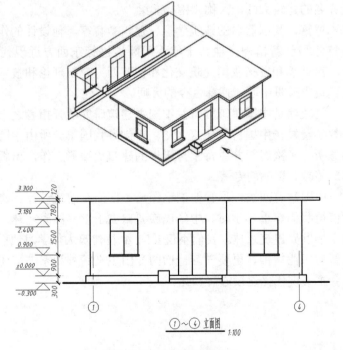

图 8-1 建筑立面图的形成

一幢建筑物是否美观、是否与周围环境协调,很大程度上取决于建筑立面的艺术处理,包括建筑造型与尺度、装饰材料的选用、色彩的选用等内容。在施工过程中,建筑立面图主要用于室外装修。

立面图的数量与建筑物的平面形式及外墙的复杂程度有关,原则上需要画出建筑物每个方向的立面图。

立面图的命名方式有 3 种:①用朝向命名,通常一幢建筑有 4 个朝向,立面图可以用朝向来命名,如东立面图、西立面图等;②根据主要出入口或外貌特征命名,如正立面图、背立面图、左立面图和右立面图等;③用建筑平面图中的首尾轴线命名,如①~⑧立面图或 $A \sim E$ 立面图等。施工图中这 3 种命名方式都可使用,但每套施工图必须采用其中的一种方式命名。

图 8-2 所示为建筑立面图的投影方向和名称的标示图。

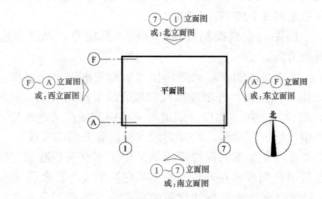

图 8-2 建筑立面图的投影方向和名称

8.1.1 建筑立面图的图示内容

建筑立面图表示建筑物的体型和外貌,主要为建筑施工和室外装修所用,是建筑施工图中的重要图样,也是指导施工的基本依据,其主要内容包括以下几个方面。

(1) 图名、比例以及此立面图所反映的建筑物朝向。
(2) 建筑物立面的外轮廓线形状、大小。
(3) 建筑物两端的定位轴线及其编号。
(4) 建筑物立面造型。
(5) 外墙上建筑构配件,如门窗、阳台、雨篷、雨水管、檐口等的位置和尺寸。
(6) 建筑物外墙的主要标高。
(7) 用文字说明外墙面装修的材料及其做法。
(8) 详图索引符号。

8.1.2 建筑立面图的识读

建筑立面图阅读和建筑立面图的绘制同样重要,其识读步骤如下。

(1) 明确立面图的图名和绘图比例,以及此立面图所反映的建筑物朝向。
(2) 定位轴线及其编号。

(3) 房屋室外地坪以上的全貌，门窗和其他构配件的形式、位置及门窗的开启方向。
(4) 外墙面、阳台、雨篷、勒脚等面层材料、色彩和装修做法。
(5) 标高尺寸。
(6) 详图索引符号的位置及其作用。

8.1.3 建筑立面图的绘制要求

建筑立面图的绘制要求和建筑平面图相似。

(1) 图幅。与建筑平面图相同，建筑立面图的图纸也是根据建筑物大小和绘图比例选择建筑图纸大小。

(2) 比例。用户可以根据建筑物的大小，采用不同的比例。通常采用与建筑平面图相同的比例，常用的比例有 1∶50、1∶100 和 1∶200。一般采用 1∶100 的比例，当建筑物过大或过小时，也可以选择 1∶50 或 1∶200。

(3) 定位轴线。立面图一般只绘制首尾的轴线及其编号，以便与建筑平面图对照阅读，确定立面图的观测方向。

(4) 线型。为了加强立面图的表达效果，使建筑物轮廓突出、层次分明，应采用不同线宽。室外地坪线采用加粗实线；外墙轮廓线和屋脊线采用粗实线；房屋的构配件如门窗洞口、窗台、台阶、阳台、雨篷、檐口、烟道等采用中实线；其他部分，如门窗扇、雨水管以及有关的说明的引出线、尺寸线、尺寸界线和标高等采用细实线。

(5) 图例。一般来说，立面图的构件都应该采用国家有关标准规定的图例来绘制，图中相同的门窗、阳台等可在局部重点表示，绘出其完整图线，其余可只画轮廓线。

(6) 尺寸标注。建筑立面图主要标注建筑物总高度、各楼层及主要构件的标高，如楼层高度、窗台、门窗上口、檐口、阳台、雨篷、屋顶等处的标高尺寸。另外，在竖直方向还应标注 3 道尺寸：最外一道标注建筑物的总高尺寸；中间一道标注层高尺寸；最里面一道标注室内外高差、门窗洞高度、檐口高度等尺寸。

(7) 详图索引符号。建筑立面图中需要查看详图或剖视详图时，应加索引符号。

8.1.4 建筑立面图的绘制步骤

在 AutoCAD 中，建筑立面图绘制的基本步骤如下。
(1) 创建新图形，设置绘图环境。
(2) 绘制定位轴线、室外地坪线、建筑外轮廓线、各层的楼面线。
(3) 绘制立面门窗。
(4) 绘制墙面细部，如檐口线、阳台、窗台、壁柱、室外台阶、花池等。
(5) 尺寸标注和文字注释。

任务 8.2　绘制建筑立面图

建筑物有几个立面，就应该绘制几幅立面图。下面以绘制与项目 7 相同的建筑物的正立面图(见图 8-3)为例，介绍建筑立面图的绘制方法，其他各立面图的绘制方法可参照进行。绘制建筑立面图必须对照对应的建筑平面图进行。

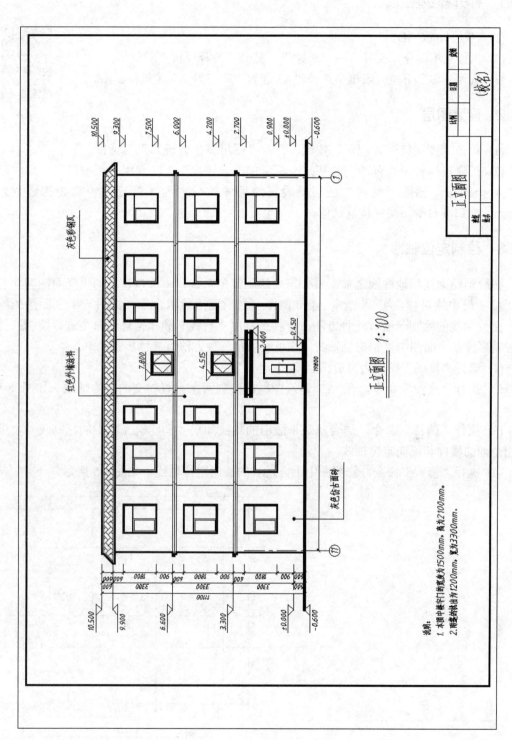

图 8-3 正立面图

8.2.1 打开样板图

(1) 启动 AutoCAD。
(2) 执行菜单命令"文件"→"新建",打开"选择样板"对话框。
(3) 从"名称"下拉列表框中选择"A3 建筑",打开 A3 建筑样板图。

微课 8-2-1

8.2.2 设置图层

(1) 单击"图层特性管理器"按钮,打开"图层特性管理器"对话框。
(2) 在建筑样板图原有图层的基础上,新建"地坪线""轮廓线""檐口""台阶雨篷"4 个图层,删除"墙线"图层。设置地坪线的线宽为 0.7mm、轮廓线的线宽为 0.5mm,檐口和台阶图层保持默认值。

8.2.3 绘制定位轴线

在绘制轮廓线和地坪线之前,首先需要绘制定位轴线。由于该建筑的正立面图朝北且关于楼宇门中线对称,可以先画一半立面图,之后利用镜像命令完成另一半立面图的绘制。定位轴线的绘制一般有两种方法:一种是利用"直线"和"偏移"命令进行绘制;另一种是直接从平面图中复制定位轴线。这里采用第一种方法,具体步骤如下。

(1) 选择"轴线"图层为当前图层。
(2) 执行"直线"命令,在 A3 建筑图框内绘制两条垂直相交的定位轴线,如图 8-4 所示。
(3) 执行"偏移"命令,结合建筑平面图的轴线间尺寸和建筑立面图的标高尺寸,偏移出全部的横向和纵向定位轴线。
(4) 执行"修剪"命令,修剪图中上方过长的横向定位轴线,如图 8-5 所示。

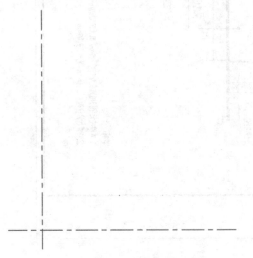

图 8-4 绘制轴线

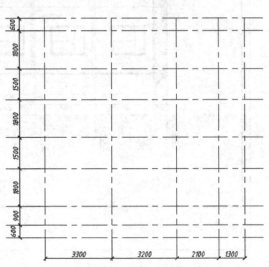

图 8-5 偏移轴线

8.2.4 添加标高符号和轴线编号

对轴线添加标高符号和轴线编号有助于绘图和识图时快速准确定位，特别是对于一些结构复杂的建筑物，最好在绘图之前添加轴线编号和标高符号。

微课 8-2-2

步骤1 绘制标高符号

(1) 选择"尺寸标注"图层为当前图层。

(2) 使用"多段线"命令绘制标高符号。第一点为任意点，其他各点坐标依次为(@1500,0)、(@-300,-300)和(@-300,300)，如图 8-6 所示。

步骤2 定义标高符号块属性

(1) 执行"定义属性"命令，打开"属性定义"对话框。

(2) 在"标记"文本框中输入"标高"，在"提示"文本框中输入"请输入标高的值："，在"默认"文本框中输入"±0.000"，"文字高度"设置为 350，其他选项采用默认值，完成属性块的定义，如图 8-7(a)所示。

(3) 执行"镜像"命令，镜像出右侧标高符号及其属性，结果如图 8-7(b)所示。

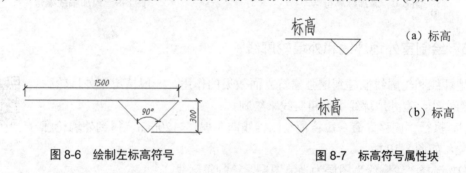

图 8-6 绘制左标高符号　　　　图 8-7 标高符号属性块

步骤3 写块

这里使用"写块"命令将标高符号属性块写入磁盘，以备绘制建筑剖面图调用。

(1) 执行"写块"命令，打开"写块"对话框，设置"拾取点"为标高符号中三角形下方顶点，写块对象为左标高图形，输入属性块的名称为"左标高"。

(2) 使用同样的方法定义属性块"右标高"。

步骤4 插入标高符号属性块

定义属性块之后，接下来在立面图左侧插入对应的左标高符号。

(1) 执行"插入块"命令，打开"插入"对话框，选择创建的属性块"左标高"并打开。在"插入点"选项区中选中"在屏幕上指定"复选框，单击"确定"按钮，单击下方第一根水平轴线左侧端点插入左标高符号。

(2) 使用同样的方法，插入其他左标高符号。

(3) 执行"镜像"命令，将标高-0.600 进行镜像并删除原对象，结果如图 8-8 所示。

步骤5 添加轴线编号

一般把建筑物主要入口的立面或反映建筑物外貌主要特征的立面称为正立面，项目 7 建筑平面图中 E、F、G 号定位轴线定位的外墙立面为正立面。按照投影原理，其立面图上的轴线编号从左到右是逆序排序的。

建筑平面图中已经将轴线编号以属性块的形式写入磁盘，这里可以直接调用，添加轴线标号后的结果如图 8-9 所示。

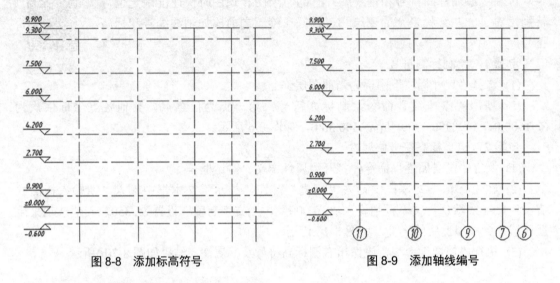

图 8-8　添加标高符号　　　　　　图 8-9　添加轴线编号

8.2.5　绘制室外地坪线和外墙轮廓线

地坪线和轮廓线能起到增强建筑立面效果的作用，一般情况下外墙轮廓线用粗实线、室外地坪线用加粗实线来绘制。

(1) 执行"偏移"命令，将最左侧轴线向左偏移 120mm，得到外墙轮廓线位置，如图 8-10 所示。

微课 8-2-3

(2) 选择"轮廓线"图层为当前图层，绘制轮廓线。

(3) 选择"地坪线"图层为当前图层，绘制地坪线，结果如图 8-11 所示。

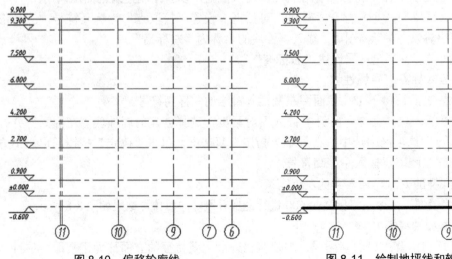

图 8-10　偏移轮廓线　　　　　　图 8-11　绘制地坪线和轮廓线

8.2.6 确定立面门窗位置

绘制立面门窗主要是要确定门窗洞口在立面图中的位置和尺寸，这需要根据建筑平面图的投影关系来确定。

微课 8-2-4

(1) 执行"偏移"命令，根据图 8-12 所示尺寸通过偏移轴线得到确定窗户位置的垂直辅助线，从而确定各层窗户的位置。

(2) 选择"门窗"图层为当前图层。

(3) 执行"矩形"命令，根据水平辅助线和垂直辅助线的交点位置，确定各楼层窗户的尺寸和位置，如图 8-13 所示。

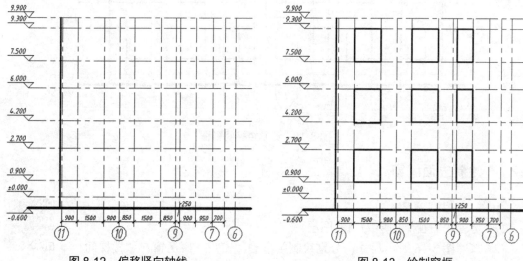

图 8-12　偏移竖向轴线　　　　　　图 8-13　绘制窗框

(4) 执行"镜像"命令，以 6 号轴线作为镜像线，将轴线左侧全部图形镜像到右侧。

(5) 删除全部左侧原有的标高符号和右侧镜像出来的轴线编号，结果如图 8-14 所示。

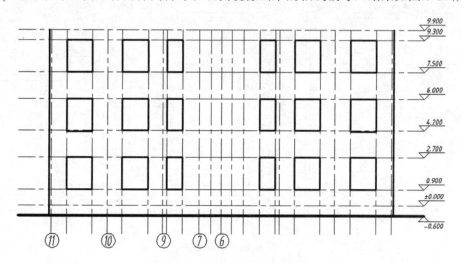

图 8-14　镜像图形并修改编号

（6）执行"偏移"命令，将标高为 2.700 和 6.000 的辅助线分别向上偏移 615 和 600，标高为 4.200 和 7.500 的辅助线分别向上偏移 315 和 300。

（7）执行"矩形"命令，根据水平辅助线和垂直辅助线的位置，确定楼梯间窗户的位置，结果如图 8-15 所示。

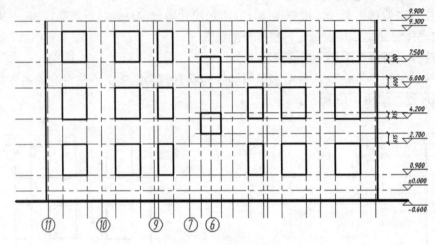

图 8-15 绘制楼梯间窗框

8.2.7 绘制立面门窗

步骤 1　绘制窗户

（1）选择"门窗"图层为当前图层。

（2）按照图 8-16 所示尺寸，分别绘制卧室餐厅窗户、厨房窗户和楼梯间窗户。窗户绘制过程较为简单，这里不再说明。

微课 8-2-5

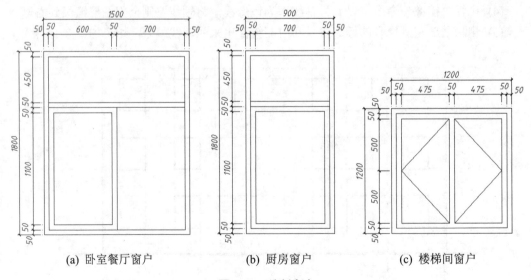

(a) 卧室餐厅窗户　　　　(b) 厨房窗户　　　　(c) 楼梯间窗户

图 8-16 绘制窗户

（3）执行"定义块"命令，分别将三种窗户定义为块。

(4) 执行"插入块"命令，将三种不同规格的窗户分别插入到相应的窗洞中，结果如图 8-17 所示。

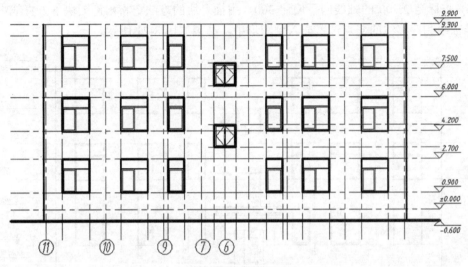

图 8-17 安装窗户

步骤 2　绘制楼宇门和台阶

(1) 切换到"门窗"图层，根据图 8-18 所示楼宇门尺寸，绘制楼宇门图形，并将其定义为"楼宇门"图块。

(2) 切换到"台阶"图层，根据图 8-19 所示的雨篷尺寸和图 8-20 所示的台阶尺寸，分别绘制雨篷和台阶图形，并将其分别定义为"雨篷"和"台阶"图块。

微课 8-2-6

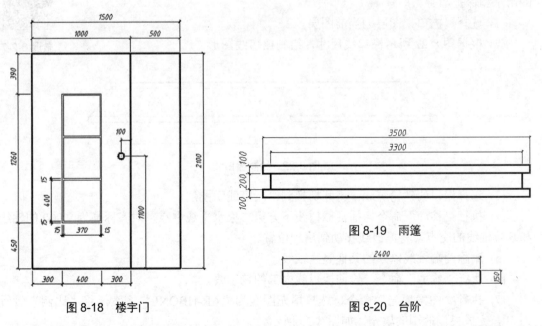

图 8-18　楼宇门　　　　　　图 8-20　台阶

图 8-19　雨篷

(3) 执行"插入块"命令，以台阶下方水平直线的中点为插入点，将台阶插入到编号为 6 的轴线和室外地坪线的交点位置。

(4) 同样，用插入块的方法，将楼宇门图块分别插入到图形中。

(5) 将标高 2.700 的轴线向下偏移 300，用插入块的方法，将雨篷图块下方直线中点对齐 6 号轴线和偏移线的交点位置插入到图形中，结果如图 8-21 所示。

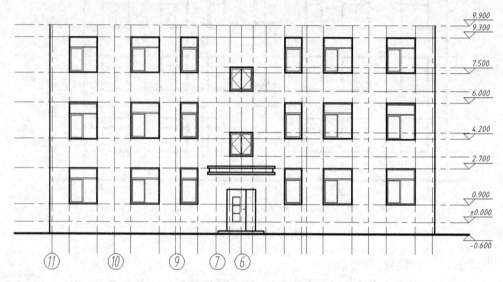

图 8-21　绘制雨篷、台阶和楼宇门

8.2.8　绘制檐口

檐口又称屋檐，指屋面与外墙墙身的交接部位，作用是方便排除屋面上的雨水和保护墙身。

(1) 选择"檐口"图层为当前图层。

(2) 根据图 8-22 所示檐口线尺寸，绘制檐口线图形。

微课 8-2-7

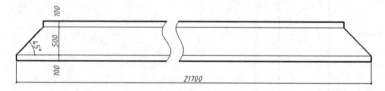

图 8-22　绘制檐口线

(3) 选择檐口的外轮廓线，将其切换到"轮廓线"图层。

(4) 执行"移动"命令，捕捉檐口线下方第二根水平线中点，对齐标高为 9.900 的轴线和 6 号轴线的交点，将檐口线移动到房顶位置。

(5) 删除两端轴线以外的其他竖直轴线。

(6) 执行"修剪"命令，修剪檐口线内部的轮廓线。

(7) 执行"图案填充"命令，选择填充图案为"AR-HBONE"图案，将"比例"设置为 50，完成挑檐的图案填充，如图 8-23 所示。

(8) 执行"插入块"命令，给最右侧轴线添加编号 1，然后删除所有除两端轴线以外的轴线。

图 8-23 移动檐口线到房顶并填充图案

8.2.9 绘制墙面细部

(1) 选择"0"图层为当前图层。
(2) 执行"偏移"命令，选择标高为 6.000 的轴线，向上偏移 600。
(3) 执行"直线"命令，沿偏移线绘制一条两端与外墙轮廓线对齐的直线。
(4) 执行"偏移"命令，将上一步绘制的直线分别向下偏移 100 和 200。
(5) 拖曳夹点将以上 3 步骤绘制的直线两端分别各延长 200、200 和 100。
(6) 执行"复制"命令，将 3 条造型线向下追踪 3300 后复制，作为标高 2.700 上方的造型线。
(7) 删除全部水平轴线，结果如图 8-24 所示。

微课 8-2-8

图 8-24 绘制楼层间造型线

(8) 执行"多段线"命令,沿左侧外墙线绘制一条多段线。
(9) 执行"镜像"命令,以11号轴线右侧窗户的中线为对称线,镜像多段线。
(10) 执行"复制"命令,对照平面图,将左侧外墙线复制到向右8600的位置。
(11) 执行"镜像"命令,将第(8)、(9)、(10)步完成的多段线镜像到楼房右侧。
(12) 执行"修剪"命令,修剪通过雨篷部分的多段线。
(13) 选择房屋两侧的外轮廓线将其图层切换为"轮廓线"图层,如图8-25所示。

图 8-25　绘制竖向造型线

任务 8.3　添加尺寸标注和文字注释

在已绘制的立面图中必须添加标高、尺寸标注和文字注释,以使整幅图形的尺寸和有关说明一目了然。

8.3.1　尺寸标注

建筑立面图的尺寸标注主要是为了标注建筑物的竖向高度,应该显示各主要构件的位置和标高,如室内外地坪标高、层高、门窗洞口标高等。

步骤1　尺寸标注

(1) 选择"标注"图层为当前图层。
(2) 执行"线性"标注和"连续"标注命令,标注各层窗户的高度、各楼层的高度、建筑物的总高度及首尾轴线之间的距离。

步骤2　楼层标高

(1) 执行"插入块"命令,选择"标高符号-左",在室外地坪线、室内地坪线、各楼层及檐口线位置处依次插入标高符号。
(2) 重复"插入块"命令,在窗户、雨篷、台阶位置添加标高符号,结果如图8-26所示。

微课 8-3-1

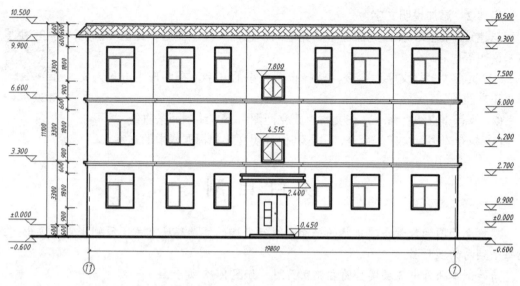

图 8-26 添加尺寸标注和标高符号

8.3.2 文字注释

建筑立面图应标注房屋外墙面各部分的装饰材料、色彩等,用引线引出并加以文字说明。

步骤 1 材质做法说明

执行"多重引线"命令,分别标注墙面做法说明文字"红色外墙涂料"、墙面及檐口的材质说明文字"灰色仿古面砖"和"灰色彩钢瓦",如图 8-27 所示。

微课 8-3-2

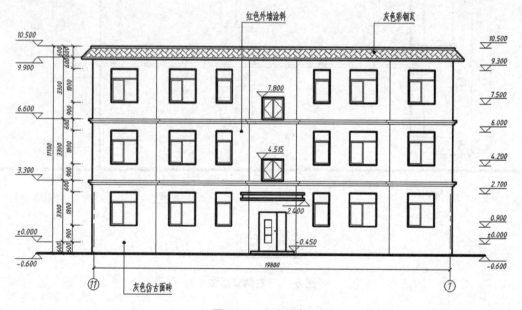

图 8-27 文字注释

步骤 2　添加说明文字

与建筑平面图一样,立面图绘制完成后,也需要注明图名、比例和添加技术说明等内容。

(1) 执行"多行文字"命令,选择合适大小的文字,在图形下方输入文本"正立面图"。

微课 8-3-3

(2) 执行"直线"命令,在文本"正立面图"下方绘制两条直线。

(3) 执行"多行文字"命令,输入其他说明文字和标题栏中的文字。

项 目 自 测

建筑立面图的数量与建筑物的平面形式及外墙的复杂程度有关,原则上需要画出建筑物每个朝向的立面图。

请绘制本项目中 3 层楼房的右侧立面图,如图 8-28 所示。

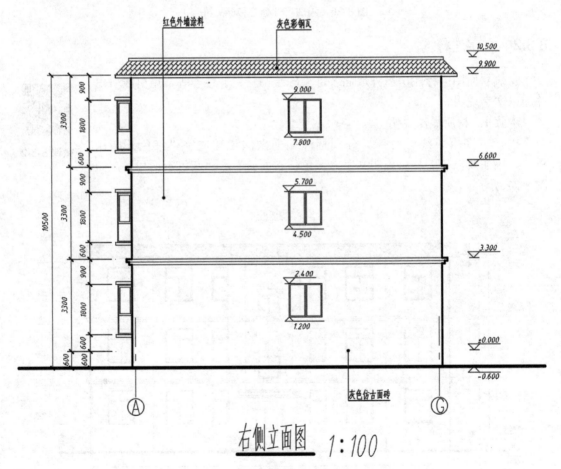

图 8-28　右侧立面图

项目 9

建筑剖面图

创新是技术进步和人类进步的原动力。创新思维与多种思维活动有关，其中发散思维和形象思维是构成创造性思维的重要形式。发散思维可以从同一现象、同一问题产生大量不同的想法，对于技术创新具有十分重要的意义，而形象思维中的想象更是创造思维的重要组成。这两种方法是学习工程图学的基本方法。

建筑师所从事的建筑创作，本身就是一种创造性职业。翻看建筑史便知，建筑设计发展史也是一部创新史，那一座座前无古人的经典，犹如凝固的音乐，以点线面体为音符，以时间、空间为节拍，或浅吟，或高唱，或浪漫，或激情，各自运用独特旋律，演奏着人类发展的壮丽篇章，让人如痴如醉。

建筑往往凝聚着人类最深切的情感，是当时科技、文化及智慧的结晶，许多建筑都以其独特魅力成为城市符号、国家标志甚至人类文明的象征，如果提及一个地区或国家，人们很可能首先想到的就是建筑。这正是历代建筑师以其坚持不懈的创新精神为人类留下的宝贵遗产，并将此精神代代相传。

国内有故宫、布达拉宫、悬空寺等建筑，国外有埃菲尔铁塔、悉尼歌剧院、爱因斯坦天文坛等建筑，都具有悠久的历史传统和光辉的成就，是工程师们创新智慧的集中体现。

创新是一种突破，要从自己内心开始，打破思维定势，敢于质疑，敢于尝试，以包容的心态去锐意进取。有一个比喻，鸡蛋因压力被从外面打破，只能是他人的食物，但若从内部破壳而出，那就意味着新生。

随着全球化及互联网时代的来临，信息大爆炸导致人们的知识更新与观念变化非常快，工程师如果还墨守成规，闭门造车，将被无情地碾压在滚滚向前的历史巨轮之下。要想有所发展，就必须不断学习，不断进步，不断创新。

📖【本项目学习目标】

理解建筑剖面图的含义，了解建筑剖面图的图示内容、识读方法、绘制要求和绘制步骤，掌握建筑剖面图图幅选择和标题栏绘制方法，掌握建筑剖面图的绘制方法，掌握建筑剖面图添加尺寸标注和文字注释的方法。

本项目着重介绍了建筑剖面图的基本知识和建筑剖面图的绘制过程，并通过实例演示了如何利用 AutoCAD 绘制一个完整的建筑剖面图。通过本项目的学习，用户可以了解建筑剖面图与建筑平面图以及剖面图与立面图的对应关系，并独立完成建筑剖面图的绘制。

任务 9.1　建筑剖面图的基础知识

绘制建筑剖面图之前，首先要了解何谓建筑剖面图，以及建筑剖面图的图示内容、识读方法、绘制要求和绘制步骤。

建筑剖面图是通过使用一个假想的铅垂切面将房屋剖开后所得的立面视图，简称剖面图。剖面图可以更清楚地表达复杂建筑物内部结构与构造形式、分层情况和各部位的联系、材料及其标高等信息。

图 9-1 所示为建筑剖面图的形成示意图。

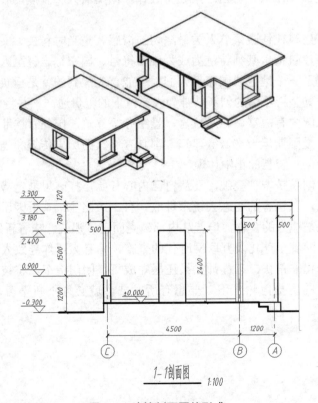

图 9-1　建筑剖面图的形成

建筑剖面图主要用来表示建筑内部的结构构造，垂直方向的分层情况及垂直空间的利用，各楼层地面、屋顶的构造及相关尺寸、标高等。它与建筑平面图、建筑立面图相配合，表示房屋的全局，使读者更加清楚地了解建筑物的总体结构特征，是房屋施工图中最基本的图样之一。

为了清楚地反映建筑物的实际情况，建筑剖面图的剖切位置一般选择在建筑物内部构造复杂或者具有代表性的位置。一般来说，剖切平面平行于建筑物宽度方向，最好能通过门、窗、楼梯等位置。一般投影方向向左或者向上。剖面图的剖切位置和剖视方向，可以查阅底层平面图的剖切符号。剖面图的命名以剖切符号的编号命名，如编号为 1，则所得到的剖面图称为 1-1 剖面图或 1-1 剖面。一幢房屋需要画几个剖面图，应根据房屋的复杂程度和施工实际需要确定。

9.1.1 建筑剖面图的图示内容

建筑剖面图主要用来表示建筑物内部的结构形式、高度及分层情况，因此，剖面图应反映出剖切后能表现到的墙、柱及其与定位轴线之间的关系，各细部构造的标高和构造形式，如楼梯的梯段尺寸及踏步尺寸，墙体内的门窗高度和梁、板、柱的图面示意。其主要内容包括以下几个方面。

(1) 外墙(或柱)的定位轴线和编号。
(2) 建筑物内部的分层情况和各层层高。
(3) 被剖切的室内外地面、楼板层、屋顶层、内外墙、楼梯以及其他被剖切的构件的位置、形状和相互关系。
(4) 未经剖切、但在剖视图中应看到的建筑物构配件，如楼梯扶手、窗户等。
(5) 剖面图中应标注相应的标高与尺寸。
① 标高：应标注被剖切到的外墙门窗口的标高，室外地面的标高、檐口、女儿墙顶等标高，以及各层楼地面的标高。
② 尺寸：应分别标注门窗洞口高度、层间高度和建筑总高 3 道尺寸，室内还应注出内墙体上门窗洞口的高度以及内部设施的定位和定形尺寸。
(6) 地面、楼面、屋面的分层构造，可用文字说明或图例表示。
(7) 剖面图中不能详细表达的地方，可以引出索引号另画详图说明。

9.1.2 建筑剖面图的识读

建筑剖面图阅读和建筑剖面图的绘制同样重要，其识读步骤如下。
(1) 阅读图名、比例和轴线编号。
(2) 与建筑底层平面图的剖切符号相对照，明确剖视图的剖切位置和投射方向。
(3) 建筑物的分层情况；内部空间组合，结构构造形式，墙、柱、梁板之间的相互关系和建筑材料。
(4) 建筑物投影方向上可见的构造。
(5) 建筑物标高、构配件尺寸、建筑剖面图文字说明。
(6) 详图索引符号。

9.1.3 建筑剖面图的绘制要求

建筑剖面图的绘制要求与建筑立面图相似，主要有以下几点。

(1) 图幅。与建筑平面图相同，应根据建筑物大小和绘图比例选择图幅的大小。

(2) 比例。用户可以根据建筑物的大小，采用不同的绘图比例。通常采用与建筑平面图、立面图相同的比例，常用的比例有 1∶100 和 1∶200。也可根据房屋的大小和复杂程度选定较大一些的比例，如 1∶50。

(3) 定位轴线。剖面图一般需要绘制剖切到的墙及定位柱的轴线及其编号，与建筑底层平面图相对照，方便阅读。

(4) 线型。在建筑剖面图中，室外地坪线用特粗实线表示，被剖切的构配件轮廓线用粗实线表示，可见部分的轮廓线如门窗洞、踢脚线、栏杆扶手等用中粗线表示，图例线、引出线、标高符号、雨水管等用细实线表示。

(5) 图例。剖面图中的门窗等图例、砖墙以及钢筋混凝土等构件的材料图例与建筑平面图中相同。

(6) 尺寸标注。在建筑剖面图中，要注出室外地坪、外墙上各层门窗洞口上下缘、阳台、檐口、女儿墙顶部等处的标高与竖向尺寸，还要注出定位轴线与主要构配件之间的横向尺寸。

(7) 详图索引符号。建筑剖面图中某些局部构造表达不清楚时，如屋顶檐口、雨水口等构造可绘制详图。

9.1.4 建筑剖面图的绘制步骤

在 AutoCAD 中，建筑剖面图绘制的基本步骤如下。
(1) 创建新图形，设置绘图环境。
(2) 绘制定位轴线以及被剖切到的外墙轮廓线。
(3) 绘制被剖切的各层的楼面线和楼板厚度以及各层梁的轮廓及断面。
(4) 绘制被剖切到的门、窗剖面图例。
(5) 绘制被剖切到的楼梯及休息平台、阳台、檐口等。
(6) 绘制未被剖切但可见的门窗、台阶等构件。
(7) 绘制标高辅助线及标高。
(8) 尺寸标注和文字注释。

任务 9.2　绘制建筑剖面图

绘制剖面图时，选择剖切的位置不同，剖切图可能也不相同。下面以绘制项目 7 中的建筑平面图的通过轴线 1-1 垂直剖切面的剖面图(见图 9-2)为例，介绍建筑剖面图的绘制方法和步骤，其他剖面图的绘制方法可参照进行。绘制建筑剖面图必须结合对应的建筑平面图和立面图进行。

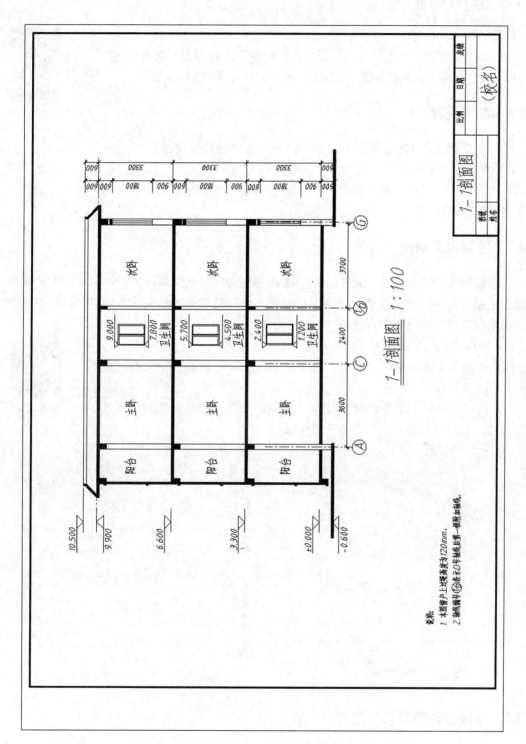

图 9-2 建筑剖面图

9.2.1 打开样板图

(1) 启动 AutoCAD。
(2) 执行菜单命令"文件"→"新建",打开"选择样板"对话框。
(3) 从"名称"列表框中选择"A3 建筑",打开 A3 建筑样板图。

微课 9-2-1

9.2.2 设置图层

(1) 单击"图层特性管理器"按钮,打开"图层特性管理器"对话框。
(2) 单击对话框中的"新建图层"按钮,在建筑样板图原有图层的基础上,新建"地坪线""楼板""檐口"和"阳台"4 个图层。设置地坪线线宽为 0.7mm,楼板、檐口和阳台图层保持默认值。

9.2.3 绘制定位轴线

在绘制剖面图之前,首先根据一层平面图的剖切符号确定剖切位置,分析所要绘制的剖面图中哪些是剖到的,哪些是看到的,做到心中有数、有的放矢。本例剖面图的剖切位置,在项目 7 建筑平面图中查看图 7-3 即可得知。

(1) 选择"轴线"图层为当前图层。
(2) 执行"直线"命令,在 A3 建筑图框内绘制两条垂直相交的定位轴线,如图 9-3 所示。
(3) 执行"偏移"命令,结合建筑平面图的轴线间尺寸和建筑剖面图的标高尺寸,偏移出全部的水平和垂直定位轴线,如图 9-4 所示。
(4) 执行"修剪"命令,修剪图中上方过长的轴线。

微课 9-2-2

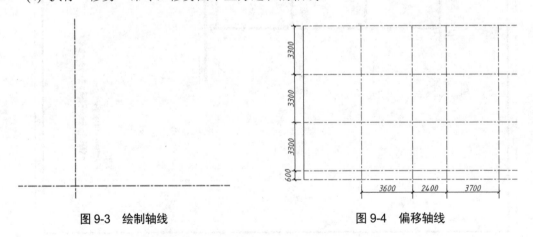

图 9-3 绘制轴线   图 9-4 偏移轴线

9.2.4 添加轴线编号和标高符号

对横向定位轴线添加编号和对水平定位轴线添加标高符号有助于绘图和识图时快速、准确定位,特别是对于一些结构复杂的建筑物,最好在绘墙、楼板等构件之前添加轴线编号和标高符号。

步骤 1　添加轴线编号

建筑平面图中已经将轴线编号以属性块的形式写入磁盘，这里可以直接调用。

从项目 7 的建筑平面图可以看出，绘制 1-1 剖面图，通过的轴线有 B、C 和 G 以及 D 轴线后的第一根附加轴线 1/D。

(1) 执行"插入块"命令，打开"插入"对话框。

(2) 单击"浏览"按钮，选择创建的属性块"轴线编号"并打开。

(3) 在"插入点"选项组中选中"在屏幕上指定"复选框，如图 9-5 所示。

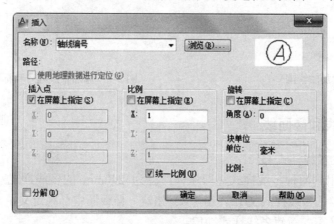

图 9-5　"插入"对话框

(4) 单击"确定"按钮。

(5) 命令行提示"指定插入点或[基准(B)/比例(S)/旋转(R)]："时，输入选项 B，然后指定圆周上最上面的象限点作为基点，再选择轴线端点作为插入点。

(6) 命令行提示"请输入轴线编号：<1>："时，输入轴线编号 B，然后按空格键。

(7) 用同样的方法，插入其他轴线编号 C 和 G。

步骤 2　绘制并添加附加轴线编号

从左侧数第三条定位轴线为次要位置的轴线，采用附加定位轴线的编号。由于是定位轴线 D 后的第一条附加轴线，因此其编号应为 1/D。其绘制方法如下。

(1) 选择"标注"图层为当前图层。

(2) 执行"圆"命令，绘制一半径为 400 的圆。

(3) 执行"直线"命令，绘制一条通过圆心的水平直径。

(4) 执行"旋转"命令，将水平直径旋转 45°。

(5) 执行"多行文字"命令，选择"文字样式"为"文字 350"，分别输入 1 和 D，绘制的附加轴线编号如图 9-6 所示。

(6) 执行"移动"命令，将绘制好的附加轴线编号移动到第三条轴线下方。

步骤 3　添加标高符号

建筑立面图中已经将标高符号以属性块的形式写入磁盘，这里可以直接调用插入。

(1) 执行"插入块"命令，插入全部的左标高符号。

(2) 执行"镜像"命令，将标高值为-0.600 的标高进行镜像并删除源对象，结果如图 9-7

所示。

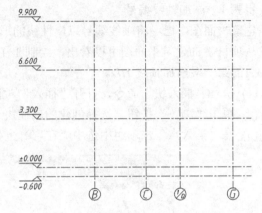

图 9-6 附加轴线编号

图 9-7 添加轴线编号和标高符号

9.2.5 绘制墙线和楼面线

步骤 1　定义多线样式 Q12

本剖面图中用到两种多线样式，即墙体厚度为 240mm 的多线样式 Q24 和厚度为 120mm 的多线样式 Q12。在"A3 建筑"样板图中已经定义了多线样式 Q24，下面还需要新建多线样式 Q12。

微课 9-2-3

(1) 选择"墙线"图层为当前图层。

(2) 执行"多线样式"命令，新建样式名为 Q12 的多线样式，设置图元的偏移量分别为 60 和-60，起点和端点的封口方式均为直线。

步骤 2　绘制墙线和室外地坪线

(1) 执行"多线"命令，选择多线样式 Q24，绘制轴线编号为 B、C 和 G 的墙线。

(2) 重复"多线"命令，选择多线样式 Q12，绘制轴线编号为 1/D 的墙线，结果如图 9-8 所示。

(3) 选择"地坪线"图层为当前图层。

(4) 执行"直线"命令，绘制室外地坪线，结果如图 9-9 所示。

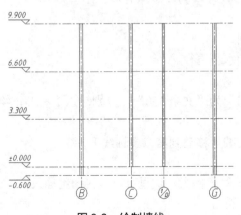

图 9-8 绘制墙线

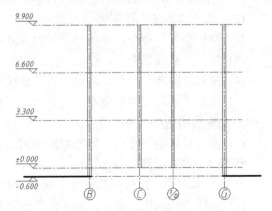

图 9-9 绘制室外地坪线

步骤 3　绘制楼板和室内地坪线

(1) 选择"楼板"图层为当前图层。

(2) 执行"偏移"命令，将标高±0.000 处的水平直线向下偏移 120，得到底层地面的垫层；将标高 3.300 处的水平直线向下偏移 100，得到楼板的厚度。

(3) 将标高 3.300 处水平直线向下偏移 400 得到梁的高度。偏移出地板和楼板后的结果如图 9-10 所示。

(4) 执行"多段线"命令，将本层的梁板围一圈，使其成为一个整体。

(5) 重复"多段线"命令，将地板围一圈，使其成为一个整体。

(6) 删除偏移的辅助线，结果如图 9-11 所示。

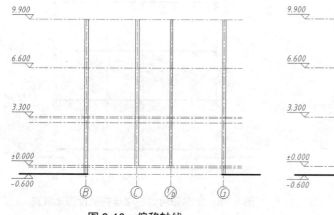 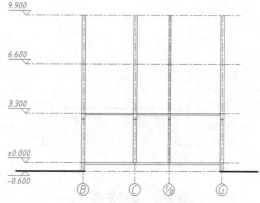

图 9-10　偏移轴线　　　　　　　　　图 9-11　绘制地板和梁板

(7) 执行"图案填充"命令，将室内地板区域和梁板区域均填充为"SOLID"图案。填充后的结果如图 9-12 所示。

(8) 执行"复制"命令，将标高 3.300 处填充图案后的梁板分别复制到标高 6.600、9.900 的位置，结果如图 9-13 所示。

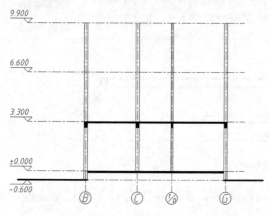 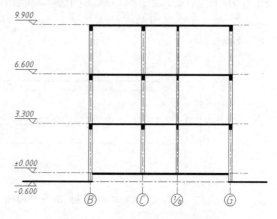

图 9-12　填充地板和标高为 3.300 的梁板　　　　图 9-13　复制梁板到其他楼层

9.2.6 绘制阳台

(1) 选择"阳台"图层为当前图层。
(2) 执行"多段线"命令,按图 9-14 所示尺寸绘制阳台图形。
(3) 执行"复制"命令,将阳台图形复制到各楼层阳台处。
(4) 执行"分解"命令,将复制到楼房顶层的阳台分解为直线。
(5) 执行"修剪"和"删除"命令,将复制到顶层阳台的栏板删除。
(6) 执行"图案填充"命令,将各层阳台均填充为"SOLID"图案,结果如图 9-15 所示。

微课 9-2-4

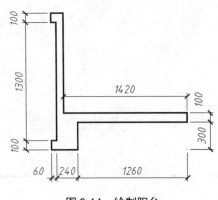

图 9-14　绘制阳台

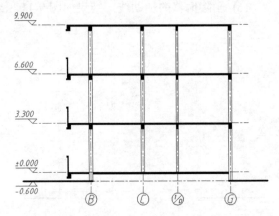

图 9-15　复制阳台到各楼层并进行图案填充

9.2.7 绘制檐口

(1) 选择"檐口"图层为当前图层。
(2) 执行"多段线""分解""偏移""直线""镜像"命令,根据图 9-16 所示尺寸绘制檐口线(由于檐口线较长,结构也较为简单,为了显示清楚细节,这里采用截断的方法进行显示,绘制图形时应按标注的实际尺寸进行绘制)。

微课 9-2-5

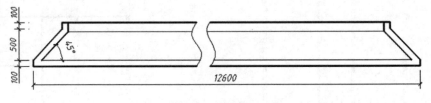

图 9-16　绘制檐口

(3) 执行"直线"命令,在标高 9.900 的位置捕捉从 *B* 号轴线到 *G* 号轴线端点绘制直线。
(4) 执行"移动"命令,捕捉檐口线下方第二条水平线中点,对齐上一步绘制的辅助直线的中点,将檐口移动到房顶位置。
(5) 执行"图案填充"命令,将檐口边缘填充为"SOLID"图案,如图 9-17 所示。

建筑剖面图 项目 9

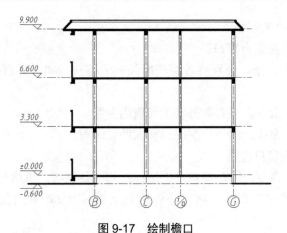

图 9-17 绘制檐口

9.2.8 绘制窗户

本建筑 1-1 剖面图中的窗户包括阳台窗户、次卧窗户和卫生间窗户。另外，在剖面图中，除绘制窗户外，还应表现出窗户上方过梁的位置和尺寸。

微课 9-2-6

步骤 1　绘制窗户图例

(1) 选择"门窗"图层为当前图层。

(2) 按照图 9-18(a)所示尺寸，绘制阳台窗户。

(3) 执行"创建块"命令，将绘制的图形定义为块，并将其命名为"阳台窗户"，插入基点选择为右下角点。

(4) 绘制次卧窗户和卫生间窗户，分别将其定义为块，并分别命名为"次卧窗户"和"卫生间窗户"，如图 9-18(b)和(c)所示，插入基点均选择图形最下面外边线的中点。

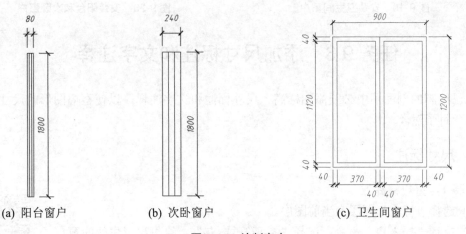

(a) 阳台窗户　　　(b) 次卧窗户　　　(c) 卫生间窗户

图 9-18 绘制窗户

步骤 2　插入卫生间窗户

(1) 执行"直线"命令，分别在一、二、三层的卫生间地板上表面绘制一条直线。

(2) 执行"偏移"命令，分别将一、二、三层卫生间绘制的直线向上偏移 1200。

(3) 执行"插入"命令，将"卫生间窗户"图块插入到上一步绘制的各楼层的偏移线的中点位置,如图 9-19 所示。

步骤 3　插入次卧及阳台窗户

(1) 执行"偏移"命令,分别将各层楼面线向上偏移 900,再将偏移线分别向上偏移 1800。

(2) 执行"修剪"命令,在右侧外墙上修剪出窗洞。

(3) 执行"插入"命令,给每一层阳台和次卧安装窗户。

步骤 4　绘制次卧窗户过梁

(1) 执行"直线"命令,沿次卧窗户上边线绘制一条直线,再将其向上偏移 120。

(2) 执行"图案填充"命令,将次卧外墙向上偏移 1800 和 120 之间的墙线内填充 "SOLID"图案。

(3) 删除多余的辅助线,结果如图 9-20 所示。

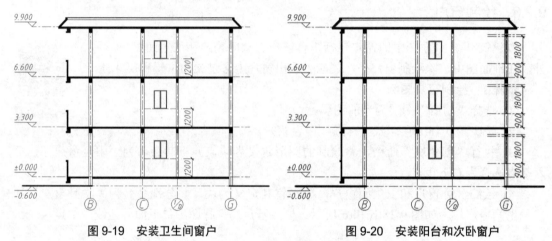

图 9-19　安装卫生间窗户　　　　　图 9-20　安装阳台和次卧窗户

任务 9.3　添加尺寸标注和文字注释

在已绘制的剖面图中必须添加标高、尺寸标注和文字注释,以使整幅图形的尺寸和有关说明一目了然。

9.3.1　尺寸标注

步骤 1　窗户标高

(1) 选择"标注"图层为当前图层。

(2) 执行"插入块"命令,选择"标高符号-右",给每层卫生间的窗户顶部添加标高符号。

微课 9-3

(3) 执行"镜像"命令,将每层卫生间窗户顶部的标高符号沿窗户左、右两侧外边线的中点镜像底部标高符号并保留原对象。

(4) 双击一层卫生间窗户底部标高符号,打开"增强属性编辑器"对话框,在"属性"选项卡中将"值"修改为 1.200。

(5) 使用同样的方法，修改二、三层卫生间窗户底部的标高值。

步骤 2　尺寸标注

执行"线性"标注和"连续"标注命令，标注次卧窗户的细部尺寸和建筑物总高度，结果如图 9-21 所示。

9.3.2　文字注释

步骤 1　标注房间功能

(1) 选择"标注"图层为当前图层。

(2) 执行"多行文字"命令，设置文字高度为 500，标注建筑剖面图中各房间的功能名称，如图 9-22 所示。

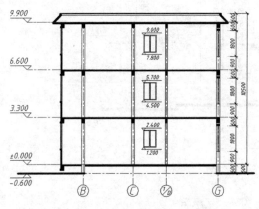

图 9-21　添加窗户标高和尺寸标注

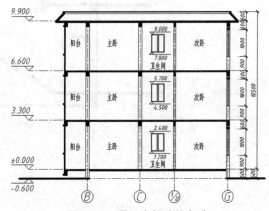

图 9-22　添加房间功能名称

步骤 2　标注说明文字

(1) 执行"多行文字"命令，在剖面图下方输入文本"1-1 剖面图"和"1∶100"，图名字高 700，比例字高 500。

(2) 执行"直线"命令，在文本"1-1 剖面图"下方绘制两条直线。

(3) 执行"多行文字"命令，填写标题栏内容。

(4) 执行"多行文字"命令，在图框下方输入文本内容。

项 目 自 测

对于结构复杂的建筑物，其内部功能又没有什么规律性时，需要绘制从多个位置剖切的剖面图才能满足施工要求。剖面图的数量根据房屋的具体情况和施工实际需要而定。若为多层房屋，剖面图应选择在楼梯间或层数不同、层高不同的部位。剖面图的图名应与平面图上所标注剖切符号的编号一致。

请绘制本项目中 3 层楼房楼梯间位置的剖面图，如图 9-23 所示。

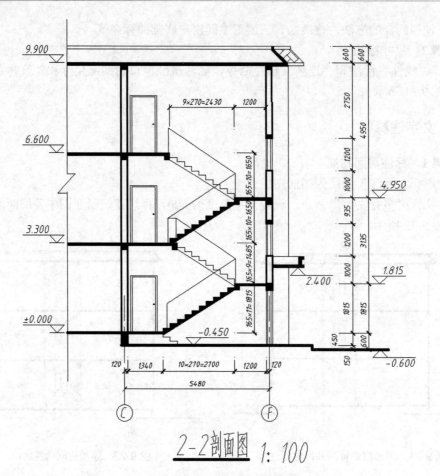

图 9-23　楼梯间位置的剖面图

项目 10

网络拓扑图

党的二十大明确提出，要加快建设网络强国、数字中国，加速核心技术新突破，提升数字经济新活力。

我国顺应信息时代发展大势，对于网络强国建设提出了一系列新任务、新部署和新要求。加强数字中国建设助力中国式现代化，推动数字经济与实体经济融合发展，以新动能推动新发展。

数字经济已成为推动我国经济增长的主要引擎之一。在数字经济发展过程中，我国高度重视基础设施建设，经过多年努力，我国已建成全球最大的数字基础设施网络，无论是在数量，还是在普及率等方面，都达到世界一流水平。

2023 年，国家区块链技术创新中心在北京正式运行，中心明确要在能源、贸易等一批国家关键领域建设区块链行业创新中心，在我国数字经济高速发展、运行活跃的重点地区建设区块链区域创新中心。随后，国家区块链技术(能源领域)创新中心和国家区块链技术(海洋经济)创新中心相继成立。

我国的区块链行业创新中心正在不断拓展。按照目标，国家区块链技术创新中心下一步还要进一步织密行业创新中心网络，加速建设超大规模区块链算力集群，形成性能强大的数字基础设施，辐射全国，加速我国东部、中部、西部数据要素联通，国民经济各大关键行业协同增效，拉动国家数字经济高质量发展。

我国的数字经济正在蓬勃发展，对推动经济社会高质量发展、满足人民日益增长的美好生活需要发挥了重要作用。我国还将继续完善数字经济治理，释放数据要素潜力，更好赋能经济发展、丰富人民生活。

数字经济的发展，离不开高水平的数字人才的支撑。数字经济的关键技术包含 5G、大数据、云计算、人工智能、区块链技术等。我们青年学子要努力学习专业知识，尽快使自己成长为高素质的技术技能人才。

📖【本项目学习目标】

了解网络拓扑图的类型、组成结构和设计要点,掌握绘制网络拓扑样板图的方法,理解工作组级网络拓扑图、部门级网络拓扑图、园区级网络拓扑图和企业级网络拓扑图的特点并掌握其绘制方法。

在计算机网络系统工程设计和安装中,一般是先设计网络拓扑图,有了网络拓扑基础结构,再进行综合布线系统的设计。综合布线系统图一般在园区和建筑物土建设计阶段进行绘制,往往早于网络系统的规划与设计,因此在综合布线系统图规划和设计中,必须首先明确用户需求,按照用户需求规划和设计网络拓扑图,然后再设计综合布线系统图和各个子系统。本项目以某公司的网络结构为例,依次介绍该公司的工作组级网络拓扑图、部门级网络拓扑图、园区级网络拓扑图和企业级网络拓扑图的结构和绘制方法。

任务 10.1 网络拓扑图的基础知识

拓扑是一种不考虑物体的大小、形状等物理属性,而仅仅使用点和线描述多个物体实际位置与连接关系的抽象表示方法。拓扑不关心事物的细节,也不在乎相互的比例关系,而只是以图的形式表示一定范围内多个物体之间的相互关系。

计算机与网络设备要实现互联,就必须使用一定的组织结构进行连接,这种组织结构就是计算机网络拓扑结构。即网络拓扑结构是指以计算机作为节点、通信线路作为连线而构成的不同的几何图形,也就是传输介质互连各种网络设备的物理布局。

局域网的拓扑结构主要有总线型、环型、星型、树型以及网状型,如图 10-1 所示。

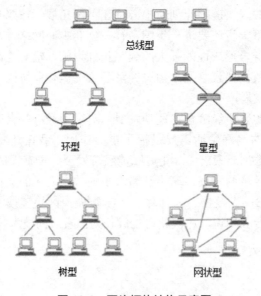

图 10-1 网络拓扑结构示意图

10.1.1 网络拓扑图的组成结构

一般来说，按照网络系统的应用需求和安装位置，网络结构应分为三层，即核心层、汇聚层和接入层。

三层网络架构采用层次化模型设计，即将复杂的网络设计分成几个层次，每个层次着重于某些特定的功能，这样就能够使一个复杂的大问题变成许多简单的小问题。

核心层：核心层是网络的高速交换主干，对整个网络的连通起到至关重要的作用。核心层应该具有可靠性、高效性、冗余性、容错性、可管理性、适应性、低延时性等特性。核心层应采用高带宽的千兆以上交换机。核心层设备采用双机冗余热备份是非常必要的，也可以使用负载均衡功能来改善网络性能。

汇聚层：汇聚层是网络接入层和核心层的中介，就是在工作站接入核心层前先做汇聚，以减轻核心层设备的负荷。汇聚层具有实施策略、安全、工作组接入、虚拟局域网（VLAN）之间的路由、源地址或目的地址过滤等多种功能。在汇聚层中，应该选用支持三层交换技术和 VLAN 的交换机，以达到网络隔离和分段的目的。

接入层：接入层目的是允许终端用户连接到网络，主要解决相信用户之间的互访需求，并且为这些访问提供足够的带宽。接入层还负责一些用户管理功能及用户信息收集工作。在接入层中，减少同一网段的工作站数量，能够向工作组提供高速带宽。接入层可以选择不支持 VLAN 和三层交换技术的普通交换机。

图 10-2 是一幅典型的三层网络拓扑结构的示意图。

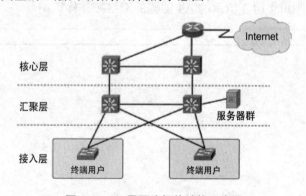

图 10-2 三层网络拓扑结构示意图

对于中小型网络，为了节约总体成本和减轻维护负担，可以不设置汇聚层，只设计核心层和接入层两层即可。

10.1.2 网络拓扑图的设计要点

绘制网络拓扑图要注意以下设计要点。

1. 设备图例简明易懂

网络拓扑图中包括路由器、交换机、防火墙等各种网络设备，在设计拓扑图时，各设备图例必须简单明了、易于理解，同时也必须对每个设备进行文字标注说明。

2. 连接关系准确清晰

网络拓扑图各设备间连接的可靠性和准确性,直接决定网络的通畅性,所以,各设备间的连接关系必须简明、准确,不能相互交叉、造成混淆。

3. 图面布局合理美观

任何工程图纸都必须注意图面布局合理,比例合适,文字清晰。图形应布置在图纸的中间位置。在设计前根据设计内容,选择图纸幅面,一般应首先选用 A0、A1、A2、A3、A4 等标准幅面,在标准幅面不符合要求时,也可以选择加长幅面。

4. 标题栏完整规范

标题栏是任何工程图纸都不可缺少的内容,一般在图纸的右下角位置。标题栏的设计应规范、完整、正确。

任务 10.2 制作网络拓扑样板图

从本任务接下来的 4 个任务,需要分别绘制工作组级网络拓扑图、部门级网络拓扑图、园区级网络拓扑图、企业级网络拓扑图,这一套图纸应该采用相同的样板图。我们可以首先绘制"A4 幅面网络拓扑样板图",则后面各任务可以直接调用,避免重复操作,从而节省绘图时间,提高绘图效率。

【例 10-1】绘制如图 10-3 所示的 A4 图幅的网络拓扑样板图。

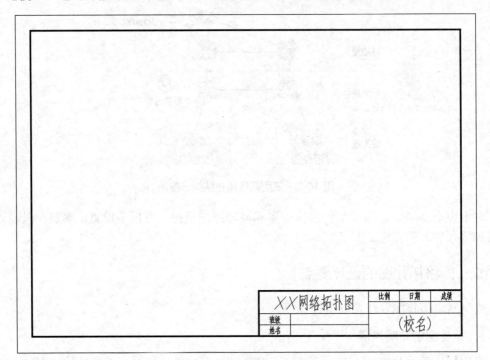

图 10-3 A4 网络拓扑样板图

10.2.1 设置绘图环境

(1) 启用状态栏中的"极轴追踪""对象捕捉"和"对象捕捉追踪"功能，并设置对象捕捉模式为"端点""交点""圆心"和"中点"。

(2) 新建设备、缆线、文字标注、图框 4 个图层。设置"图框"图层线宽为 0.3mm，其他图层均为默认值。

微课 10-1

(3) 执行"文字样式"命令，设置"SHX 字体"为 gbeitc.shx，"大字体"为 gbcbig.shx。

(4) 设置线型的全局比例因子为 0.5。

10.2.2 绘制图框和标题栏

步骤 1 绘制图框
(1) 选择"0"图层为当前图层。
(2) 执行"矩形"命令，绘制一个长度为 297、宽度为 210 的矩形。
(3) 执行"偏移"命令，将矩形各边向内侧偏移 10。

步骤 2 绘制标题栏
(1) 执行"分解"命令，将内侧矩形分解为 4 条直线。
(2) 执行"偏移"命令，将内侧矩形下方直线依次向上偏移 5 共 4 次，将右侧直线依次向左偏移 18、18、18、45、18。
(3) 执行"修剪"命令，按要求修剪标题栏。
(4) 选中图框的 4 条直线和标题栏外轮廓 2 条直线，将其转换到"图框"图层。
(5) 切换到"文字标注"图层。
(6) 执行"多行文字"命令，在标题栏中输入相应的文字。

10.2.3 保存样板图

(1) 执行"保存"命令，打开"图形另存为"对话框，选择"文件类型"为"AutoCAD 图形样板(*.dwt)"，输入样板图名称为"A4 网络拓扑"。

(2) 单击"保存"按钮，打开"样板选项"对话框，在"说明"选项区域中可以输入对样板图形的描述和说明。

任务 10.3 工作组级网络拓扑图

工作组级网络是企业中最基础的网络单元，一般指在一个空间或者附近几个空间进行同一类型业务人员使用的办公网络系统，虽然人数较少，但相互之间业务联系密切，信息流量较大。

企业的信息流和数据流都是从工作组级网络产生的。不同的工作组级网络，可能对网络的需求有较大的差别，组内和组间联系的紧密程度很不一样，在进行网络的需求分析时，工作组级网络的分析应尽量详细，力求获得较为准确的需求数据。

工作组级网络一般以工作组级交换机为中央连接设备进行构建，其目的是便于工作组成员之间方便、快捷地进行内部交流。这样的好处是，每个工作组的数据通信都在其内部进行，不必占用主干网络，大大节省了主干网络的带宽。工作组级网络中是否需要服务器应根据实际需求来决定。

在进行工作组级网络设计之前，首先需要明确工作组的 PC 数量、信息流大小、信息点类型等。

下面我们以某公司销售部的商务组为例，具体介绍工作组级网络拓扑图的绘制步骤和绘制方法。

【例 10-2】绘制图 10-4 所示某公司销售部商务组的工作组级网络拓扑图。

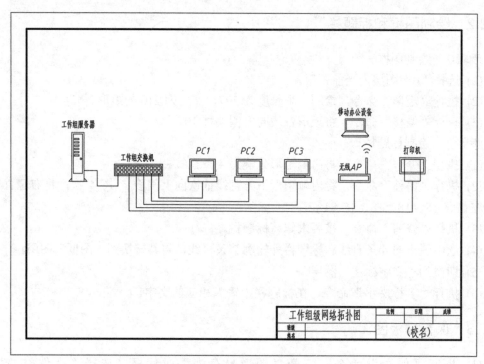

图 10-4　工作组级网络拓扑图

10.3.1　打开 A4 网络拓扑样板图

(1) 执行菜单命令"文件"→"新建"，打开"选择样板"对话框。

(2) 从"名称"下拉列表框中选择"A4 网络拓扑"，单击"打开"按钮，新建一个以 A4 网络拓扑样板图为基础的图纸。

微课 10-2-1

10.3.2　绘制网络设备

本图是一幅平面示意图。示意图只要求能够大致表达网络各节点设备的位置即可，不需要精确的图形尺寸，也不需要考虑各图形之间的比例关系。但必须能够正确表达节点设备之间的连接关系和位置关系，且使图形简洁美观。

步骤1　绘制 PC

(1) 切换到"设备"图层。

(2) 执行"矩形"命令，绘制一个长度为 16、宽度为 10 的矩形。

(3) 执行"偏移"命令，把矩形各边向内偏移 1。

(4) 执行"矩形"命令，绘制一个长度为 10、宽度为 1.5 的矩形。

(5) 执行"移动"命令，将该矩形上方中点与第(2)步绘制的矩形下方中点重合。

(6) 执行"矩形"命令，绘制一个长度为 18、宽度为 3 的矩形。

(7) 执行"移动"命令，将该矩形上方中点与第(4)步绘制的矩形下方中点重合。

(8) 执行"写块"命令 W，将该图形保存为"PC"图块，如图 10-5 所示。

步骤2　绘制交换机

(1) 执行"矩形"命令，绘制一个长度为 1.6、宽度为 1.6 的矩形端口。

(2) 执行"矩形阵列"命令，阵列 2 行 12 列、行列间距均为 1.6 的 24 个端口。

(3) 执行"矩形"命令，结合临时追踪点 tt 功能，绘制长度为 29.6、宽度为 5.6 的矩形。

(4) 执行"偏移"命令，将第(3)步的矩形向外偏移 0.8。

(5) 执行"写块"命令 W，将该图形保存为"交换机"图块，如图 10-6 所示。

步骤3　绘制服务器

(1) 执行"矩形"命令，绘制长度为 8、宽度为 30 的矩形。

(2) 执行"偏移"命令，将矩形向内偏移 1。

(3) 利用夹点将内侧矩形下方水平线向上移动 4。

(4) 执行"直线"命令，绘制长度为 12 的水平直线。

(5) 执行"移动"命令，将直线中点和外侧矩形下方中点重合。

(6) 执行"直线"命令，绘制两条与外侧矩形相交的斜线。

(7) 执行"矩形"命令，在服务器内合适位置绘制长度为 3、宽度为 0.8 的矩形。

(8) 执行"矩形阵列"命令，将该矩形阵列 6 行 1 列、行间距为 2 的 6 个矩形。

(9) 执行"圆"命令，在服务器内合适位置绘制直径为 1 的圆。

(10) 执行"写块"命令 W，将该图形保存为"服务器"图块，如图 10-7 所示。

图 10-5　PC　　　　　图 10-6　交换机　　　　　图 10-7　服务器

步骤4　绘制打印机

(1) 执行"矩形"命令，绘制 16×10 的矩形。

(2) 执行"偏移"命令，将矩形向内侧偏移 1。

(3) 执行"矩形"命令，绘制 10×14 的矩形。

(4) 执行"移动"命令，将第(4)步绘制的矩形与偏移矩形上方中点重合。
(5) 执行"写块"命令 W，将该图形保存为"打印机"。

步骤 5　绘制无线 AP
(1) 执行"矩形"命令，绘制 20×5 的矩形。
(2) 执行"偏移"命令，将矩形向内偏移 1。
(3) 执行"矩形"命令，绘制 1×10 的矩形。
(4) 执行"移动"命令，将第(3)步的矩形移动到第(1)步的矩形的右上方。
(5) 执行"写块"命令 W，将该图形保存为"无线 AP"。

步骤 6　绘制移动办公设备
(1) 执行"矩形"命令，绘制长度为 12、宽度为 8 的矩形。
(2) 执行"偏移"命令，将矩形各边向内偏移 1。
(3) 执行"直线"和"修剪"命令，完成图形的绘制。
(4) 执行"写块"命令 W，将该图形保存为"移动办公设备"。

10.3.3　绘制工作组级网络拓扑图

步骤 1　设备排列
(1) 切换到"设备"图层。
(2) 执行"插入块"命令，分别插入服务器、交换机和 PC 等图块。
(3) 执行"复制"命令，均匀复制多个 PC 图块。
(4) 执行"移动"命令，将各图块排列成如图 10-8 所示样式。

微课 10-2-2

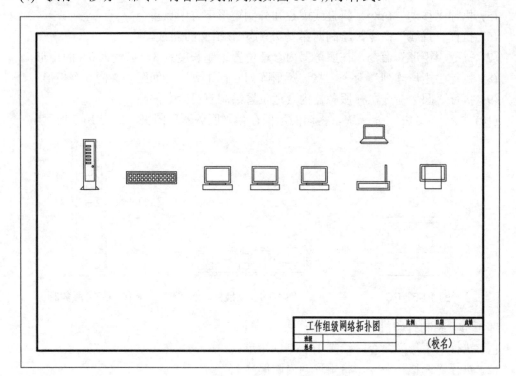

图 10-8　设备排列

步骤 2　模块连接

(1) 切换到"缆线"图层。

(2) 执行"多段线"命令，将服务器与交换机、交换机与各 PC 模块进行连接。

(3) 执行"圆弧"命令，绘制无线电信号。结果如图 10-9 所示。

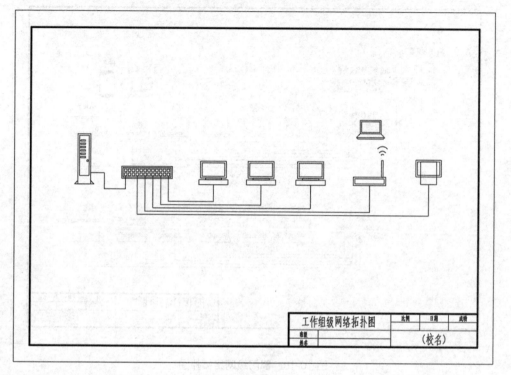

图 10-9　模块连接

步骤 3　文字标注

(1) 切换到"文字标注"图层。

(2) 执行"多行文字"命令，对图中各模块进行文字标注。

任务 10.4　部门级网络拓扑图

部门级网络一般指大中型企业中位于同一楼宇内的局域网，或小型企业的"企业级"网络。

部门级网络是由部门内部业务联系密切的工作组级网络互联而成的。其主要目标是资源共享，如打印机、绘图仪、扫描仪等硬件的共享，以及系统软件资源、数据库资源、公用网络资源等的共享。因此，一般部门级网络均设有部门级服务器。部门级服务器和部门内的工作组交换机都连接到部门汇聚层交换机上。一些外设，如打印机、绘图仪、扫描仪等，都可以在部门级网络内部得到共享。这样做的好处是：同一部门的成员，可轻松共享部门内的软、硬件资源。

对于部门级网络，应根据部门的业务特点和基于部门的需求分析，如各个小组网络间的数据流向、信息流量的大小、具体的地理条件等因素，综合考虑部门级网络的网络技术和具体结构。

【例 10-3】绘制如图 10-10 所示的某公司销售部部门级网络拓扑图。

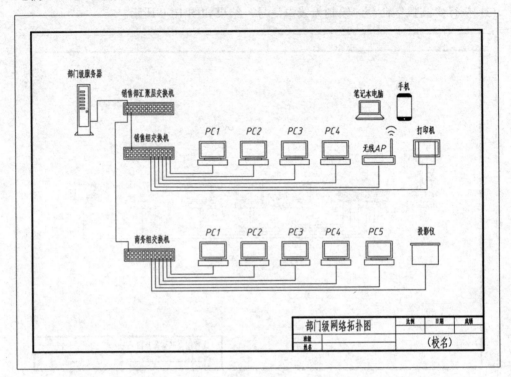

图 10-10　部门级网络拓扑图

10.4.1　打开 A4 网络拓扑样板图

(1) 执行菜单命令"文件"→"新建"，打开"选择样板"对话框。

(2) 从"名称"列表框中选择"A4 网络拓扑"，单击"打开"按钮，新建一个以 A4 网络拓扑样板图为基础的图纸。

微课 10-3-1

10.4.2　绘制网络设备

步骤 1　绘制投影仪

(1) 切换到"设备"图层。

(2) 执行"矩形"命令，分别绘制 18×1 和 14×12 两个矩形。

(3) 执行"移动"命令，将第二个矩形的上边线中点与第一个矩形下边线中点重合。

(4) 执行"写块"命令 W，将该图形保存为"投影仪"图块。

步骤 2　绘制手机

(1) 执行"矩形"命令，绘制半径为 2，长度为 9，宽度为 16 的圆角矩形。

(2) 执行"直线"命令，在圆角矩形中绘制两条与矩形的上下边平行、左右边相交的直线。

(3) 执行"圆"命令,在矩形下边线与下方水平直线中间绘制一个半径为 0.6 的圆。
(4) 执行"图案填充"命令,在手机图案上、下方位置填充 solid 图案。
(5) 执行"写块"命令 W,将该图形保存为"手机"图块。

10.4.3 绘制部门级网络拓扑图

步骤 1 绘制销售组的网络结构图

(1) 执行"插入块"命令,分别插入服务器、交换机、PC 等图块。
(2) 执行"移动"和"复制"命令,并对各图块进行排列。首先排列出销售组的网络拓扑结构图。

微课 10-3-2

(3) 切换到"缆线"图层,用"多段线"对服务器和汇聚层交换机、汇聚层交换机和销售组交换机、销售组交换机和各终端图块进行连接。
(4) 切换到"标注文字"图层,用"多行文字"对图中各模块进行文字标注。结果如图 10-11 所示。

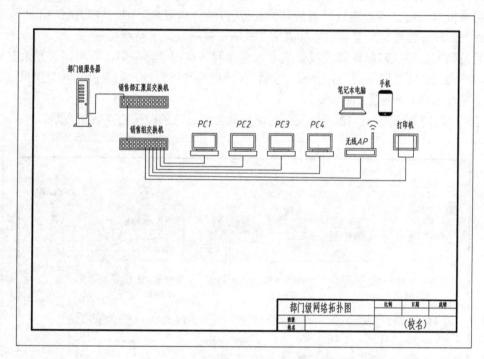

图 10-11 绘制销售组网络结构图

步骤 2 绘制商务组的网络结构图

(1) 执行"复制"命令,将销售组的网络设备整体向下复制一组,作为商务组的网络设备。
(2) 执行"删除"命令,删除销售组的打印机和移动办公设备。
(3) 执行"移动"命令,将投影仪图块移动到商务组网络设备的合适位置。
(4) 执行"复制"命令,在商务组删除移动办公设备的位置复制一台 PC。
(5) 分别双击投影仪和新复制 PC 图块名称,改名为"投影仪"和"PC5"。

(6) 切换到"缆线"图层。

(7) 执行"多段线"命令,对"销售部汇聚层交换机"与"商务组交换机"图块进行连接。

任务 10.5　园区级网络拓扑图

园区级网络是指大中型企业在一定范围内由企业中各部门网络互联而成的网络,园区级网络考虑的重点是带宽较高的干线网。园区级网络有与广域网络的连接部分,也有与企业的局域网间的互联、接入本地区公用网络的连接以及进入 Internet 的互联体系等。

园区级网络采用业界成熟的三层架构,即接入层、汇聚层和核心层,最后园区网通过出口层网络设备(路由器或交换机)连接到外网。通过这种分层的网络架构,可以保证根据业务需求,分别对不同层次进行扩容。

典型园区网的重要特征是不存在网络单点故障,交换机设备和链路都存在冗余备份,接入交换机与核心交换机通过双规或环网相连接(注:"双规"即"双归属"),汇聚交换机双规接入核心交换机,交换机之间采用 TRUNK 链路保证链路级可靠性。

考虑到节省园区网网络建设投资成本,允许网络存在单点故障,不再部署冗余交换机设备,交换机之间互联采用 TRUNK 链路,保证链路级可靠性,但是园区网交换机设备故障,会导致网络故障和业务中断。

【例 10-4】绘制图 10-12 所示某公司在某地公司总部的园区级网络拓扑图。

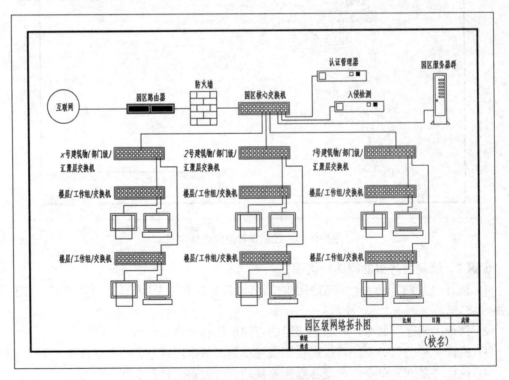

图 10-12　园区级网络拓扑图

10.5.1 打开 A4 网络拓扑样板图

(1) 执行菜单命令"文件"→"新建",打开"选择样板"对话框。

(2) 从"名称"列表框中选择"A4 网络拓扑",单击"打开"按钮,新建一个以 A4 网络拓扑样板图为基础的图纸。

微课 10-4-1

10.5.2 绘制网络设备

步骤 1　绘制防火墙

(1) 切换到"设备"图层。
(2) 执行"矩形"命令,绘制长度为 16、宽度为 20 的矩形。
(3) 执行"分解"命令,将矩形分解为 4 条直线。
(4) 执行"偏移"命令,将矩形下方直线向上偏移 4 共 4 次。
(5) 重复"偏移"命令,将矩形左侧直线向右偏移 4 共 3 次。
(6) 执行"修剪"命令,修剪出防火墙图案。
(7) 执行"写块"命令 W,将该图形保存为"防火墙"图块。

步骤 2　绘制园区路由器

(1) 执行"矩形"命令,绘制长度为 14、宽度为 4.6 的矩形。
(2) 执行"偏移"命令,将矩形向内侧偏移 0.8。
(3) 执行"图案填充"命令,给内侧矩形填充 solid 图案。
(4) 执行"复制"命令,将矩形和填充矩形复制到向右 14.5 的位置。
(5) 执行"矩形"命令,结合临时追踪点 tt 功能,绘制长 29.5、宽 5.6 的矩形。
(6) 执行"写块"命令 W,将该图形保存为"园区路由器"图块。

步骤 3　绘制认证管理器

(1) 执行"矩形"命令,绘制长度为 30、宽度为 6 的矩形。
(2) 执行"矩形"命令,绘制长、宽均为 4 的矩形。
(3) 执行"移动"命令,将第(2)步矩形左侧中点移动到第(1)步矩形左侧中点向右移动 1 的位置。
(4) 执行"矩形"命令,绘制长、宽均为 2 的矩形。
(5) 执行"复制"命令,将第(4)步矩形复制到向右 4 的位置。
(6) 执行"图案填充"命令,给右侧矩形填充 solid 图案。
(7) 执行"移动"命令,将第(4)步和第(6)步矩形移动到第(1)步矩形内右上方的位置。
(8) 执行"写块"命令 W,将该图形保存为"认证管理器"。

10.5.3 绘制园区级网络拓扑图

步骤 1　绘制核心网络区网络结构图

(1) 切换到"设备"图层。
(2) 执行"插入块"命令,分别插入服务器、交换机等图块。
(3) 执行"圆"命令,绘制半径为 10 的圆。

微课 10-4-2

(4) 执行"移动"命令，对各图块进行排列。

(5) 切换到"缆线"图层。

(6) 执行"多段线"命令，对"互联网"与"园区路由器"、"园区路由器"与"防火墙"、"防火墙"与"园区核心交换机"等对应各图块进行连接。

(7) 切换到"标注文字"图层。

(8) 执行"多行文字"命令，对图中各图块进行文字标注。结果如图 10-13 所示。

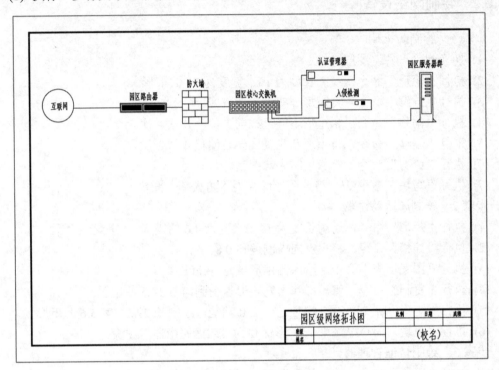

图 10-13　绘制核心网络区网络结构图

步骤 2　绘制各部门网络结构图

(1) 切换到"设备"图层。

(2) 执行"插入块"命令，分别插入交换机、PC、打印机图块，作为 1 号建筑物的网络设备图块。

(3) 执行"移动"命令，对 1 号建筑的汇聚层交换机、上方一组楼层交换机和其下的 PC 图块、打印机图块进行排列。

(4) 切换到"缆线"图层。

(5) 执行"多段线"命令，对"1 号建筑物汇聚层交换机"与"楼层交换机"图块、"楼层交换机"与其下的"PC""打印机"图块分别进行连接。

(6) 执行"复制"命令，复制一组楼层交换机和其下的 PC、打印机图块及其连线。

(7) 切换到"标注文字"图层。

(8) 执行"多行文字"命令，对 1 号建筑物的各图块进行文字标注。结果如图 10-14 所示。

(9) 执行"复制"命令，将 1 号建筑物的网络设备再复制两组。

(10) 双击复制出的两组建筑物的汇聚层交换机名称,分别将其修改为"2 号建筑物汇聚层交换机"和"x 号建筑物汇聚层交换机"。结果如图 10-15 所示。

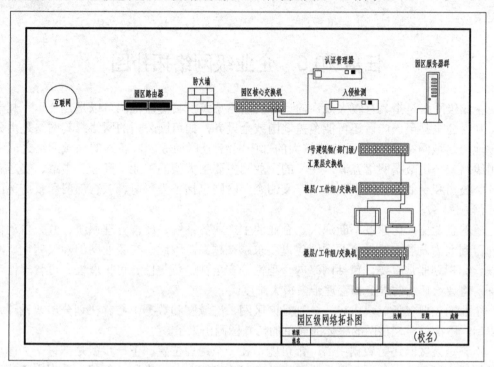

图 10-14　绘制 1 号楼网络结构图

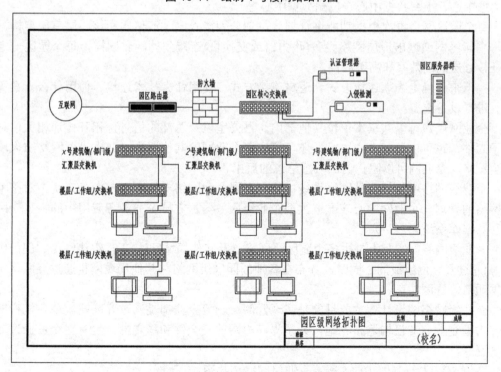

图 10-15　复制两组建筑物网络设备

(11) 切换到"缆线"图层。

(12) 执行"多段线"命令，分别对"园区核心交换机"与各建筑物汇聚交换机模块进行连接。

任务 10.6　企业级网络拓扑图

企业级网络是指具有较大规模的计算机网络系统，其覆盖范围可以是几公里、几十公里、几百公里甚至更广，还可能覆盖全国或全世界，如跨国公司的网络。其网络是由分布在各地的局域网络(园区级网络或较大的部门网络)互联而成的，各地的局域网络之间通过专用线路或公用数据网络互联。狭义的企业网主要指大型的工业、商业、金融、交通企业等各类公司和企业的计算机网络；广义的企业网则包括各类科研、教育部门和政府部门专有的信息网络。

随着企业信息化建设不断深入，企业的生产业务系统、经营管理系统、办公自动化系统均得到大力发展，对于企业网的建设要求越来越高。因此，在企业网的建设初期，网络的设计和规划非常重要，包括网络的合理性、安全性、可靠性、可扩展性、可管理性等，否则，将会给后续的维护和管理带来极大难度。

企业网主要包括三块内容，分别是园区网、广域网和数据中心。在划分出要设计几张网以后，下面就要把该网的整体的简单的拓扑图画出来了。

不管是园区网还是数据中心，都可能不在一个地理位置，下一步就是把每个大区域按地理位置进行细化。如园区网分为北京总部、石家庄分部、太原分部等；数据中心分为北京数据中心、上海数据中心、广州数据中心等。

每个园区网会再次根据功能进行划分，划分为接入层、汇聚层和核心层三层架构，最后每个园区网通过出口层网络设备(路由器或交换机)连接到外网。同样，每个园区一定要保证核心层的高效率和高可靠性。

接下来要确定物理连接方式、逻辑连接方式、使用什么技术连接、使用什么方案等，最后进行设备选型。

企业网用户可以共享本单位其他部门、办公室以及总部的信息，相互传递相关信息或电子邮件，也可以访问中心主机，还可以申请企业网的其他服务。通过设置网络防火墙的安全策略，企业网可以阻止内部敏感信息的流出。

企业级网络中包括多种网络系统，应当设置企业网络支持中心，由其来实施对整个企业网络的管理。企业网中心应配置大型企业级服务器，支持企业业务应用中的大型应用系统和数据库系统。

企业级网络，实际上是由多个园区级网络以及其他局域网(如工作组级网络、部门级网络等)通过互联网组成的。同时，分布在各地的园区级网络和其他局域网也通过互联网实现数据通信、资源共享。

企业级网络的设计，主要目的是实现互联。一般企业都是通过互联网实现各机构的联通。大型企业分支机构遍布各地，为了提高内网的安全性和稳定性，也有些企业通过专线实现互联。

【例 10-5】绘制图 10-16 所示企业级网络拓扑图。

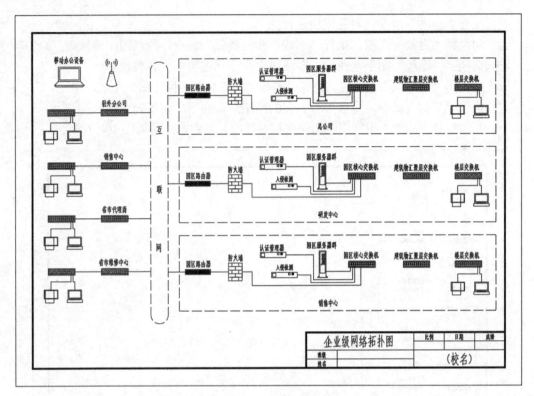

图 10-16 企业级网络拓扑图

10.6.1 打开 A4 网络拓扑样板图

(1) 执行菜单命令"文件"→"新建",打开"选择样板"对话框。

(2) 从"名称"下拉列表框中选择"A4 网络拓扑",单击"打开"按钮,新建一个以 A4 网络拓扑样板图为基础的图纸。

微课 10-5-1

10.6.2 绘制网络设备

(1) 切换到"设备"图层。
(2) 执行"椭圆"命令,绘制长半轴长度为 1、短半轴长度为 0.5 的椭圆。
(3) 执行"直线"命令,分别绘制长为 8、角度为 255°和 285°的两条直线。
(4) 执行"椭圆弧"和"直线"命令,完成无线电发射塔的绘制。
(5) 执行"写块"命令 W,将该图形保存为"无线终端"。

10.6.3 绘制企业级网络拓扑图

步骤 1 绘制移动办公系统和驻外分公司网络结构图

(1) 执行"插入块"命令,分别插入移动办公设备等图块。
(2) 执行"缩放"命令,将除移动办公设备和无线终端外的所有图块缩小至原来的 1/2。

微课 10-5-2

(3) 执行"移动"命令,对各模块进行排列。

(4) 切换到"虚线"图层,执行"直线"和"圆弧"命令,绘制图中虚线框。

(5) 切换到"缆线"图层,执行"多段线"命令,连接图中各模块。

(6) 切换到"文字标注"图层,执行"多行文字"命令,标注图中文字。

(7) 执行"复制"命令,将驻外分公司的网络结构向下均匀复制3组。

(8) 双击复制出来的3组网络结构的名称并修改其名称,结果如图10-17所示。

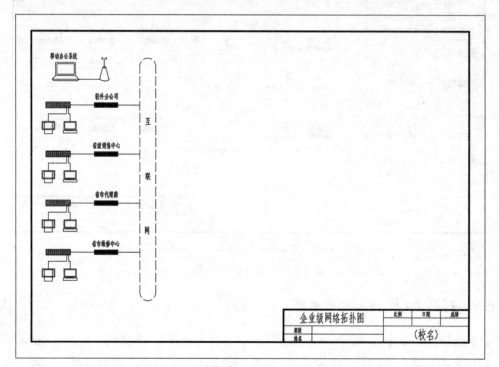

图 10-17　绘制移动办公系统和驻外分公司网络结构图

步骤 2　绘制总公司网络结构图

(1) 切换到"设备"图层。

(2) 执行"插入块"命令,分别插入服务器、防火墙、认证管理器、入侵检测等图块。

微课 10-5-3

(3) 执行"缩放"命令,将插入的所有图块缩小至原来的1/2。

(4) 执行"移动"和"复制"命令,对各模块进行排列。楼层交换机及其下的 PC 和打印机模块可以作为一个整体直接从驻外分公司网络结构图中复制。

(5) 切换到"缆线"图层。

(6) 执行"多段线"命令,连接图中各模块。

(7) 切换到"文字标注"图层。

(8) 执行"多行文字"命令,标注图中文字。

(9) 切换到"虚线"图层。

(10) 执行"矩形"命令,绘制矩形,将整个总公司网络结构图封闭其中。结果如图 10-18 所示。

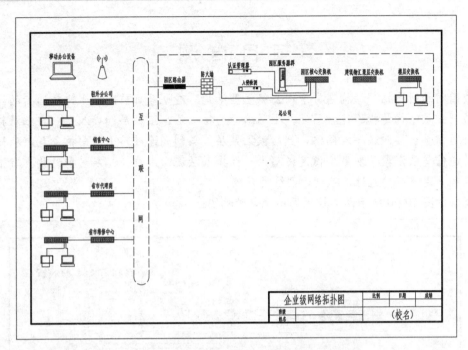

图 10-18　绘制总公司网络结构图

步骤 3　绘制其他各分公司的网络结构图

(1) 执行"复制"命令，将总公司的网络结构图向下均匀复制两组。

(2) 双击图中文字，修改文字内容，分别将"总公司"修改为"研发中心"和"销售中心"。结果如图 10-19 所示。

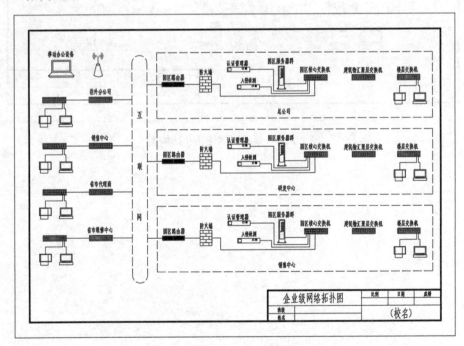

图 10-19　绘制各分公司的网络结构图

项目自测

校园网的网络拓扑结构通常采用三级星型结构,这也是目前国际上比较通行的设计方法。所谓三层结构是指除连接层外,把网络分为核心层、汇聚层和接入层。在三层拓扑结构中,通信量被接入层导入网络,然后被汇聚层聚集到高速链路上流向核心层,从核心层流出的通信量被汇聚层发散到低速链路上,经接入层流向用户。三层星型结构具有很好的可靠性和一定的可扩充性,有利于网络的升级。

请绘制图 10-20 所示的某校园网络拓扑结构图。

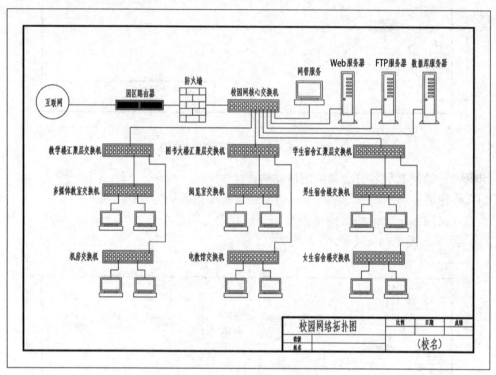

图 10-20 某校园网络拓扑结构图

项目 11

综合布线工程图

2015 年,国务院印发《关于积极推进"互联网+"行动的指导意见》,这是推动互联网由消费领域向生产领域拓展,加速提升产业发展水平,增强各行各业创新能力,构筑经济社会发展新优势和新动能的重要举措。

"互联网+"简单地说就是"互联网+传统行业"。随着科学技术的发展,利用信息和互联网平台,使得互联网与传统行业进行融合,利用互联网具备的优势特点,创造新的发展机会。"互联网+"通过其自身的优势,对传统行业进行优化升级转型,使得传统行业能够适应当下的新发展,从而最终推动社会不断地向前发展。

"互联网+"是互联网思维的进一步实践成果,推动经济形态不断地发生演变,从而带动社会经济实体的生命力,为改革、创新、发展提供广阔的网络平台。它代表一种新的社会形态,即充分发挥互联网在社会资源配置中的优化和集成作用,将互联网的创新成果深度融合于经济、社会各领域之中,提升全社会的创新力和生产力,形成更广泛的以互联网为基础设施和实现工具的经济发展新形态。

近年来,我国在互联网技术、产业、应用以及跨界融合等方面取得了积极进展,已具备加快推进"互联网+"发展的坚实基础。在线教育、远程医疗、共享平台、协同办公、跨境电商等服务,对促进我国经济稳定、推动国际抗疫合作发挥了重要作用。

但同时也存在传统企业运用互联网的意识和能力不足、互联网企业对传统产业理解不够深入、新业态发展面临体制机制障碍、跨界融合型人才严重匮乏等问题,亟待加以解决。

作为网络工程技术专业的一员,应明晰专业人才的目标,更加明确专业领域内工作岗位和工作内容的社会价值,自觉树立远大职业理想,将职业生涯、职业发展脉络与国家发展的历史进程融合起来。

📖【本项目学习目标】

了解网络综合布线工程图的种类、识读方法、绘制要求和绘制步骤,理解综合布线系统拓扑图、综合布线系统管线路由图、楼层信息点分布和管线路由图的特点并掌握其绘制方法。

AutoCAD 广泛应用于综合布线系统的设计中。当建设单位提供了建筑物的 CAD 建筑图纸的电子文档后,布线系统设计人员可以根据建筑平面图、装修平面图等资料,在 CAD 建筑图纸基础上进行布线系统的设计,起到事半功倍的效果。在综合布线工程中,AutoCAD 主要用于绘制综合布线系统结构图、综合布线系统管线路由图、楼层信息点分布及管线路由图等图纸。

本项目的目标是在掌握绘图基础知识和绘制建筑图形的基础上,掌握利用 AutoCAD 绘制综合布线工程图的方法。

任务 11.1 综合布线工程图基础知识

综合布线工程图是表示施工对象的全部尺寸、用料、结构及施工要求,用于指导工程施工用的图样。技术人员可以此进行交流,依据施工图纸进行设计施工、购置设备材料、编制审核工程概预算。同时工程在出现故障时还可指导设备的运行、维护和检修。

综合布线工程施工图在综合布线工程中起着关键作用。设计人员首先要通过建筑图纸来了解和熟悉建筑物结构并设计综合布线施工图,然后,用户要根据工程施工图来对工程进行可行性分析和判断;施工技术人员要根据设计施工图组织施工;工程竣工后施工方须先将包括施工图在内的所有资料移交给建设方;验收过程中,验收人员还需根据施工图进行项目验收,检查设备及链路的安装位置、安装工艺等是否符合设计要求。施工图是用来指导施工的,应能清晰直观地反映网络和综合布线系统的结构、管线路由和信息点分布等情况。因此,识图、绘图能力是综合布线工程设计与施工组织人员必备的基本功。

11.1.1 综合布线工程图的种类

综合布线工程施工图是用来指导布线人员的布线施工的。在施工图上,要对一些关键信息点、交接点、缆线拐点等位置的施工注意事项和布线管槽的规格、材质等进行详细地标注或说明。综合布线工程图一般应包括以下 5 种类型的图纸。

(1) 网络拓扑结构图(一般用 Visio 绘制)。
(2) 综合布线系统拓扑(结构)图。
(3) 综合布线系统管线路由图。
(4) 楼层信息点分布及管线路由图。
(5) 机柜配线架信息点分布图。

通过以上 5 种类型的图纸,主要用来反映以下几个方面的内容。

(1) 网络拓扑结构。
(2) 进线间、设备间、电信间的设置情况及具体位置。
(3) 布线路由、管槽型号和规格、埋设方法。
(4) 各楼层信息点的类型和数量、信息插座底盒(终端盒)的埋设位置。
(5) 配线子系统的缆线型号和数量。
(6) 干线子系统的缆线型号和数量。
(7) 建筑群子系统的缆线型号和数量。
(8) 楼层配线架(FD)、建筑物配线架(BD)、建筑群配线架(CD)、光纤互联单元(LIU)的数量和分布位置。
(9) 机柜内配线架及网络设置分布情况、缆线成端位置。

11.1.2 设计参考图集

在综合布线系统图纸设计过程中，所采用的主要参考图集是《智能建筑弱电工程设计施工图集(97×700)》。该图集引入了成熟技术及先进技术，力求安全、实用、全面、环保，提供行之有效的经验与成熟做法，提炼、汇总了行业内的技术资源。

该图集是一款弱电设计施工图集，主要讲解的是火灾自动报警与消防控制系统、安全技术防范系统、建筑设备监控系统、电话交换及通信接入系统、信息网络系统、综合布线系统、有线电视系统、公共广播系统、电子会议及扩声系统、公共显示及呼应(叫)系统、智能化系统集成、机房工程、供电电源、线缆敷设、设备安装等相关知识。

该图集在一定程度上保持各自的独立性和完整性，对某些系统，除规定特定的图形符号外，还比较详细地介绍了系统构成、原理和实施方法。该图集适用于新建或改(扩)建的智能建筑各弱电系统的设计和设备安装，除民用建筑外，也考虑了部分工业建筑所列内容。除遵循当时有的规程、规范外，对当时尚未明确规定的部分，也研究确定了详细的设计及施工方法，以供选用，并希望通过工程实践，促进编制新的规程、规范。该图集可以作为施工图设计的主要参考书目。

11.1.3 综合布线工程图绘制要求

综合布线工程图的现行标准是信息产业部(现为工业和信息化部)发布的《通信工程制图与图形符号规定》(YD/T 5015－2015)。

1. 制图的整体要求

(1) 根据表述对象的性质、论述的目的与内容，选取适宜的图纸及表述手段，以便完整地表述主题内容。
(2) 图面应布局合理、排列均匀、轮廓清晰和便于识别。
(3) 应选取合适的图线宽度，避免图中的线条过细或过粗。
(4) 正确使用国标和行标规定的图形符号；派生新的符号时，应符合国标图形符号的派生规律，并在合适的地方加以说明。
(5) 在保证图面布局紧凑和使用方便的前提下，应选择合适的图纸幅面，使绘制的图形大小适中。

(6) 应准确地按规定标注各种必要的技术数据和注释,并按规定进行书写和打印。

(7) 工程设计图纸应按规定绘制标题栏,并按规定的责任范围签字,各种图纸应按规定顺序编号。

2．制图的统一规定

1) 图纸幅面

工程设计图纸幅面和图框大小应符合国家标准《技术制图 图纸幅面及格式》(GB/T 50001—2017)的规定,可以采用 A0、A1、A2、A3、A4 图纸幅面。在实际工程设计中,通常采用 A4 的图纸幅面,以便于装订和美观。

当上述幅面不能满足绘图要求时,也可按照图纸幅面和格式的规定加大幅面,如采用 A3×3、A3×4、A4×3、A4×4、A4×5 等幅面,也可在不影响整体视图效果的情况下分割成若干张图绘制(目前大多数采取这种方式)。

实际绘图时,应根据表述对象的规模大小、复杂程度、所要表达的详细程度、有无标题栏及注释的数量来选择较小的幅面。

2) 图线线型

表 11-1 列出了综合布线工程图中常用的线型分类及用途。

表 11-1　线型分类及用途

图线名称	图线形式	一般用途
实线	————————	基本线条：图纸主要内容用线、可见轮廓线
虚线	------------------	辅助线条：屏蔽线、机械连接线、不可见轮廓线、计划扩展内容用线
点画线	— · — · — · —	图框线：分界线、结构图框线、功能图框线、分级图框线
双点画线	— ·· — ·· — ·· —	辅助图框线：更多的功能组合或从某种图框中区分不属于它的功能部件

图线的宽度一般选用 0.25mm、0.35mm、0.5mm、0.7mm、1mm 或 1.4mm。同一幅图中通常只选用两种宽度的图线,粗线的宽度为细线宽度的 2 倍,主要图线用粗线,次要图线用细线。复杂的图纸也可采用粗、中、细 3 种线宽,线的宽度按 2 的倍数依次递增,但线宽种类不宜过多。

使用图线绘图时,应使图形的比例和配线协调恰当、重点突出、主次分明,在同一张图纸上,按不同比例绘制的图样及同类图形的图线粗细应保持一致。

细实线是最常用的线条,在以细实线为主的图纸上,粗实线主要用于主回路线、图纸的图框及需要突出的设备、线路、电路等处。指引线、尺寸线、标注线应使用细实线。

当需要区分新旧设备时,则粗线表示新建的设施,细线表示原有的设施,虚线表示规划预留部分。在改建的电信工程图纸上,需要拆除的设备及线路用"×"来标注。

3) 比例

对于建筑平面图、平面布置图、通信管道图及区域规划性质的图纸，一般应有比例要求，推荐使用比例为 1∶10、1∶20、1∶50、1∶100、1∶200、1∶500、1∶1000 等，各专业应按照相关规范要求选用合适的比例，并在标题栏中注明。

对于通信线路图、系统框图、电路组织图、方案示意图等类图纸无比例要求，但应按工作顺序、线路走向、信息流向排列。

特别要说明的是，对于通信线路图纸，为了更方便地表达周围环境情况，一张图纸中可以有多种比例，或完全按示意性图纸绘制。

4) 标题栏

每个设计单位都非常重视标题栏的设计，它们都会把精心设计的带有各自特色的标题栏放置在自己单位的样板图(即模板)中，设计人员只能在规定模板中绘制图纸，而不会去另行设计标题栏，因为这代表他们公司的形象。

综合布线工程施工图常用标准标题栏为长方形，大小宜为 180mm×35mm(长×宽)。标题栏内容用高度 5mm、SHX 字体为 gbeitc.shx、大字体为 gbcbig.shx 文字填写。标题栏应包括图名、图号、设计单位名称、单位主管、部门主管、总负责人、单项负责人、设计人、审校核人等内容。如图 11-1 所示就是一种常见的综合布线工程施工图的标题栏设计。从图中可以看出：第一，设计单位名称和图名占整个标题栏长度的一半；第二，标题栏的外框用粗线，其线条粗细与图框一致。

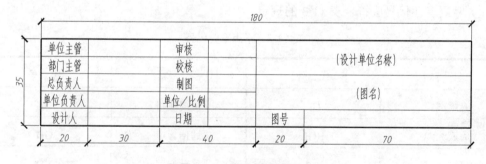

图 11-1 常用标题栏设计

5) 字体

图纸中的文字必须排列整齐，间隔均匀，文字位置应根据图面恰当安排，不能出现文字与图线叠压的情况，否则会严重影响图纸质量，也不利于施工人员看图。

文字多时宜放在图的下方或右侧。文字书写应从左向右横向书写，标点符号占一个汉字的位置。汉字应使用国家正式颁布的简化汉字，且采用宋体或仿宋体。

图中的"技术要求""说明"或"注"等字样，应写在具体文字内容的左上方，且应该使用比正文内容大一号的字号，标题下均不画横线。具体内容多于一项时，就按下列顺序号排列：

- 1、2、3……
- (1)、(2)、(3)……
- ①、②、③……

图中的数字，均应采用阿拉伯数字。

6) 图纸编号

图纸编号的编排应尽量简洁明了，设计阶段一般图纸编号的组成分为 4 段，如图 11-2 所示。

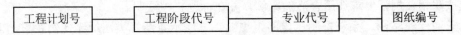

图 11-2　图纸编号组成

① 工程计划号：可使用上级下达、客户要求或自行编排的计划号。
② 设计阶段计划号：设计阶段计划号应符合表 11-2 的规定。

表 11-2　设计阶段代号

设计阶段	代 号	设计阶段	代 号	设计阶段	代 号
可行性研究	Y	初步设计	C	技术设计	J
规划设计	G	方案设计	F	设计投票书	T
勘察报告	K	初设阶段的技术规范书	CJ	修改设计	在原代号后加 X
引进工程询价书	YX	施工图设计、一阶段设计	S		

③ 常用专业代号应符合表 11-3 的规定。

表 11-3　常用专业代号

名　称	代　号	名　称	代　号
光缆线路	GL	电缆线路	DL
海底光缆	HGL	通信管道	GD
光传输设备	GS	移动通信	YD
无线接入	WJ	交换	JH
数据通信	SJ	计费系统	JF
网管系统		微波通信	WB
卫星通信		铁塔	TT
同步网		信令网	XLW
通信电源		电源监控	DJK

7) 注释、标志和技术数据

当含义不便于用图示方法表达时，可以采用注释。当图中出现多个注释或大段说明性注释时，应当把注释按顺序放在边框附近。有些注释可以放在需要说明的对象附近；当注释不在说明的对象附近时,应使用指引线(细实线)指向说明对象。

标注和技术数据应该放在图形符号的旁边。当数据很少时,技术数据也可以放在矩形符号的方框内(如继电器的电阻值);数据较多时可以用分式表示,也可以用表格形式列出。当用分式表示时,可采用以下模式。

$$N \stackrel{A-B}{\underset{C-D}{\longrightarrow}} F$$

式中:N 为设备编号,一般靠前或靠上放;A、B、C、D 为不同的标注内容,可增可减;F 为敷设方式,应靠后放。当设计中需表示本工程前、后有变化时,可采用斜杠方式:(原有数)/(设计数);当设计中需表示本工程前、后有增加时,可采用加号方式:(原有数)+(设计数)。

8) 尺寸标注

对于机械图、建筑图等图纸来说,一个完整的尺寸标注应由尺寸数字、尺寸界线、尺寸线组成。图中的尺寸,除建筑标高以米(m)为单位外,其他均以毫米(mm)为单位,且无须另加说明。

在通信线路工程图纸中,更多的则是采用示意图,直接用数字代表距离,而无须尺寸界线和尺寸线,如图 11-3 所示。在这张图纸中,由上往下的 35、20、23、26、28 等数字均表示架空杆路中的真实架空距离,单位为 m,且无须标注。

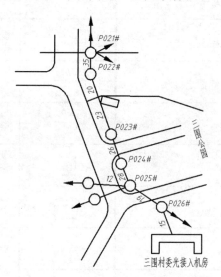

图 11-3 通信线路工程图中的尺寸标注

11.1.4 综合布线工程图的识读

综合布线工程图纸是通过各种图形符号、尺寸标注、文字符号和文字说明等来表达的。施工人员要通过图纸了解施工要求,按图施工;预算人员要通过图纸了解工程内容和工程规模,统计出工程量,编制工程概预算文件。阅读图纸的过程就称为识图。换句话说,识图就是要根据图例和所学的专业知识,认识设计图纸上的每个符号,理解其工程意义，进而很好地掌握设计者的设计意图，明确在实际施工过程中要完成的具体工作任务。这是按图施工的基本要求，也是准确套用定额进行综合布线工程概预算的必要前提。因此，识图、绘图能力是综合布线工程设计与施工人员必备的基本技能。

图例是设计人员用来表达其设计意图和设计理念的符号。设计人员在绘制图形时，为了施工识图方便，应该采用国家有关标准规定的图例来绘制。为此，设计人员在绘制综合布线工程施工图之前，首先需要确定图例，以便使用。施工技术人员也需要认识图例，以便明白图意。在综合布线工程设计中，部分常用图例如表11-4所示。

表11-4 综合布线工程设计部分常用图例

图 例	说 明	图 例	说 明
	FD 楼层配线架		走线槽(明敷)
	BD 建筑物配线架		走线槽(暗装)
	CD 建筑群配线架	PBX	程控交换机
	光纤或光缆		配线箱(柜)
	光纤永久接头		桥架
	光纤可拆卸固定接头	ODE	光纤配线架
BD/CD	总配线架	FD	楼层配线架/分配线架
HUB/Switch	网络设备		信息点
	计算机		电话
	架空线路		交接间
	沿建筑物明铺的通信线路		架空电缆交接箱
	沿建筑物暗铺的通信线路		墙挂式交接箱
	单孔信息插座		落地式电缆交接箱
	双孔信息插座		落地式光缆交接箱

11.1.5 绘制综合布线工程图的常用软件

在综合布线工程设计中，主要采用两种绘图软件：AutoCAD 和 Microsoft Visio。当然也可以利用市面上出现的综合布线系统计算机辅助设计软件或其他绘图软件进行绘制。

(1) AutoCAD。AutoCAD 是目前使用最为广泛的计算机辅助设计软件。AutoCAD 不但广泛应用于建筑工程设计，也应用于综合布线工程的技术当中。因此，如果建筑单位或业主能提供建筑图纸的电子文档，设计人员便可在其图纸基础上直接进行综合布线系统的设计，成倍提高工作效率。

在综合布线工程设计中，AutoCAD 主要用于绘制综合布线系统结构图、综合布线系统管线路由图、楼层信息点分布及管线路由图等图纸。

(2) Microsoft Visio。Visio 作为 Microsoft Office 组合软件的成员，是当今优秀的绘图软件之一，它将强大的功能和易用性完美结合，具有易用的集成环境、丰富的图表类型和直观的绘图方式，能使专业人员和管理人员快速、方便地制作出各种建筑平面图、管理机构图、网络布线图、工程流程图、电路图等。

在综合布线工程设计中，Visio 通常用于绘制网络拓扑图、布线系统图和楼层信息点分布及管线路由图等图纸。

11.1.6 综合布线工程图绘制步骤

使用 CAD 软件绘制布线工程图之前，一般需要先进行施工现场的测量、绘制草图，再根据草图绘制出 CAD 图形。综合布线工程图绘制的基本步骤如下，在实际绘图时可以根据具体绘图的内容进行调整。

(1) 新建图形文件，设置绘图环境。
(2) 确定图幅和图框。
(3) 绘制所需建筑平面图、立面图或剖面图。
(4) 绘制综合布线设备符号并将其定义为图块。
(5) 布置综合布线设备并绘制连接设备线路。
(6) 尺寸标注和文字注释。

任务 11.2　综合布线系统拓扑图

综合布线系统拓扑图作为全面概括布线系统全貌的示意图，主要包括综合布线中的工作区子系统、配线子系统、干线子系统、建筑群子系统、设备间子系统、进线间子系统和管理间子系统等七大子系统。对于工作区子系统，要绘制信息点并标注数量；对于配线子系统，要绘制和标注线缆的类型；对于干线子系统，要绘制及标记干线线缆的类型和线缆的用量等。另外，还要标记每栋建筑的名称以及每栋建筑中每层的名称，以便区分各自的用途和功能。

【例 11-1】绘制图 11-4 所示某校园网综合布线系统拓扑图。

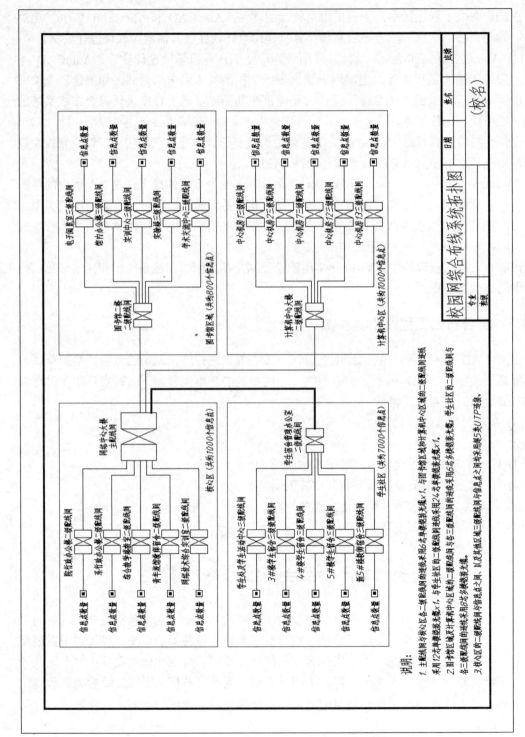

图 11-4 某校园网综合布线系统拓扑图

本图是一幅平面示意图。示意图只要求能够大致表达网络节点设备的位置即可，不需要精确的尺寸。但必须能够正确表达节点设备之间的连接关系和位置关系，且使图形简洁美观。

11.2.1 设置绘图环境

(1) 启用状态栏中的"极轴追踪""对象捕捉"和"对象捕捉追踪"功能，并设置对象捕捉模式为"端点""交点"和"中点"。

(2) 单击"图层特性管理器"按钮，新建配线间、信息点、细光纤、粗光纤、超5类UTP、分区线、图框、文字标注等8个图层。设置"粗光纤"图层的线宽为0.3mm、"图框"图层的线宽为0.3mm、"分区线"图层的颜色为红色，如图11-5所示。

微课11-1-1

图 11-5 新建图层

(3) 执行"文字样式"命令，设置"SHX字体"为gbeitc.shx，"大字体"为gbcbig.shx。

11.2.2 绘制图框和标题栏

步骤1 绘制图框

(1) 选择"0"图层为当前图层。
(2) 执行"矩形"命令，绘制一个长度为297、宽度为210的矩形。
(3) 执行"偏移"命令，将矩形各边向内侧偏移10。

步骤2 绘制标题栏

(1) 执行"分解"命令，将内侧矩形分解为4条直线。
(2) 执行"偏移"命令，将内侧矩形下方直线依次向上偏移5，共4次，将右侧直线依次向左偏移18、18、18、45和18。
(3) 执行"修剪"命令，按要求修剪标题栏。
(4) 选中图框的4条直线和标题栏外侧2条直线，将其转换到"图框"图层。
(5) 切换到"文字标注"图层。

(6) 执行"多行文字"命令，在标题栏中输入相应的文字。

11.2.3 绘制配线间和信息点

步骤 1 绘制主配线间

(1) 选择"配线间"图层为当前图层。

(2) 执行"矩形"命令，绘制一个长度为 6、宽度为 15 的矩形。

(3) 执行"复制"命令，将绘制的矩形复制到向右追踪 12 的位置。

(4) 执行"直线"命令，将相邻两个矩形的对角点相连接，结果如图 11-6 所示。

(5) 执行"创建块"命令，创建名为"主配线间"的图块。

微课 11-1-2

步骤 2 绘制分配线间

(1) 执行"矩形"命令，绘制一个长度为 3、宽度为 7.5 的矩形。

(2) 执行"复制"命令，将绘制的矩形复制到向右追踪 6 的位置。

(3) 执行"直线"命令，将相邻两个矩形的对角点相连接，结果如图 11-7 所示。

(4) 执行"创建块"命令，创建名为"分配线间"的图块。

步骤 3 制作信息点块

(1) 选择"信息点"图层为当前图层。

(2) 执行"矩形"命令，绘制一个长和宽均为 3 的矩形。

(3) 执行"偏移"命令，将矩形各边向内偏移 0.75。

(4) 执行"图案填充"命令，将内部矩形填充为黑色，完成结果如图 11-8 所示。

(5) 执行"创建块"命令，创建名为"信息点"的图块。

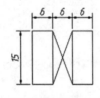

图 11-6 主配线间　　　　图 11-7 分配线间　　　　图 11-8 信息点

11.2.4 绘制并连接核心区配线间和信息点

步骤 1 设置多线样式

(1) 选择"细光纤"图层为当前图层。

(2) 执行"多线样式"命令，弹出"多线样式"对话框。

(3) 单击"新建"按钮，打开"创建新的多线样式"对话框。输入新样式名为"line1"。

微课 11-1-3

(4) 单击"继续"按钮，在打开的"新建多线样式:LINE1"对话框中，单击"添加"按钮添加 3 个图元，然后将"图元"列表框中的偏移量依次修改为 6、3、0、-3、-6，如图 11-9 所示。

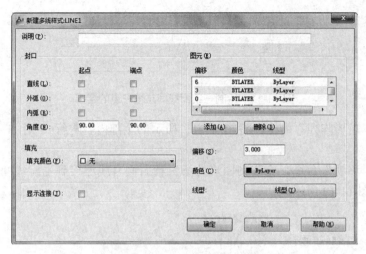

图 11-9 新建多线样式

(5) 单击"确定"按钮,完成多线样式 LINE1 的定义。

步骤 2 绘制多线

(1) 执行"插入块"命令,插入"主配线间"图块。

(2) 执行"多线"命令。

(3) 命令行提示"指定起点或[对正(J)/比例(S)/样式(ST)]:"时,依次输入对正类型为"无",多线的比例为 1,多线样式为"line1"。

(4) 捕捉主配线间左侧竖线中点,向左绘制长度为 8 的多线;捕捉主配线间右侧竖线中点,向右绘制长度为 10 的多线。

(5) 执行"分解"命令,将主配线间两侧的多线分解为多条直线。

(6) 执行"删除"命令,将右侧多线上方的两条直线删除,如图 11-10 所示。

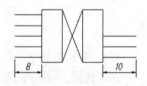

图 11-10 绘制多线

(7) 将右侧最下方直线转换到"粗光纤"图层,右侧其他直线和左侧全部直线转换到"细光纤"图层。

步骤 3 绘制并连接核心区配线间和信息点

(1) 执行"插入块"命令,插入"分配线间"图块。

(2) 执行"直线"命令,捕捉分配线间图块左侧竖线中点,向左绘制一条长度为 15 的直线;捕捉分配线间图块右侧竖线中点,向右绘制一条长度为 25 的直线。

微课 11-1-4

(3) 将左侧直线切换到"超 5 类 UTP"图层,将右侧直线切换到"细光纤"图层。

(4) 执行"插入块"命令,插入"信息点"图块,并将信息点图块右侧中点与直线左侧中点连接。

(5) 切换到"文字标注"图层,执行"多行文字"命令,使用高度为 3.5 的文字在信息点图块左侧输入文字"信息点数量",在分配线间上方输入文字"院行政办公楼二级配线间",如图 11-11 所示。

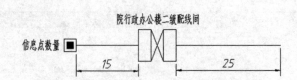

图 11-11　绘制一组配线间与信息点的连接

(6) 执行"矩形阵列"命令，将图 11-11 所示的全部内容进行 5 行 1 列、行间距为 12.5 的阵列。

(7) 执行"移动"命令，将阵列图形的第三行右侧直线连接到主配线间的左侧第三条线左端点，如图 11-12 所示。

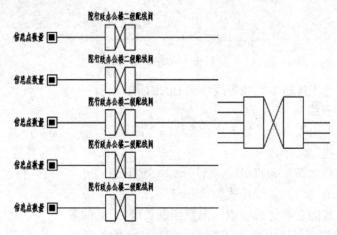

图 11-12　阵列配线间并与主配线间连接

(8) 执行"分解"命令，将阵列图形分解。

(9) 将阵列图形右侧直线第一条和第五条右端点连接，再将连接线向右偏移 2.5，利用"延伸"和"修剪"命令修剪图形。

(10) 分别双击图中的文字，修改各二级配线间的名称，结果如图 11-13 所示。

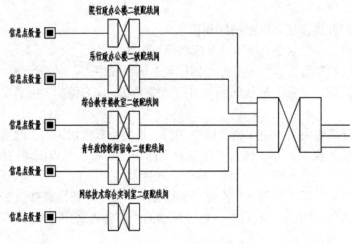

图 11-13　连接端点并修剪连线

11.2.5 绘制并连接图书馆配线间和信息点

步骤 1 设置多线样式并绘制多线

(1) 执行"插入块"命令，插入"分配线间"图块。

(2) 切换到"细光纤"图层。

(3) 新建一个有 5 个图元的多线样式"line2"，设置"偏移量"分别为 3、1.5、0、-1.5、-3。

(4) 执行"多线"命令，捕捉分配线间右侧竖线中点，向右绘制长度为 10 的多线。

(5) 执行"直线"命令，捕捉分配线间左侧竖线中点，向左绘制长度为 25 的直线。

(6) 切换到"文字标注"图层。

(7) 执行"多行文字"命令，使用"文字 3.5"在分配线间上方输入文字"图书馆二楼二级配线间"，如图 11-14 所示。

图 11-14 绘制图书馆的二级配线间的连线

步骤 2 绘制并连接核心区配线间和信息点

(1) 执行"插入块"命令，插入"分配线间"图块。

(2) 切换到"细光纤"图层。

(3) 执行"直线"命令，捕捉分配线间图块左侧竖线中点，向左绘制一条长度为 25 的直线；捕捉分配线间图块右侧竖线中点，向右绘制一条长度为 15 的直线。

(4) 执行"插入块"命令，插入"信息点"图块，并将信息点图块左侧中点与直线右侧中点连接。

(5) 切换到"文字标注"图层。

(6) 执行"多行文字"命令，使用"文字 3.5"在信息点左侧输入文字"信息点数量"，在分配线间上方输入文字"电子阅览室三级配线间"，如图 11-15 所示。

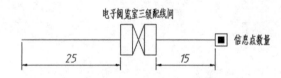

图 11-15 绘制一组配线间与信息点的连接并输入文字

(7) 执行"矩形阵列"命令，将图 11-15 所示的全部内容进行 5 行 1 列、行间距为 12.5 的阵列。

(8) 执行"移动"命令，将阵列图形的第三行左侧直线连接到主配线间的右侧第三条线右端点，如图 11-16 所示。

(9) 执行"分解"命令，将阵列图形分解。

(10) 将阵列图形右侧直线第一条和第五条左端点连接,再将连接线向左偏移 2.5,利用"修剪"命令修剪图形。

(11) 分别双击图中的多行文字,修改各二级配线间房间的名称,结果如图 11-17 所示。

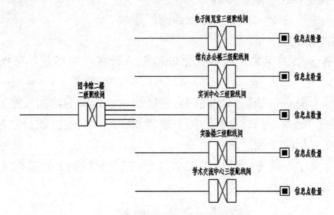

图 11-16　阵列配线间并与图书馆配线间连接

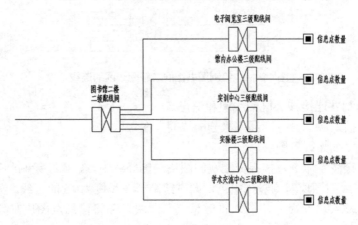

图 11-17　修剪连线

(12) 执行"移动"命令,选中图书馆区域全部内容,以左侧直线左端点为基点,移动到核心区主配线间右侧多线的中点处直线的右端点,完成结果如图 11-18 所示。

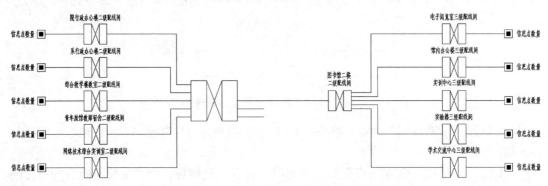

图 11-18　连接核心区与图书馆区域

11.2.6　绘制并连接其他区域配线间和信息点

(1) 执行"复制"命令，将图书馆区域全部内容复制到向下追踪 75 的位置。

(2) 执行"直线"命令，绘制一条连接核心区右下角点与图书馆区域左下角点的水平连线，再以连线的中点为起点，垂直向下绘制一条直线。

微课 11-1-6

(3) 执行"镜像"命令，选中复制到下方计算机中心区域的全部内容，以绘制的竖线为镜像线镜像图形。

(4) 执行"删除"命令，删除两条辅助连线。

(5) 双击各配线间房间名称并进行修改。

(6) 切换到"粗光纤"图层，执行"直线"命令，绘制从主配线间到学生社区配线间的连线。

(7) 切换到"细光纤"图层，执行"直线"命令，绘制从主配线间到计算机中心区域配线间的连线。

11.2.7　绘制分区线

(1) 将"分区线"图层设置为当前图层。

(2) 执行"矩形"命令，绘制一个长度为 100、宽度为 68 的矩形。

(3) 执行"移动"命令，将绘制的矩形移动到核心区的合适位置。

(4) 执行"复制"命令，将绘制的矩形分别复制到其他 3 个区域的合适位置。

11.2.8　添加文字说明

(1) 选择"文字标注"图层为当前图层。

(2) 执行"多行文字"命令，设置文字高度为 3.5，标注核心区名称和信息点数量。

(3) 执行"复制"命令，将核心区名称和信息点数量复制到其他三个区域。

(4) 分别双击其他三个区域的名称和信息点数量，修改文字内容。

(5) 执行"多行文字"命令，标注"说明"文字的内容。

任务 11.3　综合布线系统管线路由图

综合布线系统管线路由图主要反映主干(建筑群子系统和干线子系统)缆线的布线路由、桥架规格、数量(或长度)、布放的具体位置和布放方法等，是建筑群子系统施工的重要依据，它是综合布线管道整体结构图，需要绘制清楚整个建筑物之间的管道路由和数量，包括管材的路由和线缆数量以及设备间、进线间的位置等。

【例 11-2】绘制图 11-19 所示某园区光缆布线路由图。

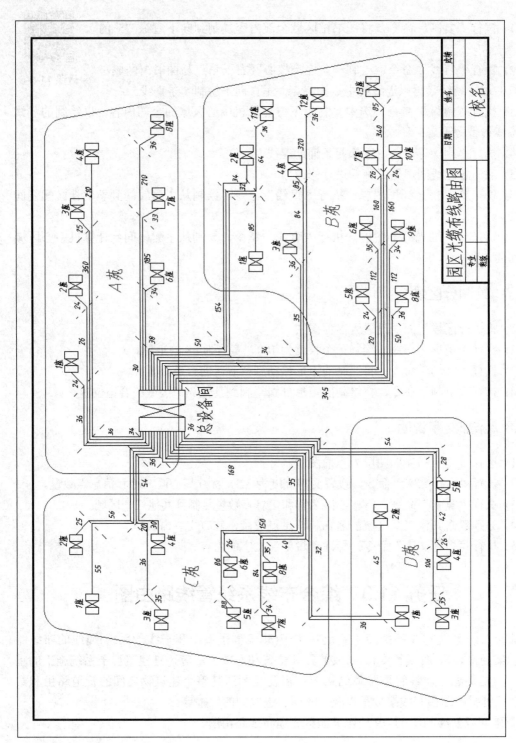

图 11-19 某园区光缆布线路由图

11.3.1 设置绘图环境

(1) 启用状态栏中的"极轴追踪""对象捕捉"和"对象捕捉追踪"功能，并设置对象捕捉模式为"端点""交点"和"中点"，极轴追踪的"增量角"为45°。

微课 11-2-1

(2) 单击"图层特性管理器"按钮，新建设备间、连接线、分区线、虚线、图框、文字标注等图层。设置"分区线"图层的颜色为洋红色、"图框"图层的线宽为 0.3mm，如图 11-20 所示。

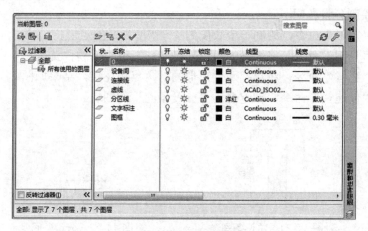

图 11-20　新建图层

(3) 设置"线型"的"全局比例因子"为 0.5。

(4) 执行"文字样式"命令，设置"SHX 字体"为 gbeitc.shx，"大字体"为 gbcbig.shx。

11.3.2 绘制图框和标题栏

步骤 1　绘制图框

(1) 选择"0"图层为当前图层。

(2) 执行"矩形"命令，绘制一个长度为 420、宽度为 297 的矩形。

(3) 执行"偏移"命令，将矩形各边向内侧偏移 10。

步骤 2　绘制标题栏

(1) 执行"分解"命令，将矩形分解为 4 条直线。

(2) 执行"偏移"命令，将下方直线依次向上偏移 7，共 4 次，将右侧直线依次向左偏移 24，共 6 次。

(3) 执行"修剪"命令，按要求修剪标题栏。

(4) 将"文字标注"图层设置为当前图层。

(5) 执行"多行文字"命令，在标题栏中输入相应的文字。

(6) 选中图框的 4 条直线和标题栏外侧 2 条直线，将其转换到"图框"图层。

11.3.3 绘制设备间

步骤1 绘制总设备间
(1) 选择"设备间"图层为当前图层。
(2) 执行"矩形"命令，绘制一个长度为8、宽度为28的矩形。
(3) 执行"复制"命令，将绘制的矩形复制到向右追踪16的位置。
(4) 执行"直线"命令，将相邻两个矩形的对角点相连接，结果如图11-21所示。
(5) 执行"创建块"命令，创建名为"总设备间"的图块。

微课11-2-2

步骤2 绘制分设备间
(1) 执行"矩形"命令，绘制一个长度为4、宽度为8的矩形。
(2) 执行"复制"命令，将绘制的矩形复制到向右追踪8的位置。
(3) 执行"直线"命令，将相邻两个矩形的对角点相连接，结果如图11-22所示。
(4) 执行"创建块"命令，创建名为"分设备间"的图块。

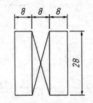
图 11-21 总设备间

图 11-22 分设备间

11.3.4 设置多线样式并绘制多线

步骤1 设置多线样式
(1) 选择"连接线"图层为当前图层。
(2) 执行"多线样式"命令，新建样式名为"line"的多线样式。单击"添加"按钮，添加 15 个新图元，再将"图元"列表框中的偏移量依次修改为 0、1.7、3.4、5.1、6.8、8.5、10.2、11.9、13.6 和-1.7、-3.4、-5.1、-6.8、-8.5、-10.2、-11.9、-13.6。

微课11-2-3

步骤2 绘制多线
(1) 执行"多线"命令，依次设置对正类型为"无"，比例为1，样式为"line"。
(2) 捕捉总设备间左侧竖线中点，向左绘制长为 18 的多线；捕捉总设备间右侧竖线中点，向右绘制长为 30 的多线，如图 11-23 所示。

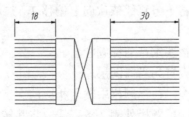
图 11-23 绘制多线

11.3.5 绘制连接线并连接设备间

步骤 1　修剪多线

(1) 选择"虚线"图层为当前图层。

(2) 执行"直线"命令,在总设备间左侧多线的合适位置分别绘制一条长度适中的 45°的虚线和 135°的虚线,在总设备间右侧多线的合适位置绘制一条 45°的虚线。

微课 11-2-4

(3) 执行"分解"命令,将总设备间两侧的多线分解为多条直线。

(4) 执行"修剪"命令,修剪虚线以外的直线。

(5) 执行"删除"命令,将右侧多线最下方的直线删除,如图 11-24 所示。

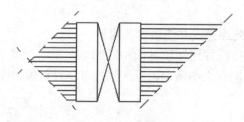

图 11-24　修剪图形

步骤 2　绘制 A 苑连接线并连接设备间

(1) 选择"连接线"图层为当前图层。

(2) 执行"直线"命令,捕捉总设备间左侧多线上方第一条直线的左侧端点,垂直向上绘制长为 30 的直线,再向右绘制长为 160 的直线(本图仅为施工示意图,图中标注的尺寸为施工的真实尺寸,绘图尺寸为示意图的尺寸)。

(3) 执行"复制"命令,将 135°的虚线复制到直线的折角处。

(4) 执行"直线"命令,捕捉总设备间左侧多线上方第二条直线的左侧端点,垂直向上绘制直线到与 135°的虚线相交,再向右绘制长为 120 的直线,继续向 45°的方向绘制长度为 10 的斜线。

(5) 用同样的方法,绘制总设备间左侧上方第三条和第四条直线,并分别设置第三条和第四条直线的水平长度为 80 和 40,向 45°方向的斜线长度均为 10。

(6) 执行"复制"命令,将 135°的虚线分别复制到各连接线的折角处。

(7) 执行"插入块"命令,在每条线路末端插入定义的"分设备间"图块。

(8) 利用夹点将总设备间右侧上方第一条线向右拉伸到合适长度,再向-45°方向绘制长度为 10 的斜线。

(9) 用同样的方法,分别拉伸总设备间右侧上方第二条和第三条连接线到合适长度,再向-45°方向绘制长度为 10 的斜线。

(10) 执行"复制"命令,将 45°的虚线分别复制到各连接线的折角处。

(11) 执行"拉长"命令,分别将所有的 45°和 135°的虚线调整到合适长度。

(12) 执行"插入块"命令,在每条线路末端插入定义的"分设备间"图块。完成结果如图 11-25 所示。

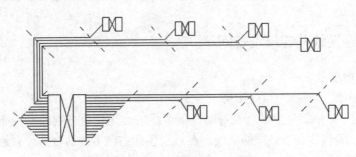

图 11-25 A 苑光缆布线路由图

提示：如果连接分设备间的直线长度不符合绘图要求时，可以利用拉伸命令调整其长度。利用拉伸命令选择拉伸对象时，必须用窗交方式或交叉多边形方式选择要拉伸的图形对象。

步骤 3 绘制其他各苑连接线并连接设备间

利用与绘制 A 苑连接线并连接设备间相同的方法，绘制其他各苑连接线并连接设备间。各连接线的长度根据图框大小确定，以达到相对位置正确和图形美观为标准。

11.3.6 添加分区线

(1) 选择"分区线"图层为当前图层。
(2) 利用"直线"和"圆角"命令绘制分区线。

微课 11-2-5

11.3.7 添加文字标注

(1) 选择"文字标注"图层为当前图层。
(2) 执行"多行文字"命令，用文字 10 添加"总设备间"说明文字和分区文字"A 苑""B 苑""C 苑""D 苑"。
(3) 执行"多行文字"命令，用文字 5 添加"N 座"说明文字。

11.3.8 添加尺寸标注

执行"多行文字"命令，用文字 3.5 添加尺寸标注。这里的线路长度仅是示意性的长度，并不代表真实的尺寸长度，数字表示的长度才是线路的真实长度。

任务 11.4 楼层信息点分布和管线路由图

施工工人在进行整栋楼的配线子系统的施工时，每层楼都是一个配线子系统。楼层信息点分布及管线路由图应明确反映相应楼层的分布情况，具体包括该楼层的配线路由和布线方法，该楼层配线用管槽的具体规格、安装方法及用量以及终端盒的具体安装位置和方法等。

【例 11-3】绘制图 11-26 所示某学生宿舍楼层信息点分布和管线路由图。

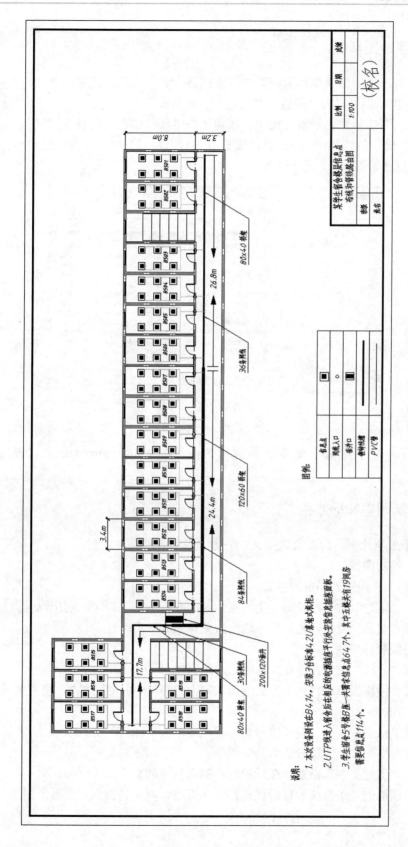

图 11-26 某学生宿舍楼层信息点分布和管线路由图

11.4.1 设置绘图环境

(1) 启用状态栏中的"极轴追踪""对象捕捉"和"对象捕捉追踪"功能,并设置对象捕捉模式为"端点""交点"和"圆心"。

(2) 单击"图层特性管理器"按钮,新建定位轴线、墙线、信息点、网线入口、PVC 管、镀锌线槽 0.3、镀锌线槽 0.5、图框、尺寸标注、文字标注等 13 个图层,如图 11-27 所示。

微课 11-3-1

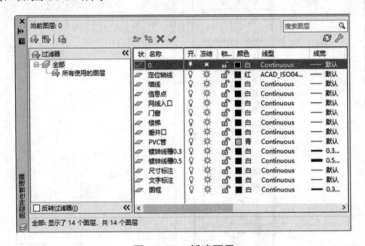

图 11-27 新建图层

(3) 执行"文字样式"命令,设置"SHX 字体"为 gbeitc.shx,"大字体"为 gbcbig.shx。

11.4.2 绘制图框和标题栏

根据图形长宽比例,此图宜选用 A3×3 加长幅面的图纸。

步骤 1 绘制图框

(1) 选择"0"图层为当前图层。

(2) 执行"矩形"命令,绘制一个长度为 89100、宽度为 42000 的矩形。

(3) 执行"偏移"命令,将矩形各边向内偏移 1000。

步骤 2 绘制标题栏

(1) 执行"分解"命令,将矩形分解为 4 条直线。

(2) 执行"偏移"命令,将下方直线依次向上偏移 1500,共 4 次,将右侧直线依次向左偏移 3600,共 6 次。

(3) 执行"修剪"命令,按要求修剪标题栏。

(4) 将"文字标注"图层设置为当前图层。

(5) 执行"多行文字"命令,在标题栏中输入相应的文字。

(6) 选中图框的 4 条直线和标题栏外侧 2 条直线,将其转换到"图框"图层。

11.4.3 绘制宿舍平面图

步骤 1　绘制定位轴线

(1) 将"定位轴线"图层设置为当前图层。

(2) 执行"直线"命令，绘制一条长度为 65000 的水平直线。

(3) 设置"线型"的"全局比例因子"为 100。

(4) 执行"偏移"命令，将该水平线分别向上偏移 3200 和 8000，再将偏移 8000 后的直线依次向上偏移 3200 和 8000。

微课 11-3-2

(5) 执行"直线"命令，绘制一条通过所有水平线左侧端点的竖直线。

(6) 执行"偏移"命令，将左侧竖直线向右偏移 3400，共 3 次，然后向右偏移 3200，继续向右偏移 3400，共 15 次。

(7) 将定位轴线按原图要求进行修剪，完成结果如图 11-28 所示。

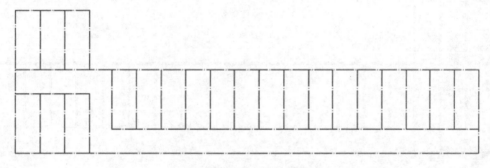

图 11-28　绘制定位轴线

步骤 2　绘制墙线

(1) 将"墙线"图层设置为当前图层。

(2) 执行"多线样式"命令，新建名为"Q24"的多线样式，新建宽度为 240mm 的墙线。

微课 11-3-3

(3) 执行"多线"命令，按墙体走向捕捉墙体轴线对应交点，绘制墙线。

(4) 双击墙体多线，打开"多线编辑工具"对话框，选择"角点结合""T 形合并""十字合并"等工具按钮，对对应的墙线进行编辑，结果如图 11-29 所示。

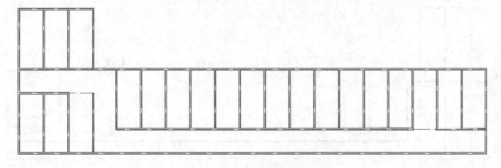

图 11-29　绘制并编辑墙线

步骤 3　绘制门窗

(1) 执行"偏移"和"修剪"命令,将每个房间左、右两侧的定位轴线分别向房间内侧偏移 950,修剪出窗户的洞口。

(2) 执行"偏移"和"修剪"命令,将每个房间左、右两侧的定位轴线分别向房间内侧偏移 1200,修剪出门的洞口。

微课 11-3-4

(3) 将"门窗"图层作为当前图层。

(4) 绘制厚度为 45、宽度为 1000 的左、右开门。

(5) 执行"创建块"命令,创建两个门的图块。

(6) 执行"插入块"命令,给所有门洞的位置插入门的图块。

(7) 执行"多线样式"命令,新建名为"C24"的多线样式作为窗户样式,"添加"两个新图元,将"图元"列表框中的偏移量分别修改为 120、40、-40、-120。

(8) 执行"多线"命令,绘制窗户。绘制门窗后的结果如图 11-30 所示。

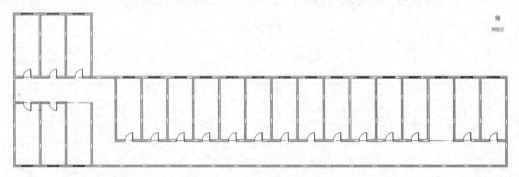

图 11-30　安装门窗

11.4.4　绘制镀锌线槽

(1) 将"镀锌线槽 0.3"图层作为当前图层。

(2) 执行"直线"命令,从走廊左侧开始,按原图所示位置和走向绘制直线。绘制直线时,在需要转换线条粗细的位置单击一次。

微课 11-3-5

(3) 选择镀锌线槽中 120×60 桥架的部分,将其转换到"镀锌线槽 0.5"图层,完成结果如图 11-31 所示。

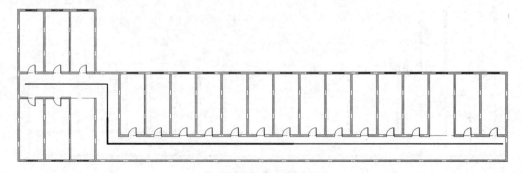

图 11-31　绘制镀锌线槽

11.4.5 绘制楼梯和垂井口

步骤 1　绘制楼梯
(1) 将"楼梯"图层作为当前图层。
(2) 执行"直线"命令,在左侧楼梯口沿水平定位轴线绘制一条水平直线。
(3) 执行"偏移"命令,将水平线依次向下偏移 1000,共 6 次。
(4) 用同样的方法,绘制右侧楼梯。

步骤 2　绘制垂井口
(1) 将"垂井口"图层作为当前图层。
(2) 执行"矩形"命令,绘制一个长度为 1500、宽度为 2000 的矩形。
(3) 执行"分解"命令,将矩形分解为 4 条直线。
(4) 执行"偏移"命令,将左、右侧直线分别向内偏移 400。

图 11-32　垂井口

(5) 执行"图案填充"命令,将两条偏移线中间的区域填充为黑色,结果如图 11-32 所示。
(6) 执行"移动"命令,将垂井口移动到图 11-33 所示位置。

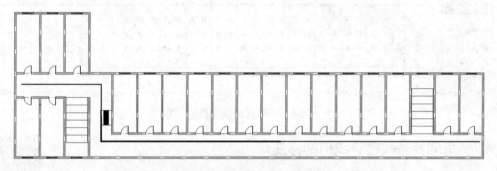

图 11-33　绘制楼梯和垂井口

11.4.6 信息点和 PVC 线槽的分布

步骤 1　制作信息点图例
(1) 将"信息点"图层作为当前图层。
(2) 执行"矩形"命令,绘制一个长、宽均为 800 的矩形。
(3) 执行"偏移"命令,将矩形向内侧偏移 200。
(4) 执行"图案填充"命令,将内侧矩形填充为黑色。

微课 11-3-6

步骤 2　单个房间信息点的分布
(1) 执行"移动"命令,借助临时追踪点命令 tt 将"信息点"移动到距离左上角第一个房间内墙左上角向右追踪 300、再向下追踪 1400 的位置。
(2) 执行"矩形阵列"命令,将"信息点"进行 3 行 2 列、行间距-1800、列间距 1760 的阵列。

步骤 3　PVC 线槽和所有房间信息点的分布
(1) 将"PVC 管"作为当前图层。

(2) 执行"直线"命令，绘制两条长度为 4800 的连接两列信息点外侧的直线，并将两条直线下方端点连接起来。

(3) 执行"矩形阵列"命令，将第一个房间内的信息点和 PVC 管进行 1 行 3 列、列间距为 3400 的矩形阵列。

(4) 执行"直线"命令，分别绘制第一、三个房间和第二个房间与镀锌线槽的连线。

(5) 将"网线入口"图层作为当前图层。

(6) 执行"圆"命令，以 PVC 管连线与定位轴线交点为圆心，绘制半径为 180 的圆作为网线入口。

(7) 执行"分解"命令，将阵列信息点分解为每个房间独立的信息点。

(8) 执行"镜像"命令，将上方左侧两个房间的信息点镜像到下方的两个房间内。

(9) 执行"复制"命令，以每个房间左上角为基点，将图中左上角两个宿舍的信息点、PVC 管和网络入口复制到所有对应的房间，完成结果如图 11-34 所示。

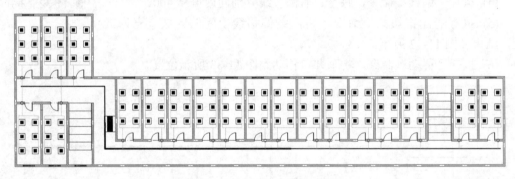

图 11-34　所有房间信息点的分布

11.4.7　房间标号和镀锌线槽的标注

微课 11-3-7

步骤 1　标注建筑平面图尺寸

(1) 将"尺寸标注"图层作为当前图层。

(2) 执行"线性标注"命令，标注宿舍的长、宽和走廊的宽度尺寸。

步骤 2　标注镀锌线槽尺寸

(1) 执行"多段线"命令，绘制一个起点宽度为 0、端点宽度为 500、长度为 1000 的箭头；起点、端点宽度均为 100mm，长度为 8000 的箭尾。

(2) 执行"镜像"命令，镜像一个方向相反的箭头。

(3) 执行"复制"命令，将箭头复制到镀锌线槽下方合适位置，并根据需要拉长箭尾长度。

(4) 执行"多行文字"命令，选择"文字 1000"，在两个箭头之间分别标注各段镀锌线槽的长度。

步骤 3　标注宿舍号

(1) 将"文字标注"图层作为当前图层。

(2) 执行"多行文字"命令，选择"文字 500"，标注最右侧宿舍号为"B501"。

(3) 执行"复制"命令，将该宿舍号复制到每一个房间。

(4) 分别双击各宿舍号，修改宿舍标号。

步骤 4　标注镀锌线槽文字说明

(1) 执行"多重引线样式"命令，打开"多重引线样式管理器"对话框。单击对话框中的"修改"按钮，切换到"内容"选项卡。

(2) 在"内容"选项卡中单击"文字样式"下拉按钮，在下拉列表中选择"文字1000"，选择"引线连接"方式为"水平连接"，并设置"连接位置-左"为"最后一行加下划线"和"连接位置-右"为"最后一行加下划线"。

(3) 执行"多重引线"命令，选择合适位置分别进行每个引线的标注，完成标注后的结果如图 11-35 所示。

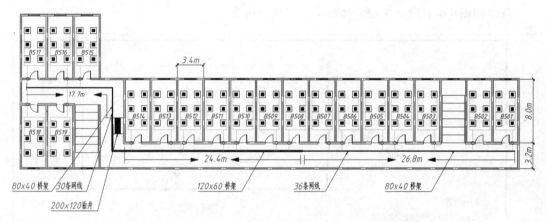

图 11-35　房间标号和镀锌线槽的标注

11.4.8　添加图例和文字说明

(1) 切换到 0 图层。
(2) 执行"偏移"命令和"修剪"命令，绘制图例表格。
(3) 执行"复制"命令，将各种图例复制到表格中。
(4) 执行"多行文字"命令，输入文字内容。
图例表格也可以用绘制表格工具来完成。

微课 11-3-8

项 目 自 测

绘制防雷及接地平面图。

由于计算机通信网络精密设备内部结构的高度集成化，使设备耐受过电压、过电流的能力下降，极易遭受雷电破坏。轻者可造成计算机终端和通信设备的接口损坏，使通信中断；重者使网络主机损坏，导致网络瘫痪，工作无法进行。

雷击侵入设备的途径主要有两种。

(1) 直接雷击。雷云之间或雷云对地面某一点的迅猛放电现象称为直接雷击。直接雷击的主要破坏对象是建筑物、森林、架空配电线路、人畜等。

(2) 感应雷击。雷云放电时，在附近导体上产生的静电感应和电磁感应等现象称为感应雷击。感应雷击破坏的主要对象是电子电气设备。

防雷击的主要措施有以下几种：

(1) 装设独立的避雷针或架设避雷线(网)，使被保护的建筑物及风帽等突出屋面的物体均处于接闪器保护范围内。

(2) 房顶女儿墙安装避雷带、避雷针和避雷引下线，且避雷带每隔18～24米采用引下线接地一次，并且应连接接地装置和电涌保护器。

(3) 建筑物内的设备、管道、构架、电缆金属外皮等较大的金属物和突出屋面的金属物，均应接到防雷电感应的接地装置上。

请绘制图11-36所示某宿舍楼防雷及接地平面图。

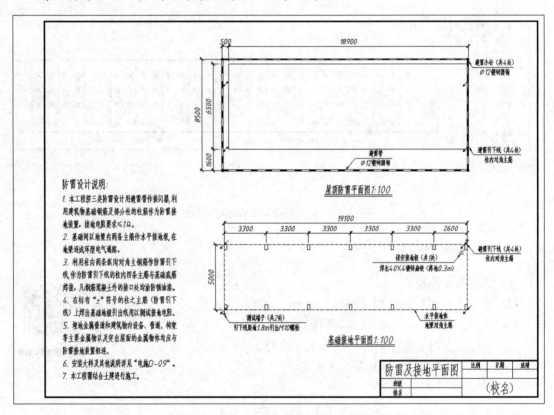

图11-36 某宿舍楼防雷及接地平面图

项目 12

图形打印与输出

知识产权是一种无形财产权，是从事智力创造性活动取得成果后依法享有的权利，是为了保护智力劳动成果、促进发明创新而建立起来的制度。知识产权的保护能够确保智慧活动创造者的利益受到保护，并鼓励更多智慧活动的产生，从而对社会经济的发展起到推进作用。知识产权对科技进步起着至关重要的作用。

知识产权信用是在知识产权的创造、运用和保护等过程中，权利人及其相关行为主体之间形成的相互信任关系和诚信度。为强化知识产权的保护，国家知识产权局 2022 年 1 月印发关于《国家知识产权局知识产权信用管理规定》的通知，明确了违法失信主体认定及管理，守信激励、信用承诺及信用评价措施等。

职业素养是人类在社会活动中需要自觉遵守的行为规范。职业道德、职业理想和职业行为习惯是职业素养中最根基的部分。其中实事求是，不弄虚作假；依法行事，严守秘密是职业道德的重要内容。每个人都应该注重职业道德，尊重他人的知识产权。

职业素养是一个职业人的立身之本。在学生时代，就应该不断提升个人修养和职业素养。在校期间，不得随意拷贝他人作业；工作之后，不偷窥和复制同事的开发成果，不盗取公司的研发成果。对于图样设计来说，最重要的就是对工程图样的保密意识。

"诚信"作为培育和践行"社会主义核心价值观"的重要内容之一，对个人发展甚至国家发展都至关重要。诚信是一种植根于内心的职业素养，是一个员工最起码的职业素养。

注意学习中外知识产权保护法律法规，充分认识到遵守相关法律法规的重要性，培养尊重知识产权的诚信精神。严格遵守日常的行为准则、职业规范和职业道德。注意培养自己的保密措施、行业操守、守法意识。

📖【本项目学习目标】

了解模型空间和图纸空间的作用，掌握创建和管理布局的方法，掌握模型空间出图和图纸空间出图的方法，了解 DWF 和 PDF 文件的优点，掌握将图形输出为 DWF 和 PDF 文件的方法。

绘制好图形之后，通常要进行打印输出操作：将图形打印到图纸上，或将图形输出为其他格式的文件以供他人使用其他应用程序阅读和交流。

AutoCAD 打印输出图形常用两种方法：一是从"模型"空间打印输出；二是从"布局"空间打印输出。

任务 12.1 模型空间与图纸空间

AutoCAD 最有用的功能之一就是可以在两个环境中完成绘图和设计工作，即模型空间和图纸空间。模型空间是创建工程模型的空间。一般情况下，二维和三维图形的绘制与编辑工作都是在模型空间下进行的。图纸空间也称为"布局"，用来将几何模型表达到工程图纸上，它模拟图纸页面，提供直观的打印设置，是专门用来出图的。

一般在绘图时，先在 AutoCAD 模型空间内进行绘制与编辑，完成后再进入布局空间进行布局调整，直至最终打印出图。

默认情况下，新建一个图形文件时，系统已经创建了一个"模型"空间和两个"布局"空间，相应地，在绘图区域底部有一个"模型"选项卡和两个"布局"选项卡。选择"模型"选项卡或"布局"选项卡，就可以实现在模型空间和相应的布局空间进行切换。图 12-1 所示为切换到"布局 1"空间后显示的效果。

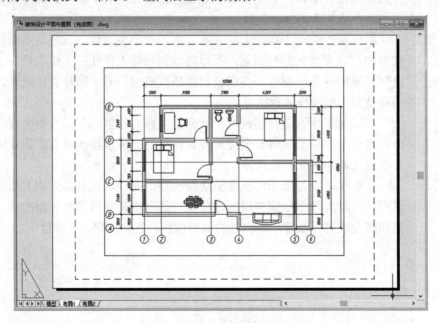

图 12-1 图纸空间

当处于布局空间时,屏幕显示布局空间标志,即一个直角三角形。

一个图形文件可以包含一个模型空间和多个布局空间,每个布局代表一张单独的打印输出图纸。

图纸空间中有 3 层矩形边界,其作用说明如下。

(1) 纸张边界。最外层边界为纸张边界,代表纸张大小。

(2) 可打印区域边界。中间虚线框为可打印区域边界,位于该边界内区域为可打印区域,只有位于该区域内的内容才可以被打印。

(3) 浮动视口边界。最内层矩形框为浮动视口边界。单击此边界,可以进行调整视口大小、删除视口等操作。

12.1.1 在模型空间创建平铺视口

默认情况下,新建一个图形文件,系统自动产生的模型空间只有一个视口,且大多数情况下,在这个视口就可以进行绘制和编辑图形的工作。对于比较复杂的图形,为了比较清楚地观察图形的不同部分,可以在绘图区域同时建立多个视口进行平铺,以便显示几个不同的视图,如图 12-2 所示。在模型空间创建的视口称为平铺视口。

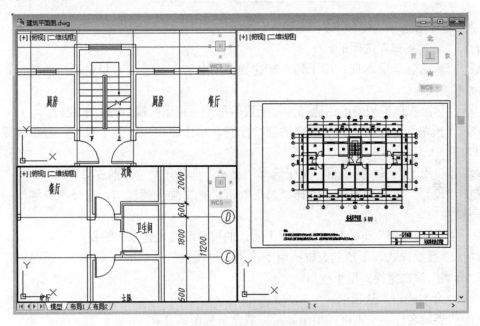

图 12-2 平铺视口

在模型空间中,可以同时显示多个平铺视口。每个视口可以分别设置缩放比例、视点、栅格和捕捉设置等特性,对其他视口没有影响;但在一个视口中编辑图形会影响到其他所有视口的图形,这为复杂图形的编辑提供了极大的方便。

1. 创建平铺视口

创建平铺视口常用以下 3 种方法。

- 单击"视口"工具栏中的"新建视口"按钮 。

- 选择菜单命令"视图"→"视口"→"新建视口"。
- 在命令行输入 vports 命令。

执行命令后，将弹出"视口"对话框，如图 12-3 所示。

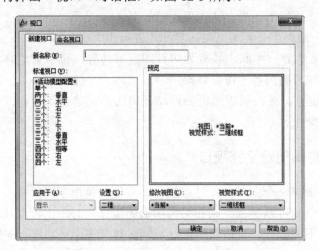

图 12-3　模型空间的"视口"对话框

对话框中各选项功能如下。

(1)"新建视口"选项卡。

① "新名称"文本框：用于输入新建视口的名称。如果没有指定视口的名称，则此视口将不被保存。

② "标准视口"列表框：选择标准配置名称，可将当前视口分割平铺。

③ "预览"框：用于预览选定的视口配置。单击窗口内的某个视口，可将其置为当前视口。

④ "应用于"下拉列表框：用于选择"显示"选项还是"当前视口"选项。

⑤ "设置"下拉列表框：选择"二维"可进行二维平铺视口，选择"三维"可进行三维平铺视口。

⑥ "修改视图"下拉列表框：用于所选的视口配置代替以前的视口配置。

⑦ "视觉样式"下拉列表框：用于将"二维线框""三维线框""三维隐藏""概念""真实"等视觉样式用于视口。

(2)"命名视口"选项卡。

① "当前名称"文本框：用于显示当前命名视图的名称。

② "命名视口"列表框：用于显示当前图形中保存的全部视口配置。

③ "预览"框：用于预览当前视口的配置。

2．平铺视口的特点

(1) 视口是平铺的，它们彼此相邻，大小、位置固定，不能有重叠。

(2) 当前视口的边界为粗边框显示，光标呈"十"字形，在其他视口中呈小箭头状。

(3) 只能在当前视口中进行各种绘图、编辑操作。

(4) 只能将当前视口中的图形打印输出。

(5) 可以对视口配置命名保存，以备以后使用。

12.1.2 在图纸空间创建浮动视口

在图纸空间(布局)可以创建多个视口，这些视口被称为浮动视口。

默认情况下，单击绘图窗口底部的"布局"选项卡，系统会自动根据图纸尺寸(默认图纸尺寸为 ISO A4)创建一个浮动视口，也可以根据需要在布局中创建多个浮动视口。灵活创建和使用浮动视口是进行图纸输出的关键。

一个布局中可以设置多个不同的视口。布局的一个视口就是纸张上的一个打印区域。每个视口可以设置单独的打印比例和打印图形，与别的视口互不干扰。

1．创建浮动视口

单击绘图窗口底部的"布局"选项卡，从模型空间切换到图纸空间后，使用下列 3 种方法之一创建浮动视口。

- 在"视口"工具栏上单击"新建视口"按钮 。
- 选择菜单命令"视图"→"视口"→"新建视口"。
- 在命令行输入 vports 命令。

执行命令后，将弹出"视口"对话框，如图 12-4 所示。此对话框与模型空间对话框相同。

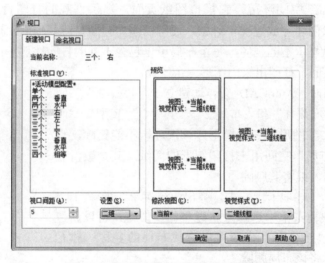

图 12-4 图纸空间的"视口"对话框

可在此对话框中按照"标准视口"进行视口配置。

2．创建多边形视口

单击"视口"工具栏中的"多边形视口"按钮 ，根据提示指定视口的起始点、下一点、闭合等，完成创建多边形视口。多边形的各边可以是直线边，也可以是弧线边。

3．将对象转换为视口

通过闭合的多段线、椭圆、样条曲线、面域或圆创建非矩形布局视图。在图纸空间绘制一个非矩形线框，单击"将对象转换为视口"按钮，选择绘制的线框，完成转换。

4．浮动视口的特点

(1) 视口是浮动的，各视口可以改变位置，也可以相互重叠。
(2) 视口可以进行复制、移动、拉伸、缩放、旋转等操作，也可以被删除。
(3) 浮动视口位于当前层时，可以改变视口边界的颜色，但线型总为实线。
(4) 可以采用冻结视图边界所在图层的方式来显示或不打印视口边界。
(5) 可以在各视口中冻结或解冻不同的图层，以便在指定的视图中显示或隐藏相应的图形、尺寸标注等对象。
(6) 可以创建各种形状的视口。

无论是在模型空间还是在图纸空间，都允许使用多个视图，但多视图的性质和作用并不相同。在模型空间中，多视图只是为了方便观察图形和绘制图形，因此其中的各个视图与原绘图窗口类似。在图纸空间中，多视图主要是便于进行图纸的合理布局，用户可以对其中任何一个视图进行复制、移动等基本编辑操作。多视图操作大大方便了用户从不同视点观察同一实体，这对于在三维绘图时非常有用。

任务 12.2　创建和管理布局

布局是一种图纸空间环境，它模拟图纸页面，提供直观的打印设置。在 AutoCAD 中，在布局中可以创建并放置视口对象，还可以添加标题栏或其他几何图形。可以在图形中创建多个布局以显示不同视图，每个布局可以包含不同的打印比例和图纸尺寸。布局显示的图形与图纸页面上打印出来的图形完全一样。

在创建新图形时，AutoCAD 会自动建立一个"模型"空间和两个布局空间"布局 1"和"布局 2"。其中，"模型"空间用来建立和编辑二维图形和三维模型，该选项卡不能删除，也不能重命名；"布局"空间用来打印图形的图纸，其个数没有限制且可以重命名，或将其删除。

在任一"布局"选项卡上右击，弹出快捷菜单，如图 12-5 所示。在弹出的快捷菜单中选择"新建布局"命令，可以新建一个布局；执行"重命名"命令可以更改布局的名称；执行"删除"命令可以将该布局删除。

图 12-5　"布局"右键快捷菜单

布局代表打印的页面，用户可以根据需要创建任意多个布局，每个布局都保存在自己的"布局"选项卡中，可以与不同的页面设置相关联。

任务 12.3　打　印　图　形

绘制完工程图后，需要将其打印到纸张上，以便进行加工和装配零件。如果使用的是 Windows 打印机，一般不需要做更多的配置工作；如果使用绘图仪，就必须配置绘图仪的驱动程序和打印端口等。

AutoCAD 打印出图常用两种方式,即从"模型"空间打印图形和从"布局"空间打印图形。启用打印命令常用以下几种方法。

(1) 使用工具栏:在"标准"工具栏中单击"打印"按钮 ⊖。
(2) 使用菜单命令:在菜单栏中选择"文件"→"打印"命令。
(3) 使用快捷键:按 Ctrl+P 组合键。
(4) 使用命令行:在命令行中输入 PLOT。

12.3.1 模型空间出图

1. 模型空间打印设置

首先单击绘图区域下方的"模型"选项卡,进入模型空间。

执行"打印"命令后,弹出"打印-模型"对话框。用户可以选择打印机名称、图纸尺寸、打印范围和打印比例。单击对话框右下角的 ⊙ 按钮,可以展开更多选项设置,如图 12-6 所示。

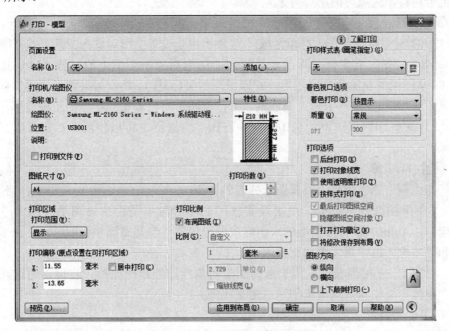

图 12-6 "打印-模型"对话框

1) 选择打印机

"打印机/绘图仪"选项组用于选择打印设备。单击"名称"下拉按钮,从弹出的下拉列表中选择当前配置的打印设备。选择打印设备后,其下方会显示当前所选打印设备名称、打印设备安装位置及打印设备相关的说明信息。

"打印到文件"复选框:打印输出到文件而不是绘图仪或打印机。

2) 选择图纸尺寸

"图纸尺寸"选项组用于显示所选打印设备可用的标准图纸尺寸。如果未选择打印设备,将显示全部标准图纸尺寸的列表以供选择。单击"图纸尺寸"下拉按钮,弹出图纸尺寸下拉列表,可以根据需要选择图纸大小。

3) 设置打印区域

"打印区域"选项组用于指定要打印的图形部分。单击"打印范围"下拉按钮,从下拉列表中选择图形的打印区域。

① "窗口"选项:用于通过指定窗口选择打印区域。选择"窗口"选项,进入绘图窗口,在绘图窗口中选择打印区域,选择完毕后返回对话框。

② "范围"选项:用于通过设置的范围来选择打印区域。选择"范围"选项,可以打印出所有的图形对象。

③ "图形界限"选项:用于通过设置的图形界限选择打印区域。选择"图形界限"选项,可以打印图形界限范围内的图形对象。

④ "显示"选项:用于通过绘图窗口选择打印区域。选择"显示"选项,可以打印绘图窗口内显示的所有图形对象。

⑤ "布局"选项:用于通过布局选择打印区域。选择"布局"选项,可以打印当前布局中位于可打印区域内的所有对象。

4) 设置打印位置

"打印偏移(原点设置在可打印区域)"选项组用于设置图形对象在图纸上的打印位置。

① "X""Y"文本框。用于设置打印的图形对象在图纸上的位置。默认状态下,AutoCAD 从图纸的左下角打印图形,打印原点的坐标是(0,0)。如果图形位置偏向一侧,通过在"X""Y"文本框中输入偏移量,可以将图形对象调整到图纸的正确位置。

② "居中打印"复选框。选中"居中打印"复选框,可以将图形对象打印在图纸的正中间。

5) 设置打印比例

"打印比例"选项组用于设置图形打印的比例。

① "布满图纸"复选框。用于设置打印的图形对象是否布满图纸。选中"布满图纸"复选框,AutoCAD 将按图纸的大小缩放图形对象,使其布满整张图纸,并在下方"毫米="和"单位"框中显示缩放比例因子。

② "比例"下拉列表框。用于选择图形对象打印的精确比例。也可以通过在"毫米="和"单位"框中输入数值来创建自定义比例。

6) 打印样式列表

制图过程中,AutoCAD 可以为图层或单个的图形对象设置颜色、线型、线宽等属性,这些样式可以在屏幕上直接显示出来。在出图时,有时用户希望打印出的图样和绘图时的图形所显示的属性有所不同,例如,绘图时一般会使用各种颜色来显示不同图层的图形对象,但打印时仅以黑白色来打印。

7) 设置着色打印

"着色视口选项"选项组用于打印经过着色或渲染的三维图形。

8) 设置打印方向

"图形方向"选项组用于设置图形对象在图纸上的打印方向。

"纵向"选项:选择"纵向"单选按钮,图形对象在图纸上纵向打印。

"横向"选项：选择"横向"单选按钮，图形对象在图纸上横向打印。

"上下颠倒打印"复选框：选中"上下颠倒打印"复选框，图形对象在图纸上倒置打印。

9) 预览和打印图形

打印设置完成后，单击左下角的"预览"按钮，可以预览图形对象的打印效果。若对预览效果满意，可以单击"确定"按钮，直接打印图形；若对预览效果不满意，则继续修改打印参数。一般来说，在打印输出图形之前应该先预览输出结果，检查无误后再进行打印。

从模型空间出图时，按照1：1的比例绘图，出图时才设置打印比例。

2. 模型空间出图的特点

在模型空间出图时，因为图纸不是无边距打印(若打印机设置了无边距打印，则效果不同)，所以设置的比例会和实际打印出来的图纸的比例有所差别。

模型空间出图的优点是所有图纸都在一个幅面上，查看起来比较方便和直观。

模型空间出图的缺点是若图纸的张数多、幅面大小不一，则很难确定图框需要放大的比例，而说明性文字的高度又与这个比例有关。若一张图中有某个部分需要放大，则必须复制原图并按比例放大，还要增加一个标注样式把标注测量比例缩小，并且打印时"打印范围"要选择窗口，需要到模型空间中捕捉定位。

12.3.2 图纸空间出图

1. 图纸空间打印设置

首先单击绘图区域下方的"布局"选项卡，进入图纸空间。

执行"打印"命令后，弹出"打印-布局"对话框，在该对话框中选择打印区域为"布局"，再选择合适的打印比例。如果是多视口，在选定视口后根据每个视口大小及需打印的图形大小，在属性窗口中的自定义比例一栏内设定适当的比例。

设置完成打印选项，进行打印输出。

2. 图纸空间出图的特点

用模型空间打印，不方便控制打印比例和打印位置；用布局打印，很方便精确设置打印比例和出图的图形位置。

用模型空间打印，每次只能打印一个图形；用布局打印，在布局中可以设置几个视口，每个视口可以安排一个要打印的图形，每个视口可以单独设置打印比例(这样，可以在一个布局中打印不同比例的几个图形，如大图和大样图)。

用布局可以设置异形视口，可以容纳多个形状不同的图形。

布局空间出图的缺点是，若图的张数比较多，则看上去很不直观。若图纸在布局空间已经设置好，则模型空间里的图就不能再移动位置；否则图纸在布局空间也会改变位置。

任务 12.4　输出 PDF 与 DWF 文件

在 AutoCAD 中，除了可以通过打印机输出图形外，为方便供他人使用其他应用程序进行阅读和交流，或将 AutoCAD 图形文件发布到互联网上，也可以生成一份电子图纸，以实现资源共享。

12.4.1　输出为 PDF 格式

使用 AutoCAD 可以轻松查看 dwg 格式的绘图文件，但是，并不是所有的计算机都安装有 AutoCAD，这就造成绘制的图形可能在一些计算机上无法打开。PDF 格式的文件是一种常见的文件格式，可以直接查看 AutoCAD 图形文件，所以可以将 dwg 格式的图形文件转换成 PDF 格式的文件，方便在其他计算机上打开。

(1) 打开图形文件。

(2) 单击"打印"按钮 ，弹出"打印-模型"对话框。

(3) 在"打印机/绘图仪"选项区，选择打印机"名称"为"DWG To PDF.pc3"。

(4) 在"图纸尺寸"选项区，选择"ISO expand A4(210.00×297.00 毫米)"图纸，如图 12-7 所示。

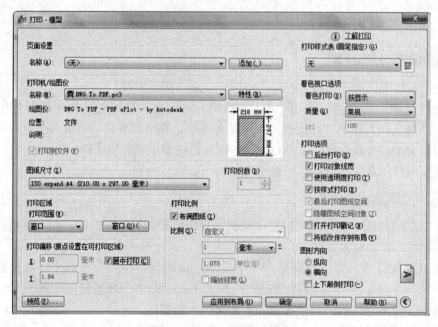

图 12-7　输出为 PDF 格式文件

(5) 在"打印区域"选项区，选择"打印范围"为"窗口"，自动切换到绘图窗口，在窗口想要开始的位置单击，拖动鼠标画一个矩形框，再次单击结束画框，界面会切换至"打印-模型"对话框。

(6) 单击"确定"按钮，按照提示输入文件名，保存到指定位置。

12.4.2 输出为 DWF 格式

DWF 文件是 Autodesk 公司开发的一种可以在网络上安全传输的文件格式，它可以在任何装有 DWF 浏览器或专用插件的计算机中打开。使用 Autodesk DWF Viewer 程序可以浏览、发送和打印 DWF 文件。

DWF 文件支持实时平移和缩放，可控制图层、命名视图和嵌入超链接的显示。DWF 是矢量压缩格式的文件，可提高图形文件打开和传输的速度，缩短下载时间，保存、传输和浏览都很方便。

(1) 打开图形文件。

(2) 单击"打印"按钮 ，弹出"打印-模型"对话框。

(3) 在"打印机/绘图仪"选项区的"名称"下拉列表框中选择 DWF6 ePlot.pc3 选项。

(4) 单击旁边的"特性"按钮，在弹出的"绘制仪配置编辑器"中单击"另存为"按钮，选择其存储的位置，如 D:\cadeg。

(5) 单击"保存"按钮，完成 DWF 文件的创建操作，如图 12-8 所示。

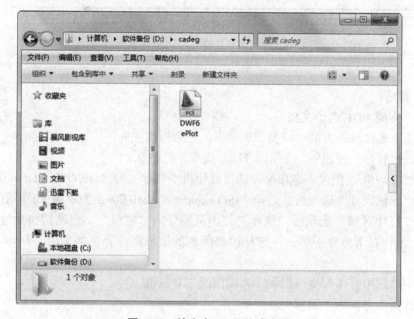

图 12-8　输出为 DWF 格式文件

(6) 单击工具栏中的"发布"按钮 ，或选择菜单命令"文件"→"发布"，就可以方便、快速地创建格式化 Web 页，该 Web 页包含有 AutoCAD 图形中的 DWF、PNG 或 JPEG 等图像格式。一旦创建了 Web 页，就可以将其发布到 Internet 上。

DWF 无法直接打开，用户可在安装了浏览器和 Autodesk Whip 4.0 插件的任何计算机上打开，但 IE 和 Whip 的兼容性不是很好，有时无法正常显示，还是建议使用 DWF 专用浏览器查看 DWF 文件。

【例 12-1】绘制图 12-9 所示屋顶防雷平面图并生成 A4 幅面的 PDF 电子文档。

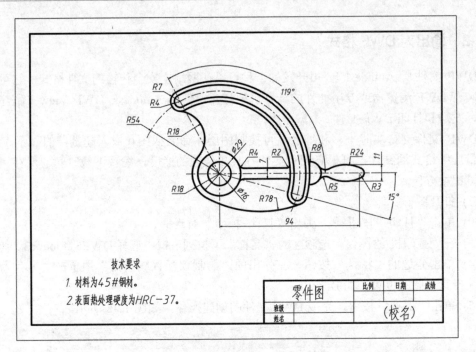

图 12-9　绘制图形并输出为 PDF 格式文件

步骤 1　绘制图形

绘图步骤略。

步骤 2　生成 PDF 电子文档

(1) 单击绘图区域下方的"模型"选项卡，进入模型空间。

(2) 单击"打印"按钮，弹出"打印-模型"对话框。

(3) 在"打印机/绘图仪"选项组，选择打印机"名称"为"DWG To PDF.pc3"。

(4) 在"图纸尺寸"选项组，选择"ISO expand A4(210.00×297.00 毫米)"图纸。

(5) 在"打印区域"选项组，选择"打印范围"为"窗口"，自动切换到绘图窗口，在图幅左上角和右下角分别单击，选择图幅所在的矩形框，界面切换回"打印-模型"对话框。

(6) 选中"居中打印"复选框和"布满图纸"复选框。

(7) 选择图形方向为"横向"。

(8) 单击"预览"按钮，预览打印效果。

(9) 如果对预览效果满意，则单击"确定"按钮，按照提示输入文件名，保存到指定位置，生成 PDF 文件；如果对预览效果不满意，则继续修改打印选项，直到满意为止。

项 目 自 测

对于弱电系统尤其是综合布线系统的接地设计来说，主要包括传输系统的接地设计和电信间、设备间内安装的设备，以及从室外进入建筑物内的电缆都需要进行接地处理，以保证设备的安全运行。弱电系统接地不当，轻者会影响系统的运行速度与故障率，重者会严重影响系统设备的正常工作，甚至会使系统出错而瘫痪，给用户带来巨大的经济损失。

绘制图 12-10 所示图形并按 1：1 的比例打印输出到 A4 纸张。

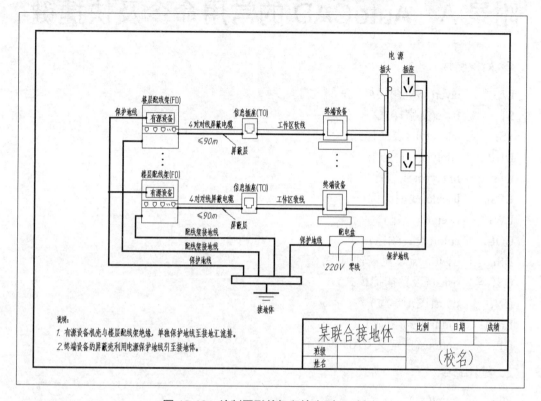

图 12-10　绘制图形并打印输出到 A4 纸张

附录 A　AutoCAD 的常用命令及快捷键

1. 对象特性

LA：　　layer(设置图层样式)
ST：　　style(文字样式)
TS：　　tablestyle(表格样式)
DDPT：　ddptype(点样式)
LT：　　linetype(线型管理器)
LTS：　　ltscale(线型比例)
LW：　　lweight(线宽)
COL：　　color(设置颜色)
DS：　　dsettings(设置极轴追踪)
OS：　　osnap(设置捕捉模式)
UN：　　units(图形单位)
LIMI：　limits(图形界限)
OP：　　options(自定义 CAD 设置)

2. 绘图命令

PO：　　point(点)
L：　　　line(直线)
XL：　　xline(构造线)
PL：　　pline(多段线)
SPL：　　spline(样条曲线)
POL：　　polygon(正多边形)
C：　　　circle(圆)
A：　　　arc(圆弧)
EL：　　ellipse(椭圆)
REC：　　rectang(矩形)
REG：　　region(面域)
BO：　　boundary(边界)
DIV：　　divide(定数等分)
ME：　　measure(定距等分)
H：　　　hatch(图案填充)
T：　　　mtext(多行文字)
DT：　　text(单行文字)
TB：　　table(表格)

WI: wipeout(区域覆盖)
REVC: revcloud(修订云线)

3. 修改命令

CO: copy(复制)
M: move(移动)
MI: mirror(镜像)
AR: array(阵列)
SC: scale(缩放)
E: erase(删除)
TR: trim(修剪)
EX: extend(延伸)
O: offset(偏移)
RO: rotate(旋转)
F: fillet(圆角)
CHA: chamfer(倒角)
LEN: lengthen(拉长)
S: stretch(拉伸)
AL: align(对齐)
BR: break(打断)
J: join(合并)
X: explode(分解)

4. 多线命令

MLST: mlstyle(多线样式)
ML: mline(绘制多线)
MLED: mledit(编辑多线)

5. 块命令

B: block(块定义/创建内部块)
W: wblock(写块/创建外部块)
I: insert(插入块)
ATT: attdef(块属性定义)
ATE: attedit(编辑块属性)
BE: bedit(编辑块定义)

6. 尺寸标注命令

D: dimstyle(设置标注样式)
DLI: dimlinear(线性标注)
DAL: dimaligned(对齐标注)

DRA： dimradius(半径标注)
DDI： dimdiameter(直径标注)
DAN： dimangular(角度标注)
DAR： dimarc(弧长标注)
DCE： dimcenter(圆心标记)
DOR： dimordinate(点标注/坐标标注)
DBA： dimbaseline(基线标注)
DCO： dimcontinue(连续标注)
DJO： dimjogged(折弯半径标注)
DJL： dimjogline(折弯线性标注)
TOL： tolerance(标注形位公差)
QD： quickdimensions(快速标注)
DED： dimedit(编辑标注)
MLS： mleaderstyle(设置多重引线样式)
MLD： mleader(多重引线标注)
MLE： mleaderedit(多重引线编辑)

7．快捷键

Ctrl+0： 切换全屏显示
Ctrl+1： 修改特性
Ctrl+2： 设计中心
Ctrl+3： 工具选项板
Ctrl+8： 快速计算器
Ctrl+9： 命令提示行
Ctrl+Y： 重做取消操作
Ctrl+Z： 取消前一次操作

附录 B　Microsoft Visio 绘图简介

Visio 是 Microsoft 公司推出的一款办公图表绘制软件，具有操作简单、功能强大、可视化等优点。该软件提供了一个标准的、易于上手的绘图环境，并配有整套范围广泛的模板、形状和连接符。可利用这些工具快速创建组织结构图、流程图、网络图、地图、平面布置图、工程设计图等图形。

Visio 不包含在 Office 套件中，作为独立应用程序出售。

B.1　Microsoft Visio 2021 的启动与退出

1. 启动 Microsoft Visio 2021

常用以下两种方法启动 Microsoft Visio 2021：
- 双击桌面上的 Visio 快捷图标 。
- 从"开始"→"所有程序"→Visio，启动 Microsoft Visio 2021。

启动软件后，单击左侧导航栏中的"新建"选项，右侧将显示各种类型的大量模板，用户可以从中选择自己需要的模板来使用，如图 B-1 所示。

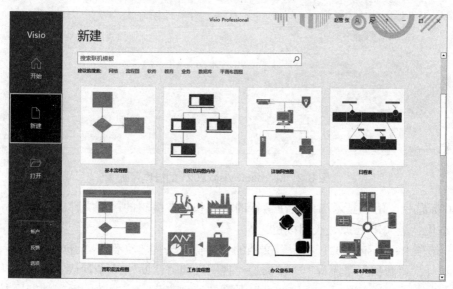

图 B-1　"选择模板"界面

2. 退出 Microsoft Visio 2021

常用以下两种方法退出 Microsoft Visio 2021：
- 单击 Visio 窗口标题栏右侧的"关闭"按钮 。
- 按"Alt+F4"组合键。

B.2　Microsoft Visio 2021 的操作界面

Visio 是 Microsoft Office 家族中的一个成员,因此它的操作界面、工作环境等都与 Word 等软件有很多相似之处。

在"新建"窗口中"建议的搜索"右侧选择模板类型为"网络",打开有关网络的各种模板。双击"网络"模板中的"基本网络图",打开基本网络图的操作界面,其界面主要由标题栏、选项卡、功能区、形状窗口及绘图窗口等元素组成。"基本网络图"的操作界面如图 B-2 所示。

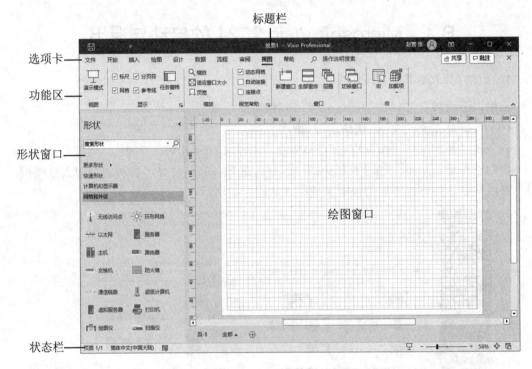

图 B-2　Microsoft Visio 2021 的操作界面

(1) 标题栏:用于显示当前正在运行的程序和正在编辑的图形文件的名称,标题栏右侧是最小化、最大化/还原、关闭按钮。

(2) 选项卡:Visio 2021 将用于文档的各种操作分为"文件""开始""插入""绘图""设计""数据""流程""审阅""视图"和"帮助"10 个默认的选项卡。

(3) 功能区:单击选项卡名称,可以看到该选项卡下对应的功能区。功能区是在选项卡大类下面的功能分组,每个功能区中又包含若干个命令按钮。

(4) 形状窗口:形状窗口内包含了 Visio 本身自带的全部模板的形状,供用户绘图使用。其中的形状只需要选中,将其用鼠标拖动至绘图区即完成形状的使用操作。不同模板对应的形状不相同。

(5) 绘图窗口:绘图窗口是用户绘图的工作区域,所有的绘图工作都在该区域进行。

为了准确定位与排列形状，可以通过执行"视图"→"显示"命令，选中其中的"网格"和"标尺"复选框来显示网格和标尺。

(6) 状态栏：状态栏主要显示录制宏按钮、视图方式、缩放滑块、调整页面以适合当前窗口按钮及切换窗口等按钮。

B.3　Visio 的绘图工具

Visio 2021 利用其强大的模板、形状与连接符等元素来实现各种图表与模具的绘制功能。Visio 的最大特色就是"拖曳式绘图"，用户只需用鼠标把需要的图件拖动到绘图窗口，就能生成相应的图形，还可以对图形进行各种编辑操作。通过对大量图件的组合，就能绘制出各种复杂的图形。

1．模板和模具

模板用以设置绘图环境，人们可以选择合适的模板创建特定类型的图形，其扩展名为.VST。启动 Visio 2021 后，会首先显示"选择模板"窗口。在 Visio 2021 中，主要为用户提供了工作流程图、网络图、数据库模型、软件图等模板，这些模板可用于可视化和简化业务流程、跟踪项目和资源、绘制组织结构图、映射网络、绘制建筑地图及优化系统。

模具是指与模板相关联的图件或形状的集合，其扩展名为.VSS。图件是一种可以用来反复创建图形的工具，通过拖动的方式可以迅速生成相应的图形。

2．形状

形状是在模具中存储并分类的图件。预先画好的形状叫主控形状，主要通过拖放预定义的形状到绘图页上的方法进行绘图操作。其中，形状有内置的行为和属性。形状的行为可以帮助用户定位形状并正确地连接到其他形状，形状的属性主要显示用来描述或识别形状的数据。从绘图区选择一个或多个形状后，还可以移动、旋转、翻转形状和调整它们的大小。

软件窗口的左侧就是绘图可能使用到的一些形状，用鼠标拖动到绘图区就可以显示了。若要选择更多形状，可以单击左侧的更多形状选项卡，弹出下拉菜单，从中选择绘图可能使用到的其他类型的形状。

3．连接符

在 Visio 2021 中，形状与形状之间需要利用线条来连接，该线条称为连接符。连接符会随着形状的移动而自动调整，连接符的起点和终点标识了形状之间的连接方向。

Visio 2021 将连接符分为直线连接符与动态连接符。直线连接符是连接形状之间的直线，可以通过拉长、缩短或改变角度等方式来保持形状之间的连接；动态连接符是连接或跨越连接形状之间的直线的组合体，可以通过自动弯曲、拉伸、直线拐角等方式来保持形状之间的连接。用户可以通过拖动动态连接符的直角顶点、连接符片段的终点、控制点或离心率手柄等方式来改变连接符的弯曲状态。

B.4　Visio 的基本操作

1．新建绘图文档

在 Visio 2021 中，用户可以通过系统自带的模板或现有的绘图文档来新建绘图文档，也可以从头开始新建一个空白绘图文档。启动 Visio 2021 后，单击左侧导航栏中的"新建"，右侧将显示各种类型的大量模板，用户可以从中选择自己需要的模板。

2．打开绘图文档

执行菜单命令"文件"→"打开"，或单击标题栏左侧的"打开"按钮，弹出"打开"对话框，在左侧的导航窗格中，选择要打开的文档位置，再从中选择要打开的文档，单击"打开"按钮即可。

3．保存绘图文档

执行菜单命令"文件"→"保存"，或单击标题栏左侧的"保存"按钮，弹出"保存"对话框，选择要保存的 Visio 绘图文档所在的驱动器和文件夹的位置，在"文件名"文本框中输入文档的名称，在"保存类型"下拉列表框中选择文件类型(默认为 Visio 绘图)，单击"保存"按钮。

B.5　Visio 应用实例

1．某校园 A 区一期网络拓扑图

在进行网络布线施工之前，一定要设计好网络拓扑图。使用 Visio 绘制网络拓扑图可以使绘图效率得到极大提升。

下面以某校园 A 区一期网络拓扑结构图为例，介绍利用 Visio 2021 的绘图过程，效果如图 B-3 所示。

2．绘图步骤

(1) 双击桌面上的 Visio 图标，或从"开始"菜单上启动 Microsoft Visio 2021。

(2) 启动程序后，单击左侧导航栏中的"新建"，在"新建"窗口中"建议的搜索"右侧选择模板类型为"网络"。双击"网络"模板中的"基本网络图"，打开基本网络图的操作界面。

(3) 在"视图"选项卡中选中"标尺"和"网格"复选框。

(4) 在"形状"窗口选择"更多形状"→"网络"→"网络符号"，在网络符号列表中选择"ATM/FastGB 以太网交换机"形状，将其拖放至"绘图区"中心位置并调整其大小至合适状态。

(5) 单击"开始"选项卡中的"文本"按钮，在交换机形状右上方拖动一个文本框，并输入文字"核心交换机"。

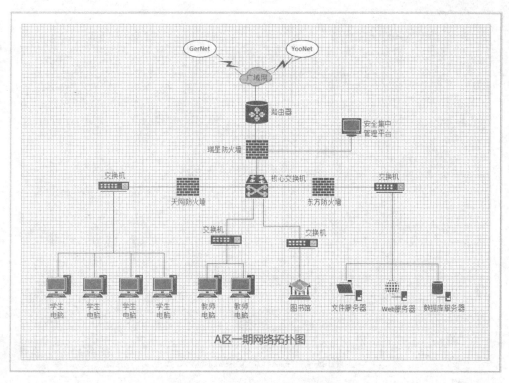

图 B-3 某校园 A 区一期网络拓扑图

(6) 在"形状"窗口"网络和外设"选项卡形状列表中选择"防火墙"形状,将其拖放至"绘图区"中"核心交换机"上方位置并调整其大小至合适状态。在"防火墙"形状左侧位置利用"文本"工具绘制一文本框,输入文字"瑞星防火墙"。

(7) 单击"开始"选项卡中的"指针工具"按钮,拖动鼠标框选防火墙形状与文本框,按住 Ctrl 键同时用鼠标拖动对象复制两个该形状与文本框,分别放在"核心交换机"的左右两侧,并用指针工具或使用键盘上的方向键将文字移动到形状下方。

(8) 单击"开始"选项卡中的"文本"按钮,分别选择复制到交换机两侧的文本框,将其文字内容修改为:天网防火墙、东方防火墙。

(9) 执行"开始"→"工具"→"线条"命令,将对应的形状连接起来,结果如图 B-4 所示。

(10) 在"形状"窗口"网络和外设"形状列表中选择"交换机"形状,将其拖放至"绘图区"中"天网防火墙"左侧位置并调整其大小至合适状态。在"交换机"形状上方位置利用"文本"工具绘制一文本框,输入文字"交换机"。

(11) 单击"开始"选项卡中的"指针工具"按钮,拖动鼠标框选交换机形状与文本框,按住 Ctrl 键同时用鼠标拖动对象复制三个该形状与文本框,分别放在合适的位置,并用指针工具或使用键盘上的方向键将文字移动到合适位置。

(12) 执行"开始"→"工具"→"连接线"命令,将鼠标指针置于需要进行连接的形状的连接点上,当光标变为"十字型连接线箭头"时,向相应形状的连接点拖动鼠标可绘制一条连接线,如图 B-5 所示。

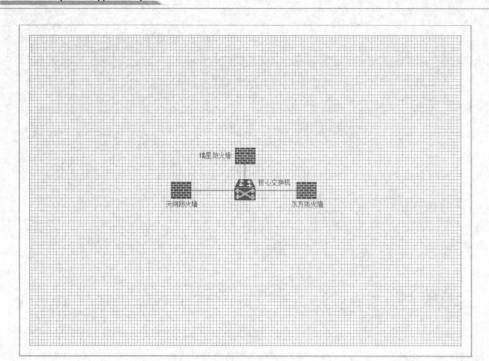

图 B-4 绘制核心交换机和防火墙

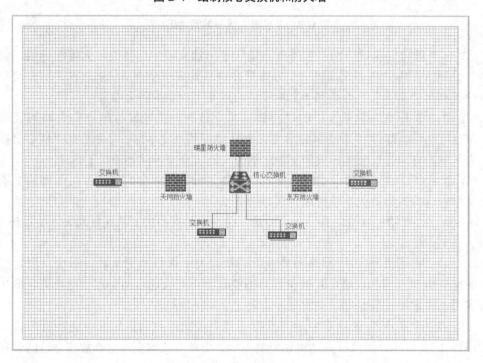

图 B-5 绘制交换机

(13) 在 "形状" 窗口 "计算机和显示器" 选项卡形状列表中选择 "PC" 形状,将其拖放至 "绘图区" 中 "交换机" 下方位置并调整其大小至合适状态。在 PC 形状下方位置利用 "文本" 工具绘制一文本框,输入文字 "学生电脑"。

(14) 单击"开始"选项卡中的"指针工具"按钮，拖动鼠标框选 PC 形状与文本框，按住 Ctrl 键同时用鼠标拖动对象复制 5 个该形状与文本框，分别放置在合适的位置，并用指针工具或使用键盘上的方向键将文字移动到合适位置。

(15) 单击"开始"选项卡中的"文本"按钮，分别选择复制到最右侧的 PC 形状下方的文本框，将其文字内容修改为"教师电脑"。

(16) 执行"开始"→"工具"→"线条"命令，将对应的形状连接起来。

(17) 在"形状"窗口选择"更多形状"→"网络"→"网络位置"，在"网络位置"形状列表中选择"大学建筑物"形状，将其拖放至"绘图区"下方，并调整其大小至合适状态。在建筑物形状下方利用"文本"工具绘制一文本框，输入文字"图书馆"。

(18) 在"形状"窗口选择"更多形状"→"网络"→"服务器"，在"服务器"形状列表中分别选择"文件服务器""Web 服务器"和"数据库服务器"形状，分别将其拖放至"绘图区"右侧"交换机"下方与"PC"平行位置均匀分布，并调整其大小至合适状态。在三个服务器形状下方位置利用"文本"工具各绘制一文本框，分别输入文字"文件服务器""Web 服务器"和"数据库服务器"。

(19) 执行"开始"→"工具"→"连接线"命令，将鼠标指针置于需要进行连接的形状的连接点上，并变为"十字型连接线箭头"时，向相应形状的连接点拖动鼠标可绘制一条连接线，如图 B-6 所示。

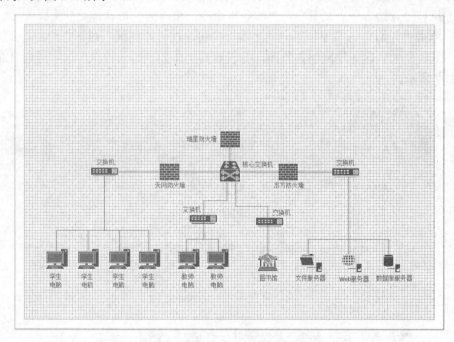

图 B-6　绘制 PC、服务器和图书馆

(20) 在"形状"窗口"网络符号"形状列表中选择"路由器"形状，将其拖放至"绘图区"中"瑞星防火墙"上方，并调整其大小至合适状态。在路由器形状右侧利用"文本"工具绘制一文本框，输入文字"路由器"。

(21) 在"形状"窗口"网络位置"形状列表中选择"云"形状，将其拖放至"绘图区""路由器"上方,并调整其大小至合适状态。单击"开始"→"形状样式",设置"填充"浅灰色,"线条"蓝色。在云形状中部利用"文本"工具绘制一文本框,输入文字"广域网"。

(22) 在"形状"窗口选择"更多形状"→"常规"→"基本形状",在"基本形状"列表中选择"椭圆"形状,将其拖放至"绘图区"中"云"形状左上方,并调整其大小至合适状态。设置椭圆"填充"浅灰色,"线条"蓝色。按住 Ctrl 键复制一个椭圆,将其放置到"云"形状右上方。利用"文本"工具在左、右侧椭圆形状中各绘制一文本框,分别输入文字 CerNet 和 YooNet。

(23) 在"形状"窗口"网络和外设"形状列表中选择"通信链路"形状,将其拖放至"绘图区",选择形状左侧控制点将其移动至左侧"椭圆"下方连接点处,将右侧控制点移动至"云"左侧连接点处即可。再复制该形状,连接右侧"椭圆"与"云"。

(24) 在"形状"窗口选择"更多形状"→"网络"→"计算机和显示器",在"计算机和显示器"形状列表中选择"CRT 监视器"形状,将其拖放至"绘图区"中"路由器"形状右侧,并调整其大小至合适状态。在"计算机和显示器"右侧利用"文本"工具绘制一文本框,输入文字"安全集中管理平台"。

(25) 选择"开始"选项卡→"连接线"工具,将相应的形状进行链接。注意控制和调整线条的方向与位置。当一条线不够用时重新绘制一条进行链接即可。

(26) 执行"开始"→"工具"→"线条"命令,将对应的形状连接起来。

(27) 单击"开始"→"工具"→"文本"按钮,在"绘图区"最下方绘制一文本框,输入拓扑图名称:A 区一期网络拓扑图,并设置其字体为"微软雅黑"、字号为 18pt,结果如图 B-7 所示。

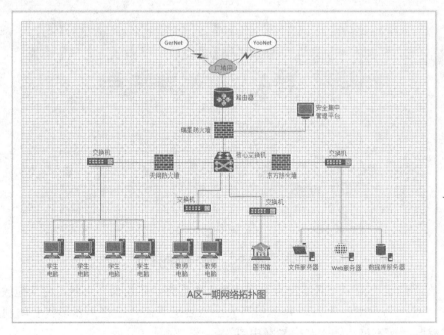

图 B-7 绘制完成效果图

参 考 文 献

[1] 轩春青．AutoCAD 2019 案例教程[M]．北京：清华大学出版社，2020．
[2] 张启光．计算机绘图(机械图样)AutoCAD 2020[M]．5 版．北京：高等教育出版社，2022．
[3] 王军红．机械制图与 CAD[M]．2 版．北京：机械工业出版社，2022．
[4] 任鲁宁．建筑制图与 CAD[M]．北京：中国建筑工业出版社，2019．
[5] 李颖，鹿岚青．建筑工程制图与 CAD[M]．北京：人民邮电出版社，2020．
[6] 禹禄君．综合布线技术项目教程[M]．北京：人民邮电出版社，2022．
[7] 王公儒．综合布线系统安装与维护[M]．北京：电子工业出版社，2022．
[8] 吕咏，葛春雷．Visio 2016 图形设计[M]．北京：清华大学出版社，2016．